建筑结构工程与施工管理

郑培清　王　鹏　孟令建　**主编**

哈尔滨出版社
HARBIN PUBLISHING HOUSE

图书在版编目（CIP）数据

建筑结构工程与施工管理 / 郑培清，王鹏，孟令建
主编 . -- 哈尔滨 ：哈尔滨出版社，2023.1
ISBN 978-7-5484-6618-5

Ⅰ . ①建… Ⅱ . ①郑… ②王… ③孟… Ⅲ . ①建筑结
构—结构工程—施工管理 Ⅳ . ① TU3

中国版本图书馆 CIP 数据核字（2022）第 133028 号

书　　名：**建筑结构工程与施工管理**
JIANZHU JIEGOU GONGCHENG YU SHIGONG GUANLI

作　　者：郑培清　王　鹏　孟令建　主编
责任编辑：张艳鑫
封面设计：张　华

出版发行：哈尔滨出版社（Harbin Publishing House）
社　　址：哈尔滨市香坊区泰山路 82-9 号　邮编：150090
经　　销：全国新华书店
印　　刷：河北创联印刷有限公司
网　　址：www.hrbcbs.com
E - mail：hrbcbs@yeah.net
编辑版权热线：（0451）87900271　87900272
开　　本：787mm×1092mm　1/16　印张：13　字数：280 千字
版　　次：2023 年 1 月第 1 版
印　　次：2023 年 1 月第 1 次印刷
书　　号：ISBN 978-7-5484-6618-5
定　　价：68.00 元

凡购本社图书发现印装错误，请与本社印制部联系调换。

服务热线：（0451）87900279

前言 Preface

　　随着市场经济的飞速发展，我国的建筑行业在发展过程中也取得了质的飞跃。随着建筑领域的不断深入发展，建筑结构的类型也在随之发生变化。其中，空间的网格结构是建筑复杂结构中的一种，如果对于空间的网格结构施工处理得不好，将影响整体施工质量。同时，随着建筑技术的不断革新，建筑结构的规模在不断扩大，类型也在不断变化。与此同时，受市场经济不良风气影响，一些建筑公司为最大限度地追求经济效益，忽视对施工过程技术的管理，致使建筑工程质量下降，为人们的生命财产安全带来隐患。

　　众所周知，虽然我国的建筑结构类型及表现手法丰富多样，但是在实际应用中仍然以平面结构和空间结构为主。随着我国建筑施工规模的不断扩大和发展，平面建筑结构类型已经不能满足大型建筑的需求，因此，加快利用大跨度以及大空间的建筑结构是开展大型建筑施工的必然趋势。

　　我国建筑领域中，建筑结构类型日益多样化和复杂化，建筑结构施工技术和管理过程中也存在一定的问题，针对当前存在的现实问题，建筑企业需要引进先进的施工技术、提升管理水平、更新施工设备、完善管理制度、培养优秀的施工技术人员和管理人员。

编委会

ontents
目录

第一章 建筑结构概论

第一节 绪论

一、建筑和结构的关系

建筑和结构的统一体就是建筑物，它具有两个方面的特质：一是它的内在特质，即安全性、适用性和耐久性；二是它的外在特质，即使用性和美学要求。前者取决于结构，后者取决于建筑。

结构是建筑物赖以存在的物质基础，在一定意义上，结构支配着建筑。这是因为，任何建筑物都要耗用大量的材料和劳力来建造，建筑物首先必须抵抗（或承受）各种外界的作用（如重力、风力、地震……），合理地选择结构材料和结构，既可满足建筑物的美学要求，又可以带来经济效益。

一个成功的设计必然以经济合理的结构方案为基础。在决定建筑设计的平面、立面和剖面时，就应当考虑结构方案的选择，使之既满足建筑的使用和美学要求，又兼顾到结构的可能和施工的难易。

现在，每一个从事建筑设计的建筑师，都或多或少地承认结构知识的重要性。但是在传统观念的影响下，他们常常被优先培养成为一个艺术家。然而，在一个设计团队中，往往需要建筑师来沟通与结构工程师之间的关系，在设计的各个方面充当协调者。而现代建筑技术的发展，新材料和新结构的采用，又使建筑师在技术方面的知识受到局限。只有对基本的结构知识有较深刻的了解，建筑师才有可能胜任自己的工作，处理好建筑和结构的关系。反之，不是结构妨碍建筑，就是建筑给结构带来困难。

美观对结构的影响是不容否认的。当结构成为建筑表现的一个完整的部分时，就必定能建造出较好的结构和更满意的建筑。

二、建筑结构的基本要求

新型建筑材料的生产、施工技术的进步、结构分析方法的发展，都给建筑设计带来了新的灵活性和更宽广的空间。但是，这种灵活性并不排除现代建筑结构需要满足的基本要求。这些要求是：

1. 平衡

平衡的基本要求就是保证结构和结构的任何一部分都不发生运动，力的平衡条件总能得到满足。从宏观上看，建筑物应该总是静止的。

平衡的要求是结构与"机构"即几何可变体系的根本区别，建筑结构的整体或结构的任何部分都应当是几何不变的。

2. 稳定

整体结构或结构的一部分作为刚体不允许发生危险的运动。这种危险可能来自结构自身，如雨篷的倾覆；也可能来自地基的不均匀沉降或地基土的滑移（滑坡），如意大利的比萨斜塔就是因为地基不均匀沉降引起了倾斜。

3. 承载能力

结构或结构的任何一部分在预计的荷载作用下必须安全可靠，具备足够的承载能力。结构工程师对结构的承载能力具有不容推卸的责任。

4. 适用

结构应当满足建筑物的使用目的，不应出现影响正常使用的过大变形、过宽的裂缝、局部损坏、振动等。

5. 经济

现代建筑的结构部分造价通常不超过建筑总造价的30%，因此结构的采用应当是使建筑的总造价最经济。结构的经济性并不是指单纯的造价，而是体现在多个方面。结构的造价受材料和劳动力价格比值的影响，还受施工方法、施工速度以及结构维护费用（如钢结构的防锈木结构的防腐等）的影响。

6. 美观

美学对结构的要求有时甚至超过承载能力的要求和经济要求，尤其是象征性建筑和纪念性建筑更是如此。建筑师应当懂得，纯粹质朴和真实的结构会增加美的效果，不正确的结构将明显地损害建筑物的美观。

实现上述各项要求，在结构设计中就应贯彻执行国家的技术经济政策，做到安全、适用、经济、耐久，保证质量，实现结构和建筑的和谐统一。

三、建筑结构的分类和结构选型

（一）建筑结构的分类

根据建筑结构所采用的主要材料及受力和构造特点，可以做如下分类：

1. 按材料分类

根据结构所用材料的不同，建筑结构可分为以下几类：

（1）混凝土结构

混凝土结构包括混凝土结构、钢筋混凝土结构和预应力混凝土结构。钢筋混凝土结构和预应力混凝土结构，都由混凝土和钢筋两种材料组成。钢筋混凝土结构是应用最广泛的结构。除一般工业与民用建筑外，许多特种结构（如水塔、水池高烟囱等）也应用钢筋混凝土建造。混凝土结构的优点是节省钢材、就地取材（指占比例很大的砂、石料）、耐火耐久、可模性好（可按需要浇捣成任何形状）、整体性好；缺点是自重较大、抗裂性较差等。

（2）砌体结构

砌体结构是由块体（如砖、石和混凝土砌块）及砂浆经砌筑而成的结构，目前大量用于居住建筑和多层民用房屋（如办公楼、教学楼、商店、旅馆等）中，并以砖砌体的应用最为广泛。

砖、石、砂等材料具有就地取材、成本低等优点，结构的耐久性和耐腐蚀性也很好。缺点是材料强度较低、结构自重大、施工砌筑速度慢、现场作业量大等，且烧砖要占用大量土地。

（3）钢结构

钢结构是以钢材为主制作的结构，主要用于大跨度的建筑屋盖（如体育馆、剧院等）、吊车吨位很大或跨度很大的工业厂房骨架和吊车梁，以及超高层建筑的房屋骨架等。

钢结构的优点是材料质量均匀强度高，构件截面小、重量轻，可焊性好，制造工艺比较简单，便于工业化施工。缺点是钢材易锈蚀，耐火性较差，价格较贵。

（4）木结构

木结构是以木材为主制作的结构，但由于受自然条件的限制，我国木材相当缺乏，目前仅在山区、林区和农村有一定的采用。

木结构的优点是制作简单、自重轻、加工容易。缺点是木材易燃、易腐、易受虫蛀。

2.按受力和构造特点分类

根据结构的受力和构造特点，建筑结构可分为以下几种主要类型：

（1）混合结构

混合结构的楼、屋盖一般采用钢筋混凝土结构构件，而墙体及基础等采用砌体结构，"混合"之名即由此而得。

（2）排架结构

排架结构的承重体系是屋面横梁（屋架或屋面人梁）和柱及基础，主要用于单层工业厂房。屋面横梁与柱的顶端铰接，柱的下端与基础顶面固接。

（3）框架结构

框架结构由横梁和柱及基础组成主要承重体系。框架横梁与框架柱为刚性连接，形成整体刚架，底层柱脚也与基础顶面固接。

（4）剪力墙结构

纵横布置的成片钢筋混凝土墙体称为剪力墙，剪力墙的高度往往从基础到屋顶宽度可以是房屋的全宽。剪力墙与钢筋混凝土楼、屋盖整体连接，形成剪力墙结构。

（5）其他形式的结构

除上述形式的结构外，在高层和超高层房屋结构体系中，还有框架剪力墙结构、框架 - 筒体结构、筒中筒结构等（参见建筑结构选型）；单层房屋中除排架结构外，还有刚架结构；在单层大跨度房屋的屋盖中，有壳体结构、网架结构、悬索结构等。

（二）建筑结构选型

一个好的建筑设计，需要有一个好的结构形式去实现。而结构的最佳选择，要考虑到建筑上的使用功能、结构上的安全合理、艺术上的造型美观、造价上的经济，以及施工上的可能条件，进行综合分析比较才能最后确定。

以下就多层和高层房屋以及单层大跨度房屋的常见结构的受力特点、适用范围进行简单介绍，以供选择结构时参考。

1. 多层和高层房屋结构

通常把 10 层及 10 层以上（或高度大于 28m）的住宅建筑以及房屋高度大于 24m 的其他高层民用房屋结构称为高层房屋结构，而把低于上述层数的房屋结构称为多层房屋结构。多层和高层房屋结构的主要承重结构体系有：混合结构体系、框架结构体系、剪力墙结构体系等。

（1）混合结构体系

这是多层民用房屋中常用的一种结构。其墙体、基础等竖向构件采用砌体结构，而楼盖、屋盖等水平构件则采用钢筋混凝土等其他形式的结构。

结合抗震设计要求，在进行混合结构房屋设计和选型时，应注意以下一些问题。

1）房屋的层数和高度限值

对非抗震设计和设防烈度为 6 度时，混合结构房屋的层数和总高度不应超过规定。其中，横墙较少的多层砌体房屋是指同一楼层内开间大于 4.2m 的房间占该层总面积的 40% 以上；横墙很少的多层砌体房屋，是指同一楼层内开间不大于 4.2m 的房间占该层总面积不到 20% 且开间大于 4.8m 的房间占该层总面积的 50% 以上。

2）层高和房屋最大高宽比

限制房屋的高宽比，是为了保证房屋的刚度和房屋的整体抗弯承载力。普通砖、多孔砖和小砌块砌体房屋的层高不应超过 3.6m，底部框架抗震墙房屋的底部层高不应超过 4.5m。多层砌体房屋总高度与总宽度的最大比值，应符合要求。

3）纵横墙布置

在进行结构布置时，应优先采用横墙承重或纵横墙共同承重方案；纵横墙的布置宜均匀对称，沿平面内宜对齐，沿竖向应上下连续，同一轴线上的窗间墙宜均匀。楼梯间不宜设置在房屋的尽端和转角处。

（2）框架结构体系

与混合结构类似，框架结构也可分为横向框架承重、纵向框架承重及纵横双向框架共同承重等布置形式。一般房屋框架常采用横向框架承重，在房屋纵向设置联系梁与横向框架相连；当楼板为预制板时，楼板顺纵向布置，楼板现浇时，一般设置纵向次梁，形成单向板肋形楼盖体系。当柱网为正方形或接近正方形，或者楼面活荷载较大时，也往往采用纵横双向布置的框架，这时楼面常采用现浇双向板楼盖或井字梁楼盖。

框架结构体系包括全框架结构（一般简称为框架结构）、底部框架上部砖房等结构。现浇钢筋混凝土框架结构房屋的适用高度（指室外地面到主要屋面面板的板顶高度，不包括局部突出屋顶部分，下同）分别为60m（设防烈度6度）、50m（设防烈度7度）、40m（设防烈度8度）、35m（设防烈度8度）和24m（设防烈度9度）。

现浇框架结构的整体性和抗震性能都较好，建筑平面布置也相当灵活，广泛用于6~15层的多层和高层房屋，如学校的教学楼、实验楼、商业大楼、办公楼、医院高层住宅等（其经济层数为10层左右、房屋的高宽比以5~7为宜）。在水平荷载作用下，框架的整体变形为剪切型。

（3）剪力墙结构体系

在高层和超高层房屋结构中，水平荷载将起主要作用，房屋需要很大的抗侧移能力。框架结构的抗侧移能力较弱，混合结构由于墙体材料强度低和自重大，只限于多层房屋中使用，故在高层和超高层房屋结构中，需要采用新的结构体系，这就是剪力墙结构体系。

钢筋混凝土剪力墙是指以承受水平荷载为主要目的（同时也承受相应范围内的竖向荷载）而在房屋结构中设置的成片钢筋混凝土墙体，其长度可与房屋的总宽度相同，其高度可为房屋的总高，其厚度最薄时可到140mm。《混凝土结构设计规范》规定，当钢筋混凝土墙的长度大于其厚度的4倍时，宜按钢筋混凝土剪力墙要求进行设计。在水平荷载作用下，剪力墙如同一个巨大的悬臂梁，其整体变形为弯曲型。

1）框架-剪力墙结构

在框架的适当部位（如山墙、楼、电梯间等处）设置剪力墙，组成框架-剪力墙结构。框架-剪力墙结构的抗侧移能力大大优于框架结构。在水平荷载作用下，框架剪力墙结构的整体变形为弯剪型；由于剪力墙在一定程度上限制了建筑平面布置的灵活性，因此框架剪力墙结构一般适用于高层的办公楼、旅馆、公寓、住宅等民用建筑；在框架剪力墙结构中，剪力墙宜贯通房屋全高，且横向与纵向剪力墙宜互相连接。剪力墙不应设置在墙面需开大洞口的位置。剪力墙开洞时，洞口面积不大于墙面面积的1/6，洞口应上下对齐，洞口梁高不小于层高的1/5。房屋较长时，纵向剪力墙不宜设置在房屋的端开间。

2）剪力墙结构

当纵横交叉的房屋墙体都由剪力墙组成时，形成剪力墙结构。剪力墙结构适用于40层以下的高层旅馆、住宅等房屋，其适用高度都有规定。

剪力墙结构中的剪力墙设置，应符合下列要求：

①剪力墙有较大洞口时，洞口位置宜上下对齐。

②较长的剪力墙宜结合洞口设置弱联系梁，将一道剪力墙分成较均匀的若干墙段，各

墙段的高宽比不宜小于2。

③房屋底部有框支层时，落地剪力墙的数量不宜少于上部剪力墙数量的50%，其间距不大于四开间和24m的较小值，落地剪力墙之间楼盖长宽比不应超过规定的数值。

④剪力墙之间无大洞口的楼，屋盖的长宽比不宜超过规定，否则应考虑楼盖平面内变形的影响。

所谓框支层剪力墙，是指为适用房屋下部有大空间的需要而设置的有框架支层的剪力墙。

为避免房屋刚度的突然变化，框架一般扩展到2~3层，其层高逐渐变化，框架最上一层作为刚度过渡层，可设置设备层。

3）筒体结构

将房屋的剪力墙集中到房屋的外部或内部组成一个竖向、悬臂的封闭箱体时，可以大大增强房屋的整体空间受力性能和抗侧移能力，这种封闭的箱体称为筒体。筒体和框架结合形成框筒结构。外筒柱截面宜采用扁宽矩形，柱的长边方向位于框架平面内。筒体结构一般用于30层以上的超高层房屋。

（4）高层房屋结构的布置要点

高层房屋结构一般都是钢筋混凝土结构或钢结构。在一个独立的结构单元内，宜使结构平面和侧移刚度均匀对称，尽量减少结构的侧移刚度中心与水平荷载合力中心间的距离。这也就是"规则结构"的设计概念。尤其对有抗震设防要求的高层建筑，在结构平面布置和竖向布置时，应考虑下列要求：

1）平面宜简单、规则、对称，尽量减少偏心；平面长度 L 不宜过长，与其宽度 B 的比值 L/B 不宜大于6（抗震设防烈度为6度和7度时）或5（抗震设防烈度为8度和9度时）；房屋平面局部突出部分的长度 l 不宜大于突出部分的宽度 b（即 l/b ≤ 1），且不宜大于该方向总尺寸 B_{max} 的30%。

2）结构竖向体型应力求规则、均匀，避免有过大的外挑和内缩；其立面局部收进尺寸不大于该方向总尺寸的25%。

3）结构沿竖向的侧移刚度变化宜均匀，构件截面由下至上应逐渐减小、不应突变。某一楼层刚度减小时，其刚度应不小于相邻上层刚度的70%，连续三层刚度逐层降低后，不小于降低前刚度的一半。

2. 单层大跨度房屋结构

单层大跨度房屋的结构形式很多，有的适用于工业建筑，有的适用于民用建筑（一般是公共建筑）。以下就一些主要结构及受力特点做简单介绍，供结构选型时参考。

（1）钢筋混凝土单层厂房结构

1）排架结构

这是一般钢筋混凝土单层厂房的常用结构。其屋架（或薄腹梁）与柱顶铰接，柱下端则嵌固于基础顶面。

作用在排架结构上的荷载包括竖向荷载和水平荷载。竖向荷载除结构自重及屋面活荷载外，还有吊车的竖向作用；水平荷载包括风荷载（按抗震设计时，则为水平地震力）和吊车对排架的水平刹车力。

由屋架（或屋面大梁）、柱、基础组成的横向平面排架（沿跨度方向排列的排架），是厂房的主要承重体系。通过屋面板、支撑、吊车梁、联系梁等纵向构件将各横向平面排架联结，构成整体空间结构。

排架结构的屋面构件及吊车梁、柱间支撑等，都可由标准图集选定。排架柱及基础由计算确定，排架柱按偏心受压构件进行配筋。

2）刚架结构

刚架是一种梁柱合一的结构构件，钢筋混凝土刚架结构常作为中小型单层厂房的主体结构。它有三铰、两铰及无铰等几种形式，可以做成单跨或多跨结构。

刚架的横梁和立柱整体浇筑在一起，交接处形成刚结点，该处需要较大截面，因而刚架一般做成变截面。钢架横梁通常为人字形（也可做成弧形）；为便于排水，其坡度一般取 1/3~1/5；整个刚架呈"门"形（故常称为门式刚架），可使室内有较大的空间。门式刚架的杆件一般采用矩形截面，其截面宽度一般不小于200mm（无吊车时）或250mm（有吊车时）；门式结构刚架不宜用于吊车吨位较大的厂房（以不超过10t为宜），其跨度一般为18m左右。

（3）拱结构

拱是以承受轴压力为主的结构。由于拱的各截面上的内力大致相等，因而拱结构是一种有效的大跨度结构，在桥梁和房屋中都有广泛的应用。

拱同样可分为三铰、双铰或无铰等几种形式，其轴线常采用抛物线形状（当拱的矢高 f≤拱跨度的1/4时，也可用圆弧代替）。拱的矢高 f 一般为（1/2~1/8）L；矢高小的拱水平推力大，拱体受力也大；矢高大时则相反，但拱体长度增加。合理选择矢高是设计中应充分考虑的问题。

拱体截面一般为矩形截面或 I 形截面等实体截面；当截面高度较大时（如大于1.5m），可做成格构式、折板式或波形截面。

（2）其他形式的结构

前述的几种结构都是平面受力的杆体结构体系，其特点是可以忽略各组成构件间的空间受力作用，故计算较简单，但跨度不能太大。当结构构件的空间受力性能不可忽略时，即成为空间受力结构。在单层大跨度房屋中，薄壳结构、悬索结构、网架结构、膜结构等，就是这样的空间受力结构。

1）薄壳结构

薄壳结构是一种以受压为主的空间受力曲面结构。其曲面厚度很薄（壁厚往往小于曲面主曲率的1/20），不致产生明显的弯曲应力，但可以承受曲面内的轴力和剪力。

2）网架结构

网架是由平面桁架发展起来的一种空间受力结构。在节点荷载作用下，网架杆件主要承受轴力。网架结构的杆件多用钢管或角钢制作，其节点为空心球节点或钢板焊接节点。网架结构按外形划分为平板网架和曲面网架。曲面网架的机理和薄壳结构类似，不再赘述，以下仅对平板网架进行介绍。

平板网架的平面形状可有正方形、矩形、扇形、菱形、多边形、圆形及椭圆形等。平板网架可以是正放的（网架弦杆与边界方向平行或垂直），也可以是斜放的（弦杆与边界斜交）。

3）悬索结构

悬索结构广泛用于桥梁结构，用于房屋建筑则适用于大跨度建筑物，如体育建筑（体育馆、游泳馆、大运动场等）、工业车间、文化生活建筑（陈列馆、杂技厅、市场等）及特殊构筑物等。悬索结构包括索网、侧边构件及下部支承结构。索网由多根悬挂于侧边构件上的钢索组成，柔性的悬索（钢索）只受轴心拉力作用，并只能单向受力，其水平拉力与悬索的下垂度成反比，与拱类似。悬索结构应充分注意对水平力的处理。悬索结构的侧边构件是用来固定索网的，一般采用钢筋混凝土结构，它们都以环向受压为主。下部支承结构一般为立柱或斜撑柱，工程实际中有不少是用拱兼做侧边构件和支承结构的。侧边构件和支承结构是悬索结构的重要组成部分，它决定着整个建筑的体型和空间。

4）折板结构

折板结构可视为柱面壳的曲线由内接多边形代替的结构，其计算和组成构造也大致相同。折板的截面形式可以多种多样。折板的厚度一般不大于100mm，板宽不大于3m，折板高度（含侧边构件）一般不小于跨度的1/10。

第二节　建筑结构的设计标准和设计方法

一、设计基准期和设计使用年限

1.设计基准期

结构设计所采用的荷载统计参数与时间有关的材料性能取值，都需要选定一个时间参数，它就是设计基准期。我国所采用的设计基准期为50年。

2.设计使用年限

设计使用年限是设计规定的一个时期。在这一规定时期内，房屋建筑在正常设计、正常施工、正常使用和维护下不需要进行大修就能按其预定目的使用。

设计使用年限不同于设计基准期的概念。但对于普通房屋和构筑物，设计使用年限和设计基准期均为 50 年。

二、结构的功能要求、作用和抗力

（一）结构的功能要求

结构在规定的设计使用年限内，应满足安全性、适用性、耐久性等各项功能要求。

1. 结构安全性要求

（1）在正常施工和正常使用时，能承受可能出现的各种作用。

（2）在设计规定的偶然事件发生时和发生后，仍能保持必需的整体稳定性。所谓整体稳定性，是指在偶然事件发生时和发生后，建筑结构仅产生局部的损坏而不致发生连续倒塌。

2. 结构适用性要求

结构在正常使用时具有良好的工作性能，如受弯构件在正常使用时不会出现过大的挠度等。

3. 结构耐久性要求

结构在正常维护下具有足够的耐久性能。所谓足够的耐久性能，是指结构在规定的工作环境中，在预定时期内，其材料性能的恶化不会导致结构出现不可接受的失效概率。从工程概念上讲，就是指在正常维护条件下结构能够正常使用到规定的设计使用年限。

对于混凝土结构，其耐久性应根据环境类别和设计使用年限进行设计。耐久性设计应包括下列内容：确定结构所处的环境类别；提出材料的耐久性质量要求；确定构件中钢筋混凝土的保护层厚度；提出在不利的环境条件下应采取的防护措施；提出满足耐久性要求相应的技术措施；提出结构使用阶段的维护与检测要求。

根据不同的环境和设计使用年限，对结构混凝土的最大水灰比、最小水泥用量、最低混凝土强度等级、最大氯离子含量、最大碱含量等都有具体规定，以满足其耐久性要求。

（二）作用和作用效应

1. 作用

作用指施加在结构上的集中力或分布力（称为直接作用，即通常所说的荷载）以及引起结构外加变形或约束变形的原因（称为间接作用）。本书主要涉及直接作用即荷载。结构上的各种作用，可按下列性质分类。

（1）按时间的变异分类

1）永久作用：永久作用是指在设计基准期内量值不随时间变化，或其变化与平均值相比可以忽略不计的作用，如结构及建筑装修的自重、土壤压力、基础沉降及焊接变形等。

2）可变作用：可变作用是指在设计基准期内其量值随时间而变化，且其变化与平均值相比不可忽略的作用，如楼面活荷载、雪荷载、风荷载等。

3）偶然作用：偶然作用是指在设计基准期内不一定出现，而一旦出现其量值很大且持续时间很短的作用，如地震、爆炸、撞击等。

（2）按随空间位置的变异分类

可以分为固定作用（在结构上具有固定分布，如自重等）和自由作用（在结构上一定范围内可以任意分布，如楼面上的人群荷载、吊车荷载等）。

（3）按结构的反应特点分类

可以分为静态作用（它使结构产生的加速度可以忽略不计）和动态作用（它使结构产生的加速度不可忽略）。一般的结构荷载，如自重楼面人群荷载，屋面雪荷载等，都可视为静态作用；而地震作用、吊车荷载、设备振动等，则是动态作用。

2. 作用的随机性质

一个事件可能有多种结果，但事先不能肯定哪一种结果一定发生（不确定性），而事后有唯一结果，这种性质称为事件的随机性质。

显然，结构上的作用具有随机性质。像人群荷载、风荷载、雪荷载以及吊车荷载等，都不是固定不变的，其数值可能较大，也可能较小；它们可能出现，也可能不出现；而一旦出现，则可测定其数值大小和位置；风荷载还具有方向性。即使是结构构件的自重，由于制作过程中不可避免的误差所用材料种类的差别，也不可能与设计值完全相等。这些都是作用的随机性。

3. 作用效应

由作用引起的结构或结构构件的反应，如内力变形和裂缝等，称为作用效应；荷载引起的结构的内力和变形，也称为荷载效应。

根据结构构件的连接方式（支承情形）、跨度、截面几何特性以及结构上的作用，可以用材料力学或结构力学方法算出作用效应。例如，当简支梁的计算跨度为 L_0、截面刚度为 B、荷载为均布荷载 q 时，则可知该简支梁的跨中弯矩 M 为 $\frac{1}{8}ql_0^2$ 贴，支座边剪力 V 为 $\frac{1}{2}ql_n$。（L_n 为净跨），跨中挠度为 $5ql_0^4/284B$ 等。

作用和作用效应是一种因果关系，故作用效应也具有随机性。

（三）抗力

结构或结构构件承受作用效应的能力称为抗力。

影响结构抗力的主要因素是结构的几何参数和所用材料的性能。由于结构构件的制作误差和安装误差会引起结构几何参数的变异，结构材料由于材质和生产工艺等的影响，其强度和变形性能也会有差别（即使是同一工地按同一配合比制作的某一强度等级的混凝土，或是同一钢厂生产的同一种钢材，其强度和变形性能也不会完全相同），因此结构的抗力也具有随机性。

三、结构可靠度理论和极限状态设计法

1. 结构的可靠性和可靠度

结构在规定的设计使用年限内，应满足安全性、适用性和耐久性等功能要求。结构的可靠性是指结构在规定的时间内、在规定的条件下完成预定功能的能力。这种能力既取决于结构的作用和作用效应，也取决于结构的抗力。

结构的可靠度是对结构可靠性的定量描述，即结构在规定的时间内（结构的设计使用年限）、在规定的条件下（正常设计、正常施工、正常使用条件，不考虑人为过失的影响）完成预定功能的概率。这是从统计学观点出发的比较科学的定义，因为在各种随机因素的影响下，结构完成预定功能的能力只能用概率来度量。

2. 概率极限状态设计法

按可靠指标的设计准则或近似概率设计准则并不直接用于具体设计，具体的设计方法是极限状态设计法。

极限状态的定义和分类：

（1）极限状态

整个结构或结构的一部分超过某一特定状态就不能满足设计规定的某一功能要求，此特定状态称为该功能的极限状态。

结构的各种极限状态，都规定有明确的标志及限值。

（2）极限状态的分类

根据结构的功能要求，极限状态分为承载能力极限状态和正常使用极限状态两类。

1）承载能力极限状态

结构或结构构件达到最大承载力疲劳破坏或者达到不适于继续承载的变形时，称该结构或结构构件达到承载能力极限状态。

当结构或结构构件出现下列状态之一时，即认为超过了承载能力极限状态，整个结构或结构的一部分作为刚体失去平衡。例如，雨篷的倾覆，烟囱在风力作用下发生整体倾覆，挡土墙在土压力作用下发生整体滑移。结构构件或其连接因超过材料强度而破坏（包括疲劳破坏），或因过度的变形而不适于继续承载。例如，轴心受压钢筋混凝土柱中混凝土达到轴心受压强度而压碎；钢结构轴心受拉构件当钢材达到屈服点时，其变形导致不适于继续承载；钢结构或钢筋混凝土结构吊车梁在吊车荷载数十万次或数百万次的反复作用下，钢材、混凝土或钢筋可能发生疲劳破坏而导致整个吊车梁破坏。结构转变为机动体系，软钢配筋的钢筋混凝土两跨连续梁在荷载作用下形成机动体系，结构或构件丧失稳定，地基丧失承载能力而破坏（如失稳等）。

2）正常使用极限状态

这种极限状态对应于结构或结构构件达到正常使用或耐久性能的某项规定限值。当结构或结构构件出现下列状态之一时，应认为超过了正常使用极限状态：影响正常使用或外观的变形；影响正常使用或耐久性能的局部损坏（包括裂缝）；影响正常使用的振动；影响正常使用的其他特定状态。

第三节　结构材料的力学性能

结构材料的力学性能，主要是指材料的强度和变形性能，以及材料的本构关系（应力 - 应变关系）。了解结构构件所用材料的力学性能，是掌握结构构件的受力性能的基础。

一、建筑钢材

钢是含碳量低于 2% 的铁碳合金（含碳量高于 2% 时为生铁），钢经轧制或加工成的钢筋、钢丝、钢板及各种型钢，统称钢材。在建筑钢材中，大量使用碳素结构钢和普通低合金钢。

1. 钢材的力学性能

在钢筋混凝土结构、预应力混凝土结构以及钢结构中所用的钢材可分为两类，即有明显屈服点的钢材和无明显屈服点的钢材。

在达到屈服强度之前，钢材的受压性能与受拉时的相似，受压屈服强度也与受拉时基本一样。在达到屈服强度之后，由于试件发生明显的塑性压缩，截面面积增大，因而难以得到明确的抗压强度。

2. 强度

钢材的强度指标包括屈服强度和抗拉强度两项。

对于有明显屈服点的钢材，由于钢材的屈服将产生明显的、不可恢复的塑性变形，从而导致结构构件可能在钢材尚未进入强化阶段就发生破坏或产生过大的变形和裂缝，因此在正常使用情况下，构件中的钢材应力应小于其屈服强度，故屈服强度是钢材关键性的强度指标。此外，在抗震结构中，考虑到受拉钢材可能进入强化阶段，故要求其屈服强度与抗拉强度的比值（称为屈强比）不大于 0.8，以保证结构的变形能力，因而钢材的抗拉强度是检验钢材质量的另一强度指标。

对于无明显屈服点的钢材（钢结构中的钢材除高强度螺栓外都属于有明显屈服点的钢材，无明显屈服点的钢材仅为混凝土结构中的预应力钢筋和钢丝），其条件屈服强度不易测定，这类钢材在质量检验时以其抗拉强度作为主要强度指标，并以极限抗拉强度 f_m 的 0.85 倍作为条件屈服强度。

3. 塑性

塑性是指钢材破坏前产生变形的能力。反映塑性性能的指标是"伸长率"和"冷弯性能"。伸长率是指试件拉断后原标距的伸长值与原标距的比值（以百分率表示）：

$$\delta = \frac{l_2 - l_1}{l_1} \times 100\%$$

式中 l_1——试件原标距长度，一般取 5d，d 为试件直径；

l_2——试件拉断后的标距长度；

δ——伸长率（%），当 l_1=5d 时记为 δ5。

伸长率大的钢材塑性好，拉断前有明显预兆；伸长率小的钢材塑性差，破坏会突然发生，呈脆性特征。有明显屈服点的钢材都有较大的伸长率。《规范》采用钢筋最大应力下（达到极限抗拉强度时）的总伸长率 δ 来反映钢筋的变形，对光圆钢筋的总伸长率不应小于 10.0%，对带肋钢筋不应小于 7.5%。

冷弯性能是指钢材在常温下承受弯曲时产生塑性变形的能力。对不同直径或厚度的钢材，要求按规定的弯心直径弯曲一定的角度而不发生裂纹。冷弯性能可间接反映钢材的塑性性能和内在质量，钢材的冷弯性能要求合格。

钢材的屈服强度抗拉强度伸长率和冷弯性能是检验有明显屈服点钢材的四项主要质量指标，对无明显屈服点的钢筋则只测定后三项。

对于需要验算疲劳的焊接结构的钢材，尚应具有常温冲击韧性的合格保证。

4. 弹性模量

钢材在弹性阶段的应力和相应应变的比值为常量，该比值即钢材的弹性模量。

$$E_s = \frac{\sigma_s}{\varepsilon_s}$$

式中 σ_s——屈服前的钢材应力，N/mm²；

ε_s——相应的钢材应变。

钢材的弹性模量可由拉伸试验测定，钢结构采用 E=206×103N/mm²，钢筋的弹性模量按规定取值。同一品种钢材的受拉和受压弹性模量相同。

5. 建筑钢材的品种

我国目前常用的钢材由碳素结构钢及普通低合金钢制造。碳素结构钢分为低碳钢（普通碳素钢）、中碳钢和高碳钢，随着含碳量的增加，钢材的强度会有所提高，但塑性降低；在低碳钢中加入硅锰、钒、钛铌、铬等少量合金元素，使钢材性能有较显著的改善，成为普通低合金钢。

（1）钢筋

按照生产加工工艺和力学性能的不同，用于建筑工程中的钢筋有热轧钢筋、冷拉钢筋、预应力钢筋以及钢丝、钢绞线等。其中热轧钢筋和冷拉钢筋属于有明显屈服点的钢筋，钢丝、钢绞线等属于无明显屈服点的钢筋。

热轧钢筋又分为热轧光圆钢筋和热轧带肋钢筋。其中，靠控温轧制而具有一定延性的轧带肋钢筋系列钢筋称为细晶粒热轧带肋钢筋，其具有节约合金资源，降低价格的作用。

（2）型钢和钢板

钢结构构件一般直接选用型钢，当构件尺寸很大或型钢不合适时则用钢板制作。型钢有角钢（包括等边角钢和不等边角钢）、槽钢、工字钢等；钢板有厚板（厚度 4.5~60.0mm）和薄板（厚度 0.35~4.00mm）之分。

根据《规范》规定，用于钢结构的钢材牌号为碳素结构钢中的 Q235 钢和低合金结构钢中的 Q345 钢（16Mn 钢）、Q390 钢、Q420 钢四种，其屈服点在钢材厚度小于或等于 16mm 时分别为 235N/mm²、345N/mm²、390N/mm² 和 420N/mm²（当厚度大于 16mm 时，屈服点随厚度的增加而降低）。

6. 钢材的选用

（1）混凝土结构对钢筋性能的要求

在混凝土结构中，钢筋和混凝土共同工作，钢筋按一定的排列顺序和位置布置于混凝土中。钢筋和混凝土之所以能够共同工作，是因为混凝土结硬后，能与钢筋牢固地黏结，互相传递应力、共同变形，两者间的黏结力是钢筋和混凝土共同工作的基础；钢筋和混凝土具有相近的温度线膨胀系数：钢为 $1.2 \times 10^{-5}/℃$，混凝土为（$1.0~1.5$）$\times 10^{-9}/℃$，当温度变化时，混凝土和钢筋之间不致产生过大的相对变形和温度应力；混凝土提供的碱性环境可以保护钢筋免遭锈蚀。混凝土结构对钢筋性能的主要要求是：

1）强度。强度是指钢筋的屈服强度和极限强度。如前所述，钢筋的屈服强度是混凝土结构构件计算的主要依据之一，采用较高强度的钢筋可以节省钢材，获得较好的经济效益。

2）塑性。要求钢筋在断裂前有足够的变形，能够在破坏前给人们预兆，因此应保证钢筋的伸长率和冷弯性能合格。

3）可焊性。在很多情形下，钢筋的接长和钢筋之间的连接（或钢筋与其他钢材的连接）需要通过焊接来完成，因此要求在一定工艺条件下钢筋焊接后不产生裂纹和过大的变形，保证焊接后的接头性能良好。

4）与混凝土的黏结力。为了保证钢筋和混凝土共同工作，要采取一定的措施保证钢筋与混凝土之间的黏结力。带肋钢筋与混凝土的黏结要优于光圆钢筋。在寒冷地区，对钢筋的低温性能尚有一定的要求。

（2）钢筋的选用原则

按照节省材料、减少能耗的原则，综合混凝土构件对强度、延性、连接方式、施工适应性的要求，规范强调淘汰低强度钢筋，应用高强、高性能钢筋，并建议选用下列牌号的钢筋：

1）纵向受力普通钢筋宜采用 HRB400、HRB500、HRBF400、HRBF500、HPB300、RRB400 钢筋，也可采用 HRB335、HRBF335 钢筋。

2）预应力筋宜采用预应力钢丝、钢绞线和预应力螺纹钢筋（规格见附录）。

3）箍筋宜采用 HRB400、HRBF400、HPB300、HRB500、HRBF500 钢筋，也可采用

HRB335 钢筋。

4）余热处理钢筋是由轧制的钢筋经高温淬火，余热处理后制成的，目的是提高强度。其可焊性、机械连接性能及施工适应性均稍差，需控制其应用范围，不宜用作重要部位的受力钢筋，不得用于直接承受疲劳荷载的构件，不宜焊接。一般可在对延性及加工性能要求不高的构件中使用，如基础、大体积混凝土以及跨度及荷载不大的楼板、墙体中应用。

二、混凝土

混凝土是由水泥、水和骨料（包括粗骨料和细骨料，粗骨料有碎石、卵石等，细骨料有粗砂、中砂、细砂等）几种材料经混合搅拌、入模浇捣、养护硬化后形成的人工石材，"砼"字形象地表达了混凝土的特点。

混凝土各组成成分的比例，尤其是水灰比（水与水泥的重量比）对混凝土的强度和变形有重要影响；在很大程度上，混凝土性能还取决于搅拌程度、浇捣的密实性及对混凝土的养护条件。

1. 混凝土的强度

混凝土的强度随时间而增长，初期增长速度快，后期增长速度变慢并趋于稳定；对于使用普通水泥的混凝土，若以龄期 3 天的抗压强度为 1，则 1 周为 2，4 周为 4，3 个月为 4.3，1 年为 5.2 左右。龄期 4 周（28 天）的强度大致稳定，可以作为混凝土早期强度的界限。混凝土强度在长时期内随时间而增长，这主要是因为水泥的水化反应是长时间进行的。

（1）混凝土的抗压强度

混凝土在结构构件中主要承受压力，其抗压强度是最主要的性能指标。

1）立方体抗压强度和立方体抗压强度标准值

《规范》规定，用边长 150mm 的立方体试块，在标准养护条件（温度 20℃ ±3℃，相对湿度 ≥ 90% 的潮湿空气中）养护 28 天，用标准试验方法（试块表面不涂润滑剂、全截面受压加荷速度 0.15~0.25N/（mm²·s））加压至试件破坏时测得的最大压应力作为混凝土的立方体抗压强度。混凝土立方体抗压强度是用来确定混凝土强度等级的标准，也是决定混凝土其他力学性能的主要参数。混凝土立方体抗压强度也可用 200mm 的立方体或 100mm 的立方体测得，但需对试验值进行修正，对于边长 200mm 的试件，修正系数为 1.05；对于边长 100mm 的试件，修正系数为 0.95。

根据立方体抗压强度的试验资料进行统计分析，用混凝土强度总体分布的平均值减去 1.645 倍标准差（保证率 95%），即为立方体抗压强度标准值，记为 f_{cuk}，它是混凝土各种力学指标的基本代表值。混凝土强度等级由立方体抗压强度标准值确定，用 C×× 表示，其中 ×× 即为相应的 f_{cuk} 数值。

2）轴心抗压强度

在实际结构中，受压构件是棱柱体而不是立方体。试验表明，用高宽比为 3~4 的棱柱体测得的抗压强度与以受压为主的混凝土构件中的混凝土抗压强度基本一致，因此棱柱体的抗压强度可作为以受压为主的混凝土结构构件的混凝土抗压强度，称为轴心抗压强度或棱柱强度。

轴心抗压强度是结构混凝土最基本的强度指标，但在工程中很少直接测定它，而是通过测定立方体的抗压强度进行换算。其原因是立方体试块具有节省材料、制作简单、便于试验加荷对中、试验数据离散性小等优点。由对比试验得到：轴心抗压强度与立方体抗压强度的比值 α_{c1}，对强度等级 C50 及以下混凝土取 0.76，对强度等级 C80 混凝土取 0.82，中间按线性规律变化。

混凝土强度越高越显示脆性。《规范》对 C40 以上混凝土考虑脆性折减系数 α_{c2}，对 C40 及以下混凝土取 $\alpha_{c1}=1.0$，对 C80 取 $\alpha_{c2}=0.87$，中间按直线规律变化。轴心抗压强度标准值 f_{ck} 可表示为：

$$f_{ck} = 0.88\alpha_{c1}\alpha_{c2}f_{cuk}$$

式中，系数 0.88 为结构中混凝土强度与试件混凝土强度的比值。

按上式计算的结果即为规定的 f_{ck} 数值。

2）混凝土抗拉强度

混凝土的抗拉性能很差，抗拉强度标准值 f_{tk} 大体是轴心抗压强度标准值的 1/8~1/16，强度越高，其差别越大。f_{tk} 可用下式表示：

$$f_{tk} = 0.88 \times 0.9\alpha_{c2}f_{cuk}^{-0.55}\left(1-1.645\delta\right)^{0.45}$$

式中 δ 为变异系数，有统计调查结果得出。

2. 混凝土强度等级的选用原则

如前所述，混凝土轴心抗压强度、抗拉强度等，都和混凝土立方体抗压强度有一定关系。因此，可以按混凝土立方体抗压强度的大小将混凝土的强度划分为不同的等级，以满足不同类型的结构构件对混凝土强度的要求。

《规范》将混凝土结构用混凝土强度分为 14 个等级，从 C15~C80，每级相差 5N/mm²。钢筋混凝土结构的混凝土强度等级不应低于 C20，采用 HRB400、HRBF400、HRB500、HRBF500 级钢筋时混凝土强度等级不宜低于 C25。

承受重复荷载的钢筋混凝土构件，混凝土强度等级不应低于 C30。

预应力混凝土结构的混凝土强度等级不宜低于 C40，且不应低于 C30。

素混凝土结构的强度等级不应低于 C15，垫层、地面混凝土及填充用混凝土可采用 C10。

三、钢筋与混凝土的相互作用——黏结力

1. 黏结力的概念

钢筋和混凝土共同工作的基础是黏结力。黏结力是存在于钢筋与混凝土界面上的作用

力。试验表明，黏结力主要由三部分组成：一是由于混凝土收缩将钢筋紧握故而产生的摩擦力；二是由于混凝土颗粒的化学作用而产生的胶合力；三是由于钢筋表面凹凸不平与混凝土之间产生的机械咬合力。其中机械咬合力约占总黏结力的一半以上，带肋钢筋的机械咬合力要大大高于光面钢筋的机械咬合力。此外，钢筋表面的轻微锈蚀也增加它与混凝土的黏结力。

黏结强度的测定通常采用拔出试验方法，将钢筋一端埋入混凝土中，在另一端施力将钢筋拔出。由拔出试验可以得知：

（1）最大黏结应力在离开端部的某一位置出现，且随拔出力的大小而变化，黏结应力沿钢筋长度是呈曲线分布的。

（2）钢筋埋入长度越长，拔出力越大；但埋入长度过大时，则其尾部的黏结应力很小，基本不起作用。

（3）黏结强度随混凝土强度等级的提高而增大。

（4）带肋钢筋的黏结强度高于光面钢筋，而在光面钢筋末端做弯钩可以大大提高拔出力。

2. 保证钢筋和混凝土之间黏结力的措施

（1）足够的锚固长度

受拉钢筋必须在支座内有足够的锚固长度，以便通过该长度上黏结应力的积累，使钢筋在靠近支座处能够充分发挥作用。

（2）一定的搭接长度

受力钢筋搭接时，通过钢筋与混凝土间的黏结应力来传递钢筋与钢筋间的内力，因此必须有一定的搭接长度才能保证内力的传递和钢筋强度的充分利用。

《规范》规定，轴心受拉及小偏心受拉构件、双面配置受力钢筋的焊接骨架、需要进行疲劳强度验算的构件等，不得采用搭接接头；当受拉钢筋直径大于25mm及受压钢筋直径大于32mm时不宜采用搭接接头；对于其余情形下的受力钢筋可采用搭接接头。

同一构件各根钢筋的搭接接头宜相互错开。位于同一连接范围内的受拉钢筋接头百分率不超过25%，受压钢筋接头百分率则不宜超过50%。钢筋绑扎搭接接头连接区段的长度为1.3倍搭接长度。所谓同一连接范围，是指搭接接头中点位于该连接区段长度内。

纵向受拉钢筋绑扎搭接长度 h 与搭接接头面积百分率有关，当同一连接区段内的搭接接头面积 $\leq 25\%$、为50%或100%时，h 分别为1.21、1.41和1.60，但均不小于300mm。

受压钢筋与混凝土的黏结优于受拉钢筋。位于同一连接范围的受压钢筋搭接接头百分率不宜超过50%，其搭接长度不应小于相应纵向受拉钢筋搭接长度的0.7倍，在任何情况下均不小于200mm。

（3）混凝土应有足够的厚度

钢筋周围的混凝土应有足够厚度（包括混凝土保护层厚度和钢筋间的净距），以保证黏结力的传递；同时为了减小使用时的裂缝宽度，在同样钢筋截面面积的前提下，应选择直径较小的钢筋以及带肋钢筋。

当结构中受力钢筋在搭接区域内的间距大于较粗钢筋直径的 10 倍或当混凝土保护层厚度大于较粗钢筋的 5 倍时，搭接长度可比上述规定减小，取为相应锚固长度。

（4）钢筋末端应做弯钩

光面钢筋的黏结性能较差，故除轴心受压构件中的光面钢筋及焊接网或焊接骨架中的光面钢筋外，其余光面钢筋的末端均应做 180° 标准弯钩。

（5）配置箍筋

在锚固区或受力钢筋搭接长度范围内应配置箍筋以改善钢筋与混凝土的黏结性能。在锚固长度范围内，箍筋直径不宜小于锚固钢筋直径的 1/4，间距不应大于单根锚固钢筋直径的 10 倍（采用机械锚固措施时不应大于 5 倍），在整个锚固长度范围内箍筋不应少于 3 个。在受力钢筋搭接长度范围内，箍筋直径不宜小于搭接钢筋直径的 1/4；箍筋间距在钢筋受拉时不大于 100mm 且不大于搭接钢筋较小直径的 5 倍，在钢筋受压时不大于 200mm 且不大于搭接钢筋较小直径的 10 倍。当受压钢筋直径大于 25mm 时，应在搭接接头两个端面外 50mm 范围内各设两根箍筋。

（6）注意浇注混凝土时的钢筋位置

黏结强度与浇注混凝土时的钢筋位置有关。在浇注深度超过 300mm 的上部水平钢筋底面，由于混凝土的泌水、骨料下沉和水分气泡的逸出，形成一层强度较低的混凝土层，它将削弱钢筋与混凝土的黏结作用。因此，对高度较大的梁应分层浇注和采用二次振捣。

第二章 建筑结构设计方法

第一节 建筑结构设计理论的发展

建筑结构设计的主要目的是保证结构能够满足安全性、适用性、耐久性等基本功能的要求，其本质是要科学地解决结构物的可靠与经济这对矛盾。一般来说，若多用一些材料，即结构断面大一些，利用材料强度的水平高一些，往往安全度就大一些，但这样就不经济。结构工程师就是要用最经济的手段，设计并建造出安全可靠的结构，使之在预定的使用期间内，满足各种预定功能的要求。

一、建筑设计的内容

建筑工程设计包括建筑设计、结构设计、设备设计。

1. 建筑设计

建筑设计是在总体规划的前提下，根据建设任务要求和工程技术条件进行房屋的空间组合设计和细部设计，并以建筑设计图的形式表示出来。其是整个设计工作的先行，常处于主导地位，具有较强的政策性、技术性和综合性。

2. 结构设计

结构设计的主要任务是配合建筑设计选择切实可行的结构方案，进行结构构件的计算和设计，并用结构设计图表示。结构设计通常由结构工程师完成。

3. 设备设计

设备设计是指建筑物的给水、排水、采暖、通风和电气照明等方面的设计。其一般由相关工程师配合建筑设计完成，并分别用水、暖、电等设计图表示。

二、建筑设计的依据

1. 使用功能

（1）人体尺度和人体活动所需的空间尺度。

（2）家具、设备的尺寸和使用它们的必要空间。

2.自然条件

（1）气候条件：气候条件是指温度、湿度、日照、雨雪、风向、风速等气象条件。

（2）地形、地质条件和地震烈度。

（3）水文条件。

3.满足设计文件的有关要求

（1）建设单位主管部门有关的规定。

（2）工程设计任务书。

（3）城建部门同意设计的批文。

（4）委托设计：工程项目表。

4.技术和设计标准的要求

建筑设计标准化是实现建筑工业化的前提。为此，建筑设计应采用建筑模数协调统一标准。除此以外，建筑设计应遵照国家制定的标准、规范以及各地或国家各部、委颁发的标准执行。

5.执行行业政策和技术规范、注意环保、经济合理

建设政策是建筑业的指导方针，相关技术规范常常是建筑工程知识和经验的结晶。从事建筑设计应时常了解这些政策、法规。对强制执行的标准、规范，不得折扣。另外，从材料选择到施工方法都必须注意保护环境，降低消耗，节约投资。

6.注意美观

建筑物的一些细部构造，直接影响着建筑物的美观效果。所以其构造方案应符合人们的审美观念。综上所述，建筑构造设计的总原则应是坚固适用、先进合理、经济美观。

三、建筑设计的程序

对于较大的建设项目，设计程序包括设计资料的准备阶段、初步设计阶段、技术设计阶段和施工图设计阶段。

设计阶段。两阶段设计：初步设计和施工图设计；三阶段设计：初步设计、技术设计和施工图设计。

（一）设计前的准备工作

1.核实并熟悉设计任务的必要文件

（1）主管部门的批文

（2）城建部门的批文

（3）熟悉设计任务书

建筑物的具体使用要求、建筑面积以及各类用途房间之间的面积分配；建设项目的总投资和单方造价，并说明原有建筑、道路等室外设施费用情况；建设基地范围、大小，原有建筑、道路、地段环境的描述，并附有地形测量图；供电、供水和采暖、空调等设备方

面的要求，并附有水源、电源的接用许可文件；设计期限和项目的建设进程要求。

2. 收集必要的设计原始数据

通常建设单位提出的设计任务，主要是从使用要求、建设规模、造价和建设进度方面考虑的，房屋的设计和建造，还需要收集下列相关原始数据和设计资料。

（1）气象资料：所在地区的温度、湿度、日照、雨雪、风向、风速以及冻土深度等。

（2）地形、地质、水文资料：基地地形及标高，土壤种类及承载力，地下水位以及地震烈度等。

（3）水电等设备管线资料：基地地下的给水、排水、电缆等管线布置，以及基地上的架空线等供电线路情况。

（4）设计项目的有关定额指标：国家或所在省市地区有关设计项目的定额指标，如住宅的每户面积或每人面积定额、学校教室的面积定额，以及建筑用地、用材等指标。

3. 设计前的调查研究

设计前调查研究的主要内容有：

（1）建筑物的使用要求：深入访问使用单位中有实践经验的人员，认真调查同类已建房屋的实际使用情况，通过分析和总结，对所设计房屋的使用要求做到胸中有数。

（2）建筑材料供应和结构施工等技术条件：了解设计房屋所在地区建筑材料供应的品种、规格、价格等情况，预制混凝土制品以及门、窗的种类规格，新型建筑材料的性能、价格以及采用的可能性。

（3）基地踏勘：根据城建部门所划定的建筑红线进行现场踏勘，深入了解现场的地形、地貌，以及基地周围原有的建筑、道路、绿化等，考虑拟建房屋的位置和总平面布局的可能性。

（4）当地建筑传统经验和生活习惯：传统建筑中有许多结合当地地理、气候条件的设计布局和创作经验，可以借鉴。

（二）初步设计阶段

1. 主要任务：提出设计方案。

2. 设计内容：设计说明书、设计图纸、主要设备材料表、工程概算。

3. 图纸和设计文件：设计总说明；建筑总平面图；各层平面图、立面图、剖面图；工程概算书；透视图、鸟瞰图或模型。

（1）建筑总平面图：常采用的比例是 1：500 或 1：1 000，应表示出其用地范围，建筑物位置、大小、层数、朝向、设计标高，道路布置、绿化布置以及经济技术指标。地形复杂时，应表示粗略的竖向设计意图。

（2）各层平面及主要剖面、立面图：常用的比例是 1：100 或 1：200，应标出建筑物的总尺寸、开间、进深、层高等各主要控制尺寸，同时要标出门、窗位置，各层标高，部分室内家具和设备的布置、立面处理等。

（3）设计说明书：应说明设计方案的主要意图及优、缺点，主要结构方案及构造特点，建筑材料及装修标准，主要技术经济指标。

（4）工程概算书：建筑物投资估算，主要材料用量及单位消耗量。

（5）根据设计任务的需要，可以能辅以鸟瞰图、透视图或建筑模型等。

（三）技术设计阶段

1. 主要任务

技术设计是三阶段设计的中间阶段，这一阶段的主要任务是在初步设计的基础上，进一步确定房屋各工种之间的技术问题。

2. 设计内容

技术设计的内容为各工种相互提供资料、提出要求，并共同研究和协调编制拟建工程各工种的图纸和说明书，为各工种编制施工图打下基础。经批准后的技术图纸和说明书即为编制施工图、主要材料设备订货以及基建拨款的依据文件。技术设计的内容包括确定结构和设备的布置并进行结构和设备的计算；修正建筑设计方案并进行主要的建筑细部和构造设计；确定主要建筑材料、建筑构配件、设备管线的规格及施工要求等。

3. 图纸和设计文件

技术设计的图纸和文件包括建筑总平面图和平面图、立面图、剖面图，图中应标明与技术有关的详细尺寸，结构、设备的设计图和计算书，各技术工种的技术条件说明书，根据技术要求修正的工程概算书。

（四）施工图设计阶段

1. 主要任务

施工图就是把设计意图和全部的设计结果通过图纸表达出来，作为施工制作的依据。施工图设计阶段是设计工作和施工工作的桥梁。其主要任务是在初步设计或技术设计的基础上，确定各个细部的构造方式和具体做法，进一步解决各技术工种之间的矛盾，并编制出一套完整的、能据此指导施工的图纸和文件。

2. 设计内容

施工图设计的内容包括：确定全部工程尺寸和用料，绘制建筑、结构、设备等工程的全部施工图纸，编制工程说明书、计算书和预算书。

3. 图纸和设计文件

（1）建筑总平面图：常用比例为1：500、1：1 000、1：2 000，应详细标明基地上建筑物、道路、设施等所在位置的尺寸、标高，并附必要的说明。

（2）建筑各层平面图、立面图、剖面图：常用比例为1：100、1：200。除了表达初步设计或技术设计内容以外，还应详细标明出墙段、门窗洞口及一些细部尺寸、详细索引符号等。

（3）建筑构造节点详图：根据需要可以采用1：1、1：2、1：5、1：20等比例尺。

主要包括檐口、墙身和各构件的节点详图，楼梯、门窗以及各部分的装修详图等，应表示清楚各部分构件的构造关系、材料、尺寸及做法等。

（4）各工种相应配套的施工图纸：如基础平面图、基础详图、楼板及屋顶平面图和详图、结构布置图、结构构造节点详图等结构施工图；给排水、电器照明以及暖气或空气调节等设备施工图。

（5）设计说明书，包括施工图设计依据、设计规模和建筑面积、主要结构类型、标高定位、建筑装修做法以及用料说明等。

（6）结构及设备设计的计算书。

（7）工程预算书。

四、建筑构造的设计原则

在建筑构造设计过程中，应遵守以下基本原则。

1. 满足使用要求

建筑构造设计必须最大限度地满足建筑物的使用要求，这也是整个设计的根本目的。综合分析诸多因素，设法消除或减少来自各方面的不利影响，以保证使用方便、耐久性好。

2. 确保结构安全可靠

房屋设计不仅要对其进行必要的结构计算，而且在构造设计时，还要认真分析荷载的性质、大小，合理确定构件尺寸，确保建筑物的强度和刚度，保证构配件之间连接可靠。

3. 适应建筑工业化的需要

建筑构造应尽量采用标准化设计，采用定型通用构配件，以提高构配件之间的通用性和互换性，为构配件生产工业化、施工机械化提供条件。

4. 执行行业政策和相关技术规范

建设政策是建筑业的指导方针，技术规范常常是知识和经验的结晶。从事建筑设计的人员应熟悉了解这些政策、法规。对强制性的标准，必须坚决执行。另外，从材料选择到施工方法都必须注意保护环境，降低消耗，节约投资。

5. 注意美观

有时一些细部构造，直接影响着建筑物的美观效果，所以构造方案应符合人们的审美观念。

综上所述，建筑构造设计的总原则应是坚固适用、先进合理、经济美观。

第二节　作用、作用效应和抗力

1. 作用

建筑结构在施工和使用期间要承受各种"作用"。为了使设计的结构既可靠又经济，必须进行两方面的研究：一方面研究各种"作用"在结构中产生的各种效应，另一方面研究结构或构件内在的抵抗这些效应的能力。由此可见，结构设计中的首要工作就是确定结构上各种"作用"的类型和大小。

所谓结构上的"作用"是指施加在结构上的集中力或分布力，以及引起结构外加变形或约束变形的原因。

（1）结构上的作用按形式的不同，可分为两类：

1）以力的形式直接施加在结构上，如结构自重、在结构上的人或设备重量（风压、雪压、土压等），这些称为直接作用，习惯上称为结构上的荷载。

2）引起外加变形或约束变形的原因，如基础沉降、温度变化、混凝土墙的收缩和徐变、焊接等，这类作用不是直接以力的形式出现的，称为间接作用。

（2）结构上的作用按其随时间的变异性和出现的可能性分为以下三类：

1）永久作用。作用在结构上，其值不随时间变化，或其变化与平均值相比可以忽略不计者称为永久作用，如结构自重、土压力、预加应力、基础沉降、焊接等。其中，结构自重和土压力，习惯上称为永久荷载或恒荷载。

2）可变作用。作用在结构上，其值随时间而变化，且其变化与平均值相比不可忽略者为可变作用，如桥面或路面上的行车荷载、安装荷载、楼面活荷载、屋面活荷载和积灰荷载、风荷载、雪荷载、吊车荷载、温度变化等。这些荷载（温度变化除外）习惯上称为可变荷载或活荷载。

3）偶然作用。在设计基准期内不一定出现，但一旦出现其量值就很大且持续时间很短的作用称为偶然作用，如地震、爆炸、撞击等。

2. 作用效应

直接作用和间接作用都将使结构或构件产生内力（如弯矩、剪力、轴向力、扭矩等）和变形（如挠度、转角、拉伸、压缩、裂缝等）。这种由"作用"所产生的内力和变形称为作用效应，用 S 表示。当内力和变形由荷载产生时，称为荷载效应。

3. 结构抗力

结构抗力是指整个结构或结构构件承受作用效应的能力，如构件的承载能力、刚度、抗裂性等均为结构抗力。

结构抗力是材料性能（强度、弹性模量等）、构件截面几何特征（高度、宽度、面积、惯性矩、抵抗矩等）及计算模式的函数。其中，材料性能是决定结构抗力的主要因素。由于材料性能的不定性、构件截面几何特征的不定性（制作与安装误差等）以及计算模式的不定性（基本假设和计算公式不精确），所以结构构件抗力也是一个随机变量。

第三节　荷载和材料强度取值

一、荷载代表值

作用在结构上的荷载是随时间而变化的不确定的变量，如风荷载（其大小和方向是变化的）、楼面活荷载（大小和作用位置均随时间而变化）。即使是恒荷载（如结构自重），也随其材料比重的变化以及实际尺寸与设计尺寸的偏差而变异。在设计表达式中如果直接引用反映荷载变异性的各种统计参数，将造成很多困难，也不便于应用。为简化设计表达式，对荷载给予一个规定的量值，称为荷载代表值。荷载可根据不同的设计要求，规定不同的代表值。永久荷载采用标准值作为代表值，可变荷载采用标准值、准永久值、组合值或频遇值为代表值。

1. 荷载标准值。所谓荷载标准值是指在结构使用期间，在正常情况下可能出现的最大荷载值。荷载标准值可由设计基准期最大荷载概率分布的某一分位置确定。若为正态分布，荷载标准值理论上应为结构使用期间，在正常情况下，可能出现具有一定保证率的偏大荷载值。

实际工程中，很多可变荷载并不具备充分的统计资料，难以给出符合实际的概率分布，只能结合工程经验，经分析判断确定。

2. 荷载准永久值。可变荷载准永久值是按正常使用极限状态准永久组合设计时采用的荷载代表值。在正常使用极限状态的计算中，要考虑荷载长期效应的影响。显然，永久荷载是长期作用的，而可变荷载不像永久荷载那样在结构设计基准期内全部以最大值经常作用在结构构件上，它有时作用值大一些，有时作用值小一些；有时作用的持续时间长一些，有时短一些。但若达到和超过某一值的可变荷载出现次数较多、持续时间较长，以致其累计的总持续时间与整个设计基准期的比值已达到一定值（一般情况下，这一比值可取 0.5），它对结构作用的影响类似于永久荷载，则该可变荷载值便成为准永久荷载值。

3. 荷载组合值。当结构上同时作用有两种或两种以上的可变荷载时，它们同时以各自的最大值出现的可能性是极小的，因此，要考虑其组合值问题。

4. 荷载的频遇值。对于可变荷载，在设计基准期内，其超越的总时间为规定的较小比率或超越次数为规定次数的荷载值。《建筑结构荷载规范》（GB 50009—2012）已给出了各种可变荷载的标准值及其组合值、频遇值和准永久值系数及各种材料的自重，设计时可以直接查用。

二、材料强度标准值

由于受材质不均匀和施工工艺、加荷条件、所处环境、尺寸大小以及实际结构构件与试件差别等因素的影响，结构构件的材料强度会产生一定的变异。材料强度有强度标准值和强度设计值之分。材料强度标准值是结构设计时采用的材料强度的基本代表值，是设计表达式中材料性能的取值依据，也是控制材料质量的主要依据。

材料强度的标准值是指在正常情况下，可能出现的最小强度值，它是以材料强度概率分布的某一分位置来确定的。当材料强度服从正态分布时，其标准值由下式计算：

$F_k=\mu_f-\alpha\sigma_f=\mu_f(1-\alpha\delta_f)$

式中 μ_f、σ_f——材料强度的统计平均值和统计标准差

δ_f——材料强度的变异系数，$\delta_f=\sigma/\mu_f$

α——材料强度的保证率系数。

各种材料强度标准值的取值原则为：材料强度的标准值由材料强度概率分布的 0.05 分位值来确定，即材料的实际强度小于强度标准值的可能性只有 5%，也就是强度标准值具有 95% 的保证率，对应的保证率系数 α=1.645。

第四节 建筑结构的功能要求和极限状态

一、结构的安全等级及设计使用年限

1. 结构的安全等级。我国根据建筑结构破坏后果（危及人的生命、造成经济损失、产生社会影响等）的严重程度，将建筑结构分为三个安全等级：破坏后果很严重的为一级，严重的为二级，不严重的为三级。

建筑物中各类结构构件使用阶段的安全等级宜与整个结构的安全等级相同，但允许对部分结构构件根据其重要程度和综合经济效益进行适当调整。例如，提高某一结构构件的安全等级所需额外费用很少，又能减轻整个结构的破坏，从而大大减少人员伤亡和财产损失，则可将该结构构件的安全等级在整个结构的安全等级基础上提高一级。相反，如某一结构构件的破坏并不影响整个结构或其他结构构件的安全性，则可将其安全等级降低一级，但一切构件的安全等级在各个阶段均不得低于三级。

在近似概率论的极限状态设计法中，结构的安全等级是用结构重要性系数 γ0 来体现的。

2. 结构的设计使用年限。结构的设计使用年限是指设计规定的结构或结构构件不需进行大修即可按其预定目的使用的时期。结构的设计使用年限可按《建筑结构可靠度设计统

一标准》（GB 50068—2001）确定。

此外，业主可提出要求，经主管部门批准，也可按业主的要求确定。各类工程结构的设计使用年限是不应统一的。例如，就总体而言，桥梁应比房屋的设计使用年限长，大坝的设计使用年限更长。

应注意的是，结构的设计使用年限虽与其使用寿命有联系，但不等同。超过设计使用年限的结构并不是不能使用，而是指它的可靠度降低了。

二、建筑结构的功能要求

设计的结构和结构构件在规定的设计使用年限内，在正常维护条件下，应能保持其使用功能，而不需进行大修加固。根据我国《建筑结构可靠度设计统一标准》（GB 50068—2001），建筑结构应该满足的功能要求有：

1. 安全性。在正常施工和正常使用条件下，结构应能承受可能出现的各种外界作用。在偶然事件（如地震、爆炸等）发生时和发生后保持必需的整体稳定性，不致发生倒塌。所谓外界作用，包括各类外加荷载，此外还包括外加变形或约束变形，如温度变化、支座移动、收缩、徐变等。

2. 适用性。结构在正常使用过程中应具有良好的工作性。例如，不产生影响使用的过大变形或振幅，不发生足以让使用者不安的过宽的裂缝等。

3. 耐久性。结构在正常维护条件下应有足够的耐久性，完好使用到设计规定的年限，即设计使用年限。例如，不发生严重的混凝土碳化和钢筋锈蚀。

一个合理的结构设计，应该是用较少的材料和费用，获得安全、适用和耐久的结构，即结构在满足使用条件的前提下，既安全又经济。

三、建筑结构的极限状态

整个结构或结构的一部分超过某一特定状态就不能满足设计指定的某一功能要求，这个特定状态称为该功能的极限状态。例如，构件即将开裂、倾覆、滑移、压屈、失稳等。也就是能完成预定的各功能时，结构处于有效状态；反之，则处于失效状态。有效状态和失效状态的分界，称为极限状态，是结构开始失效的标志。

结构的极限状态可分为承载力能力极限状态和正常使用极限状态两类。

1. 承载能力极限状态。结构或结构构件达到最大承载能力或者达到不适于继续承载的变形状态，称为承载能力极限状态。当结构或结构构件出现下列状态之一时，即认为超过了承载能力极限状态：

（1）整个结构或结构的一部分作为刚体失去平衡，如倾覆等。

（2）结构构件或连接部位因材料强度不够而破坏（包括疲劳破坏）或因过度的塑性变形而不适于继续承载。

（3）结构转变为机动体系。

（4）结构或结构构件丧失稳定性，如压屈等。

（5）地基丧失承载能力而破坏，如失稳等。承载能力极限状态主要考虑结构的安全性，而结构是否安全关系着生命、财产的安危，因此，应严格控制出现这种极限状态的可能性。

2. 正常使用极限状态。结构或结构构件达到正常使用或耐久性能中某项规定限值的状态称为正常使用极限状态。当结构或结构构件出现下列状态之一时，即认为超过了正常使用极限状态：

（1）影响正常使用或外观变形，如吊车梁变形过大使吊车不能平稳行驶，梁挠度过大影响外观。

（2）影响正常使用或耐久性能的局部损坏，如水池开裂漏水不能正常使用，梁的裂缝过宽导致钢筋锈蚀等。

（3）影响正常使用的振动，如因机器振动而导致结构的振幅超过按正常使用要求所规定的限值。

（4）不宜有损伤，如腐蚀等。

（5）影响正常使用的其他特定状态，如相对沉降量过大等。

建筑结构设计时，应根据两种不同极限状态的要求，分别进行承载能力极限状态和正常使用极限状态的计算。对一切结构或结构构件均应进行承载能力（包括压屈失稳）极限状态的计算。正常使用极限状态的验算则应根据具体使用要求进行。对使用上需要控制变形值的结构构件，应进行变形验算；对使用上要求不出现裂缝的构件，应进行抗裂验算；对使用上要求允许出现裂缝的构件，应进行裂缝宽度验算。

第五节　按近似概率理论的极限状态设计方法

一、极限状态方程

设 S 表示荷载效应，它代表由各种荷载分别产生的荷载效应的总和，可以用一个随机变量来描述；设 R 表示结构构件抗力，也当作一个随机变量。构件每一个截面满足 $S \leqslant R$ 时，才认为构件是可靠的，否则认为是失效的。

结构的极限状态可以用极限状态函数来表达。承载能力极限状态函数可表示为：

Z=R-S

根据 S、R 的取值不同，Z 值可能出现三种情况，如图 2-1 所示，并且容易知道：

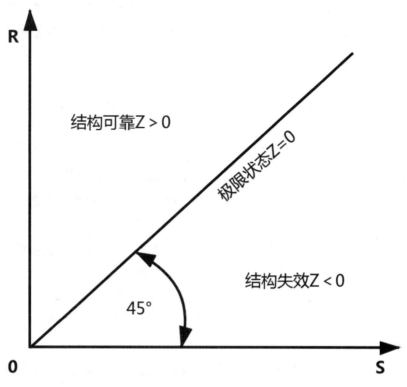

图 2-1　结构的功能函数状态

当 Z=R–S>0 时，结构能够完成预定功能，处于可靠状态。

当 Z=R–S=0 时，结构不能够完成预定功能，处于极限状态。

当 Z=R–S<0 时，结构处于失效状态。方程式：

Z=g（R，S）=R-S=0

称为极限状态方程。

结构设计中经常考虑的不仅是结构的承载力，多数情况下还需要考虑结构对变形或开裂等的抵抗能力，也是就说要考虑结构的适用性和耐久性的要求。由此，上述极限状态方程可推广为

$Z=g（x_1，x_2，\cdots，x_n）$

式中，$g（x_1，x_2，\cdots，x_n）$是函数记号，在这里称为功能函数。$g（x_1，x_2，\cdots，x_n）$由所研究的结构功能而定，可以是承载能力，也可以是变形或裂缝宽度等。$x_1，x_2，\cdots，x_n$ 为影响该结构功能的各种荷载效应以及材料强度、构件的几何尺寸等。结构功能则为上述各变量的函数。

二、结构的可靠度

先用荷载和结构构件的抗力来说明结构可靠度的概念。

在混凝土结构的早期阶段，人们往往以为只要把结构构件的承载能力或抗力降低某一倍数，即除以一个大于1的安全系数，使结构具有一定的安全储备，有足够的能力承受荷载，结构便安全了。例如，用抗力的平均值 μ_R 与荷载效应的平均值 μ_S 表达的单一安全系数 K，定义为

$K=\mu_R/\mu_S$

其相应的设计表达式为

$\mu_R \geqslant K\mu_S$

实际上这种概念并不正确，因为这种安全系数没有定量地考虑抗力和荷载效应的随机性，而是要靠经验或工程判断的方法确定，带有主观成分。安全系数定得过低，难免不安全；定得过高，又偏于保守，会造成不必要的浪费。所以，这种安全系数不能反映结构的实际失效情况。

鉴于抗力和荷载效应的随机性，安全可靠应该属于概率的范畴，应当用结构完成其预定功能的可能性（概率）的大小来衡量，而不是用一个定值来衡量。当结构完成其预定功能的概率达到一定程度，或不能完成其预定功能的概率（失效概率）小到某一公认的、大家可以接受的程度，就认为该结构是安全可靠的。这比笼统地用安全系数来衡量结构安全与否更为科学和合理。

结构在规定的时间内，在规定的条件下，完成预定功能的能力称为结构的可靠性。规定时间是指结构的设计使用年限，所有的统计分析均以该时间区间为准。所谓的规定条件，是指正常设计、正常施工、正常使用和正常维护的条件下，不包括非正常的，如人为的错误等。

结构的可靠度是结构可靠性的概率度量，即结构在设计使用年限内，在正常条件下，完成预定功能的概率。因此，结构的可靠度用可靠概率 Ps 表示。反之，在设计使用年限内，在正常条件下，不能完成预定功能的概率，即结构处于失效状态的概率，称为失效概率，用 P_f 表示。由于两者互补，所以

$P_s+P_f=1$ 或 $P_f=1-P_s$

因此，结构的可靠性也可用失效概率来度量。根据概率统计理论，设 S、R 都是随机变量，则 Z=R–S 也是随机变量，其概率密度函数如图 2-2 所示。图中阴影部分面积表示出现 Z=R–S<0 事件的概率，也就是构件的失效概率 P_f。

从概率的角度讲，结构的可靠性是指结构的可靠概率足够大，或者说结构的失效概率足够小，小到可以接受的程度。

从图 2-2 中可以看出，失效概率 P，与结构功能函数 Z 的平均值 μ_z 有关，令 $\mu_z=\beta\sigma_z$（σ_z 为 Z 的标准差），则 β 值小：P_f 大，β 值大时 P_f 小。β 与 P_f 存在对应关系，所以也可以用 β 度量结构的可靠性，称 β 为结构的可靠指标。

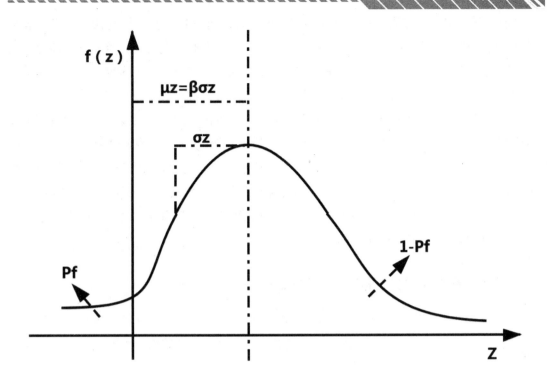

图 2-2　可靠概率、失效概率和可靠指标

用失效概率 P_f 来度量结构的可靠性有明确的物理意义，但因确定失效概率要通过复杂的数学运算，故《建筑结构可靠度设计统一标准》（GB 50068—2001）采用可靠指标 β 代替失效概率 P_f 来度量结构的可靠性。在结构设计时，如能满足

$\beta \geqslant [\beta]$

则结构处于可靠状态。$[\beta]$ 是设计依据的可靠指标，称为目标可靠指标。对于承载能力极限状态的目标可靠指标，根据结构安全等级和结构破坏类型按表 2-1 采用。

表 2-1　不同安全等级的目标可靠指标 $[\beta]$

破坏类型	安全等级		
	一级	二级	三级
延性破坏	3.7	3.2	2.7
脆性破坏	4.2	3.7	3.2

第六节　极限状态实用设计表达式

一、分项系数

采用概率极限状态方法用可靠指标 β 进行设计，需要大量的统计数据，且当随机变量不服从正态分布、极限状态方程是非线性时，计算可靠指标 β 比较复杂。对于一般常见的工程结构，直接采用可靠指标进行设计工作量大，有时会遇到统计资料不足而无法进行的困难。考虑到多年来的设计习惯和实用上的简便，《建筑结构可靠度设计统一标准》（GB 50068—2001）提出了便于实际使用的设计表达式，称为实用设计表达式。

实用设计表达式把荷载、材料、截面尺寸、计算方法等视为随机变量，应用数理统计的概率方法进行分析，采用了以荷载和材料强度的标准值分别与荷载分项系数和材料分项系数相联系的荷载设计值、材料强度设计值来表达的方式。这样，既考虑了结构设计的传统方式，又避免设计时直接进行概率方面的计算。分项系数按照目标可靠指标 [β] 值（或确定的结构失效概率 P_f 值），并考虑工程经验优选确定后，将其隐含在设计表达式中。所以，分项系数已起着考虑目标可靠指标的等价作用。

二、承载能力极限状态设计表达式

令 Sd 为荷载效应的设计值，令 Rd 为结构抗力的设计值，考虑到结构安全等级或结构的设计使用年限的差异，其目标可靠指标应做相应的提高或降低，故引入结构重要性系数 γ_0：

$$\gamma_0 Sd \leq Rd$$

上式为极限状态设计简单表达式，式中 γ0 为结构构件的重要性系数，与安全等级对应，对安全等级为一级或设计使用年限为 100 年及以上的结构构件不应小于 1.1；对安全等级为二级或设计使用年限为 50 年的结构构件不应小于 1.0；对安全等级为三级或设计使用年限为 5 年及以下的结构构件不应小于 0.9；在抗震设计中，不考虑结构构件的重要性系数。

实际上荷载效应中的荷载有永久荷载和可变荷载，并且可变荷载不止一个，同时可变荷载对结构的影响有大有小，多个可变荷载也不一定会同时发生。例如，高层建筑各楼层可变荷载全部满载且遇到最大风荷载的可能性就不大。为此，考虑到两个或两个以上可变荷载同时出现的可能性较小，引入荷载组合值系数对其标准值折减。

按承载能力极限状态设计时，应考虑作用效应的基本组合，必要时尚应考虑作用效应的偶然组合。《建筑结构荷载规范》（GB 50009—2012）规定：对于基本组合，荷载效应组合的设计值应由可变荷载效应控制的组合和永久荷载效应控制的两组组合中取最不利值确定。

三、正常使用极限状态设计表达式

按正常使用极限状态设计，主要是验算构件的变形和抗裂度或裂缝宽度。按正常使用极限状态设计时，应根据实际设计的需要，区分荷载的短期作用（标准组合、频遇组合）和荷载的长期作用（准永久组合），采用荷载的标准组合、频遇组合或准永久组合，并按下式设计表达式进行设计：

Sd ≤ C

式中，C 为结构或结构构件达到正常使用要求的规定限值，如变形、裂缝、振幅、加速度、应力等的限值，应按各有关建筑结构设计规范的规定采用。

第七节　建筑结构设计的一般过程

一、建筑设计的阶段及内容

建筑设计按复杂程度、规模大小及审批要求，一般分两阶段设计或三阶段设计。两阶段设计指初步设计和施工图设计两个阶段。三阶段设计指初步设计、技术设计和施工图设计三个阶段。对于一般建筑，多采用两阶段设计；对于大型民用建筑或技术复杂的工业项目需采用三阶段设计。

1.初步设计。初步设计应在熟悉设计任务书、收集和了解有关设计资料和环境情况的基础上进行设计，其设计成果应满足设计审查、主要材料及设备订购、施工图设计所要求的深度。

2.技术设计。技术设计指在初步设计的基础上进一步解决各种技术问题。技术设计的图纸和文件与初步设计大致相同，但更详细些。具体内容包括整个建筑物和各个局部的具体做法，各部分确切的尺寸关系，内外装修的设计，结构方案的计算和具体内容，各种构造和用料的确定，各种设备系统的设计和计算，各种技术工种之间各种矛盾的合理解决，设计预算的编制等。

3.施工图设计。在初步设计的文件和概算得到有关管理部门批准后，设计单位即可进行施工图设计。施工图设计阶段主要是将初步设计的内容进一步具体化，主要任务是满足施工要求，解决施工中的技术措施、用料及具体做法，其内容包括建筑、结构、水电、采暖通风等工种的设计图纸、工程说明书、结构及设备计算书和概算书等。

二、建筑结构设计的一般过程

建筑结构设计的一般原则为安全、适用、耐久和经济合理。建筑结构设计应考虑功能性要求与经济性之间的均衡，在保证结构可靠的前提下，设计出经济的、技术先进的、施工方便的结构。

建筑结构设计的一般过程为：

1.方案设计。方案设计包括结构选型、结构布置和尺寸估算。其主要内容有根据建筑设计确定上部结构选型、基础选型；进行定位轴线、构件和变形缝的布置；根据变形条件和稳定条件估算水平构件尺寸；根据侧移限制条件估算竖向构件。

2. 结构分析。选用线弹性、塑性或非线性等分析方法，建立结构计算模型，进行静力分析（主要包括内力分析和变形分析）和动力分析。

3. 构件设计。构件设计包括控制截面选取、荷载与内力组合、截面设计、节点设计和构件的构造设计。

4. 耐久性设计。进行结构或构件的耐久性设计。

5. 特殊要求设计。对有特殊功能要求的结构，进行特殊要求设计。

6. 绘制结构施工图。绘制结构施工图包括结构布置图、构件施工图、大样图、施工说明等。

三、结构安装工程

（一）起重机械

1. 桅杆式起重机

桅杆式起重机是将桅杆式的起重支杆设立于地面上进行起吊构件的起重机械。它具有制作简单，装拆方便，起重量较大（可达 100t 以上），受地形限制小，能用于其他起重机械不能安装的一些特殊结构设备等优点；但它的灵活性差，服务半径小，移动困难，需要拉设较多的缆风绳，故一般只适用于安装工程量比较集中的工程，或无电源的地方及无大型设备的施工企业。

桅杆式起重机按其构造不同，可分为独脚拔杆、人字拔杆、悬臂拔杆和牵缆式拔桅杆起重机等。

（1）人字拔杆

人字拔杆由两根圆木或钢管或格构式截面的独脚拔杆在顶部相交成 20°～30° 夹角，以钢丝绳绑扎或铁件铰接起来，下悬起重滑轮组，底部设置拉杆或拉绳，以平衡拔杆本身的水平推力。拔杆下端两脚距离为高度的 1/2~1/3。人字拔杆的优点是侧向稳定性好，缆风绳较少（一般不少于 5 根）；缺点是构件起吊后活动范围小，一般仅用于安装重型构件或作为辅助设备以吊装厂房屋盖体系上的轻型构件。

（2）悬臂拔杆

在独脚拔杆的中部，2/3 高度处装上一根起重臂，即成悬臂拔杆。起重臂可以回转和起伏，可以固定在某一部位，亦可根据需要沿杆升降。为了使起重臂铰接处的拔杆部分得到加强，可用撑杆和拉条（或钢丝绳）进行加固。其特点是有较大的起重高度和起重半径；悬臂起重杆左右摆动角度大（120°～170°），使用方便，但因起重量较小，故多用于轻型构件的吊装。

（3）独脚拔杆

独脚拔杆仅由一根拔杆和起重滑轮组、卷扬机、缆风绳和锚碇等组成。使用时，拔杆应保持不大于 10° 的倾角，以便吊装的构件不致碰撞拔杆，底部设置在硬木或钢制的支座上。缆风绳数量一般为 6~12 根，与地面夹角为 30°~45°，角度过大则对拨杆产生较大的压力。拨杆起重能力应按实际情况加以验算。木独脚拨杆常用圆木制作，圆木梢径 20~32 cm，起重高度为 15m 以内，起重量 10t 以下；钢管独脚拨杆，一般起重高度在 30m 以内，起重量可达 30t；格构式独脚拨杆起重高度达 70~80m，起重量达 100t 以上。

2. 自行杆式起重机

常用的自行杆式起重机有汽车式起重机、履带式起重机和轮胎式起重机三种。

（1）汽车式起重机

汽车式起重机常用于构件运输、装卸和结构吊装，其特点是转移迅速，对路面损伤小；但吊装时需使用支腿，不能负载行驶，也不适合在松软或泥泞的场地上工作。

我国生产的汽车式起重机有 Q2 系列、QY 系列等。如 QY-32 型，臂长 32m，最大起重量 320kN，起重臂分四节，外面一节固定，里面三节可以伸缩，可用于一般工业厂房的结构安装。目前，国产汽车式起重机最大起重量已达 650 kN。引进的大型汽车式起重机有日本的 NK 系列等，如 NK-800 型起重量可达 800kN，而德国的 GMT 型最大起重量达 1 200kN，最大起重高度可达 75.6m，均能满足重型构件的安装。

（2）履带式起重机

1）履带式起重机的构造及特点

履带式起重机是由行走机构、回转机构、机身及起重臂等部分组成。行走机构为两条链式履带；回转机构为装在底盘上的转盘，使机身可回转 360°。起重臂下端铰接于机身上，随机身回转，顶端没有两套滑轮组（起重及变幅滑轮组），钢丝绳通过起重臂顶端滑轮组连接到机身内的卷扬机上，起重臂可分节制作并接长。履带式起重机操作灵活，使用方便，有较大的起重能力，在平坦坚实的道路上还可负载行走，更换工作装置后也可成为挖土机或打桩机，是一种多功能机械。但履带式起重机行走速度慢，对路面破坏性大，在进行长距离转移时，应用平板拖车或铁路平板车运输。

2）履带式起重机安全工作的注意事项

为了保证履带式起重机的安全工作，使用时要注意以下要求：

在安装时需保证起重吊钩中心与臂架顶部定滑轮之间有一定的最小安全距离，一般为 2.5~3.5m。

起重机工作时的地面允许最大坡度不应超过 39°，臂杆的最大仰角一般不得超过 78°。起重机不宜同时进行起重和旋转操作，也不宜同时进行起重和幅度操作。

起重机如必须负载行驶，荷载不得超过允许起重量的 70%，且道路应坚实平整，施工场地应满足履带对地面的压强要求。当空车停置时为 80~100 kPa，空车行驶时为 100~160 kPa，起重时为 170~300 kPa。

若起重机在松软土壤上面工作时，宜采用枕木或钢板焊成的路基箱垫好道路，以加快施工速度。起重机负载行驶时重物应在行走的正前方，离地面不得超过 50cm，并拴好拉绳。

3）轮胎式起重机

轮胎式起重机在构造上与履带式起重机基本相似，但其行走装置为轮胎。起重机构及机身装在特制的底盘上，能全圆回转。随着起重量的大小不同，底盘上装有若干根轮轴，配有 4~10 个或更多个轮胎，并有可伸缩的支腿；起重时，利用支腿增加机身的稳定，并保护轮胎。必要时，支腿下可加垫块，以扩大支承面。

轮胎式起重机的特点与汽车式起重机相同。我国常用的轮胎式起重机有 QL3 系列及 QYL 系列等，均可用于一般工业厂房结构安装。

3. 索具

结构安装工程施工中除了起重机外，还要使用许多辅助工具及设备，如卷扬机、钢丝绳、滑轮组、吊钩、卡环、柱销、横吊梁等。

（1）卷扬机。在建筑施工中常用的卷扬机分快速、慢速两种。快速卷扬机又分为单筒和双筒两种，其牵引力为 4.0~50.0kN，主要用于垂直运输、水平运输和打桩作业。慢速卷扬机多为单筒式，其牵引力为 30~200 kN，主要用于结构吊装、钢筋冷拉和预应力钢筋张拉作业。

卷扬机在使用时，必须用地锚予以固定，以防滑移和倾覆；电气线路要勤加检查，电磁抱闸要有效，全机接地无漏电现象；传动机要啮合正确，加油润滑，无噪声；钢丝绳应与卷筒卡牢，放松钢丝绳时，卷筒上至少应保留四圈。

（2）滑轮组。滑轮组是由一定数量的定滑轮和动滑轮以及穿绕的钢丝绳所组成的，具有省力和改变力的方向的功能，是起重机械的重要组成部分。滑轮组中共同负担重物的钢丝绳根数称为工作线数。滑轮组的名称，以组成滑轮组的定滑轮与动滑轮的数目来表示，如由 4 个定滑轮和 4 个动滑轮组成的滑轮组称四四滑轮组；5 个定滑轮和 4 个动滑轮所组成的滑轮组称五四滑轮组。

（3）钢丝绳结构吊装中常用的钢丝绳是先由若干根钢丝捻成股，再由若干股围绕绳芯捻成绳，其规格有 6×19、6×37 和 6×61 三种（6 股，每股分别由 19、37 和 61 根钢丝捻成，每股钢丝越多，其柔性越好），依次可用于缆风绳、滑轮组和起重机械。

（4）横吊梁。横吊梁又称铁扁担，在吊装中可减小起吊高度，满足吊索水平夹角的要求，使构件保持垂直、平衡，便于安装。

（二）单层工业厂房结构安装

单层工业厂房由于其占地面积大、构件类型少、数量多等特点，一般多采用装配式钢筋混凝土结构，以促进建筑工业化，加快建设速度。所以，结构安装工程则是装配式单层工业厂房施工的主导工程，它直接影响着整个工程的施工进度、劳动生产率、工程质量、施工安全和工程成本，必须予以充分重视。

装配式钢筋混凝土单层工业厂房的结构构件有柱、基础梁、吊车梁、联系梁、托架、屋架、天窗架、屋面板、墙板及支撑等。构件的吊装工艺有绑扎、吊升、对位、临时固定、校正、最后固定等工序。在构件吊装之前，必须切实做好各项准备工作，包括场地清理、道路的修筑，基础的准备，构件的运输、就位、堆放、拼装加固、检查清理、弹线编号以及吊装机具的准备等。

1. 柱的吊装

柱的吊装主要内容包括基础的准备、柱的绑扎、柱的吊升方法、柱的对位与临时固定和柱的校正与最后固定。

（1）基础准备

柱基施工时，杯底标高一般比设计标高低（通常低 5 cm），柱在吊装前需对基础杯底标高进行一次调整（找平）。调整方法是测出杯底原有标高（小柱测中间一点，大柱测四个角点），再量出柱脚底面至牛腿面的实际长度，计算出杯底标高调整值，并在杯口内标出，然后用 1∶2 水泥砂浆或细石混凝土将杯底找平至标志处。例如，测出杯底标高为 –1.20m，牛腿面的设计标高是 +7.80m，而柱脚至牛腿面的实际长度为 8.95m，则杯底标高调整值 h=（7.80+1.20）-8.95=0.05m。

此外，还要在基础杯口面上弹出建筑的纵、横定位轴线和柱的吊装准线，作为柱对位、校正的依据。

柱子应在柱身的三个面上弹出吊装准线。柱的吊装准线应与基础面上所弹的吊装准线位置相适应。对矩形截面柱可按几何中线弹吊装准线；对工字形截面柱，为便于观测及避免视差，则应靠柱边弹吊装准线。

（2）柱的绑扎

柱的绑扎常用吊索和卡环，在吊索与构件之间要垫以麻袋或木板，以防吊索与构件相互磨损。柱的绑扎方法、绑扎位置和绑扎点数，应根据柱的形状、长度、截面、配筋、起吊方法和起重机性能等因素确定。根据柱起吊后柱身是否垂直，分为斜吊法和直吊法，相应的绑扎方法有如下两种。

1）直吊绑扎法

当柱平卧起吊的抗弯强度不足时，吊装前需先将柱翻身后再绑扎起吊，这时就要采取直吊绑扎法。此法吊索从柱子两侧引出，上端通过卡环或滑轮挂在铁扁担上，柱身成垂直状态，便于插入杯口，就位校正。但由于铁扁担高于柱顶，须用较长的起重臂。

2）斜吊绑扎法

当柱平卧起吊的抗弯强度满足要求时，可采用斜吊绑扎法。此法的特点是柱不需要翻身，起重钩可低于柱顶，当柱身较长，起重机臂长不够时，用此法较方便。但因柱身倾斜，就位对中不太方便。

（3）柱的吊升方法

根据柱在吊升过程中的特点，柱的吊升可分为滑行法和旋转法两种。对于重型柱还可采用双机抬吊的方法。

1）滑行法

柱吊升时，起重机只升钩，起重臂不转动，使柱脚沿地面滑升逐渐直立，然后吊离地面插入杯口。采用此法吊柱时，柱的绑扎点布置在杯口附近，并与杯口中心位于起重机同一起重半径的圆弧上。

滑行法的特点：柱的布置较灵活；起重半径小，起重杆不转动，操作简单；可以起吊较重、较长的柱子，适用于现场狭窄或采用桅杆式起重机吊装。但是柱在滑行过程中阻力较大，易受振动产生冲击力，致使构件、起重机引起附加内力，而且当柱子刚吊离地面时会产生较大的"串动"现象。为此，采用滑行法吊柱时，宜在柱的下端垫一枕木或滚筒，拉一溜绳，以减小阻力和避免"串动"。

2）旋转法

采用旋转法吊柱时，柱脚宜近基础，柱的绑扎点、柱脚与基础中心三者宜位于起重机的同一起重半径的圆弧上。在起吊时，起重机的起重臂边升钩、边回转，使柱绕柱脚旋转而成直立状态，然后将柱吊离地面插入杯口。此法要求起重机应具有一定回转半径和机动性，故一般适用于自行杆式起重机吊装。其优点是，柱在吊装过程中振动小、生产率较高。

尚须指出，采用旋转法吊柱，若受施工现场的限制，柱的布置不能做到三点共弧时，则可采用绑扎点与基础中心或柱脚与基础中心两点共弧布置，但在吊升过程中需改变回转半径和起重机仰角，该方法工效低，且安全度较差。

3）双机抬吊

当柱的重量较大，使用一台起重机无法吊装时，可以采用双机抬吊。双机抬吊仍可采用旋转法（两点抬吊）和滑行法（一点抬吊）。

双机抬吊旋转法，是用一台起重机抬柱的上吊点，另一台抬柱的下吊点，柱的布置应使两个吊点与基础中心分别处于起重半径的圆弧上，两台起重机并列于柱的一侧。

2. 吊车梁的吊装

吊车梁吊装时应两点绑扎，对称起吊，吊钩应对准吊车梁重心，使其起吊后基本保持水平。对位时不宜用撬棍顺纵轴线方向撬动吊车梁，吊装后需校正标高、平面位置和垂直度。吊车梁的标高主要取决于柱子牛腿的标高，只要牛腿标高准确，其误差就不大，如存在误差，可待安装轨道时加以调整。平面位置的校正，主要是检查吊车梁纵轴线以及两列吊车梁之间的跨度 Lk 是否符合要求。规范规定轴线偏差不得大于 5mm；在屋盖吊装前校正时，Lk 不得有正偏差，以防屋盖吊装后柱顶向外偏移，使 Lk 的偏差过大。

在检查校正吊车梁中心线的同时，可用锤球检查吊车梁的垂直度，若发现偏差，可在两端的支座面上加斜垫铁纠正。

一般较轻的吊车梁，可在屋盖吊装前校正，亦可在屋盖吊装后校正，较重的吊车梁，宜在屋盖吊装前校正。

吊车梁平面位置的校正，常用通线法及平移轴线法。通线法是根据柱轴线用经纬仪和钢尺准确地校正好一跨内两端的四根吊车梁的纵轴线和轨距，再依据校正好的端部吊车梁沿其轴线拉上钢丝通线，逐根拨正即可。平移轴线法是根据柱和吊车梁的定位轴线间的距离（一般为 750mm），逐根拨正吊车梁的安装中心线。

吊车梁校正后，应随即焊接牢固，并在接头处浇筑细石混凝土，最后固定。

（三）装配式框架结构吊装

1. 吊装方案

吊装方案主要内容包括起重机的选择、起重机的布置和预制构件现场布置。

（1）起重机的选择

当建筑物在 5 层以内，或高度在 18m 以下时，可选用自行式起重机；对于 5 层以上的多层及高层可选用轨道式或塔式起重机。其型号选择，主要根据房屋的高度与平面尺寸、构件重量及安装位置，以及现有机械设备而定。

起重机械选择的原则主要有以下几方面：满足最远、最重构件的吊装要求；满足最高层构件的吊装高度；起重臂的回转半径能覆盖整个建筑物。选择时，首先应分析结构情况，绘出剖面图，并在图上注明各种主要构件的重量 Q，及吊装时所需的起重半径 R；然后根据起重机械性能，验算其起重量、起重高度和起重半径是否满足要求。

（2）预制构件现场布置

构件的现场布置是否合理，提高吊装效率、保证吊装质量及减少二次搬运都有密切关系。因此，构件的布置也是多层框架吊装的重要环节之一。预制构件现场布置原则主要有以下几方面：重型构件靠近起重机布置，中小型则布置在重型构件外侧；尽可能布置在起重半径的范围内，以免二次搬运；构件布置地点应与吊装就位的布置相配合，尽量减少吊装时起重机的移动和变幅；构件叠层预制时，应满足安装顺序要求，先吊装的底层构件在上，后吊装的上层构件在下。

柱为现场预制的主要构件，布置时应先予考虑。其布置方式有与塔式起重机轨道相平行、倾斜及垂直三种方案。平行布置的优点是可以将几层柱通长预制，以减少柱接头的偏差。倾斜布置可用旋转法起吊，适用于较长的柱。当起重机在跨内开行时，为了使柱的吊点在起重半径范围内，柱宜与房屋垂直布置。

2. 安装方法

多层框架结构的安装方法，也可分为综合安装法和分件安装法两种。

（1）综合安装法

综合安装法根据所采用吊装机械的性能及流水方式不同，又可分为竖向综合安装法和分层综合安装法。

1）竖向综合安装法

竖向综合安装法，是从底层直到顶层把第一节间的构件全部安装完毕后，再依次安装第二节间、第三节间等各层的构件。

2）分层综合安装法

分层综合安装法，就是将多层房屋划分为若干施工层，起重机在每一施工层中只开行一次，首先安装一个节间的全部构件，再依次安装第二节间、第三节间等。待一层构件全部安装完毕并最后固定后，再依次按节间安装上一层构件。

（2）分件安装法

根据分件安装法流水方式不同，又可分为分层分段流水安装法和分层大流水安装法。分层分段流水安装法，就是将多层房屋划分为若干施工层，并将每一施工层再划分若干安装段。起重机在每一段内按柱、梁、板的顺序分次进行安装，直至该段的构件全部安装完毕，再转移到另一段去。待一层构件全部安装完毕，并最后固定后，再安装上一层构件。

施工层的划分与预制柱的长度有关，当柱子长度为一个楼层高时，以一个楼层为一施工层；为两个楼层高时，以两个楼层为一施工层。由此可见，施工层的数目越多，则柱的接头数量就越多，安装速度就越慢。因此，当起重机能力满足时，应增加柱子长度，减少施工层数。安装段的划分，主要应考虑：保证结构安装时的稳定性，减少临时固定支撑的数量，使吊装、校正、焊接各工序相互协调，有足够的操作时间。因此，框架结构的安装段一般以 4~8 个节间为宜。

分件安装法是框架结构安装最常采用的方法。其优点是：容易组织吊装、校正、焊接、灌浆等工序的流水作业；易于安排构件的供应和现场布置工作；每次均吊装同类型构件，可提高安装速度和效率；各工序操作较方便、安全。

3. 柱的吊装与校正

各层柱的截面应尽量保持不变，以便于预制和吊装。柱的长度一般以 1~2 层楼高为一节，也可以 3~4 层为一节。当采用塔式起重机进行吊装时，柱长以 1~2 层楼高为宜；对 4~5 层框架结构，若采用履带式起重机吊装，柱长则采用一节到顶的方案。柱与柱的接头宜设在弯矩较小的地方或梁柱节点处，每层楼的柱接头应设在同一标高上，以便统一构件的规格，减少构件型号。

框架柱由于长细比过大，吊装时必须合理选择吊点位置和吊装方法，以避免产生吊装断裂现象。在一般情况下，当柱长在 10m 以内时，可采用一点绑扎和旋转法起吊；对于 14~20m 的长柱，则应采用两点绑扎起吊，并应进行吊装验算。柱的校正应按 2~3 次进行，首先在脱钩后电焊前进行初校；在柱接头电焊后进行第二次校正，观测焊接应力变形所引起的偏差。

此外，在梁和楼板安装后还需检查一次，以消除焊接应力和荷载产生的偏差。柱在校正时，力求下节柱准确，以免导致上层柱的积累偏差。但当下节柱经最后校正仍存在偏差时，若在允许范围内可以不再进行调整。在这种情况下吊装上节柱时，一般可使上节柱底部中心线对准下节柱顶部中心线和标准中心线的中点。而上节柱的顶部，在校正时仍以标准中心线为准，以此类推。在柱的校正过程中，当垂直度和水平位移有偏差时，若垂直度偏差较大，则应先校正垂直度，后校正水平位移，以减少柱顶倾覆的可能性。柱的垂直度允许偏差值≤ H/1000（H 为柱高），且不大于 10mm，水平位移允许在 5mm 以内。

对于细而长的框架柱，在阳光的照射下，温差对垂直度的影响较大，在校正时，必须考虑温差的影响，并采取有效措施。

五、建筑钢结构连接技术

（一）普通螺栓连接

钢结构普通螺栓连接是将螺栓、螺母、垫圈机械地和连接件连接在一起，而形成的一种连接形式。从连接工作机制来看，荷载是通过螺栓杆连接板孔壁承压来传递的，接头受力后会产生较大的滑移变形，因此一般受力较大或承受动力荷载的结构，应采用精制螺栓，以减少接头变形量。由于精制螺栓加工费用较高、施工难度大，工程上极少采用，已逐渐被高强度螺栓所取代。

1. 普通螺栓连接材料

钢结构普通螺栓连接是由螺栓、螺母和垫圈三部分组成的。

（1）普通螺栓

普通螺栓的形式为六角头螺栓、双头螺栓和地脚螺栓等。

1）六角头螺栓

按照制造质量和产品等级，六角头螺栓可分为 A、B、C 三个等级，其中 A、B 级为精制螺栓，C 级为粗制螺栓。A、B 级一般用 35 号钢或 45 号钢做成，级别为 5.6 级或 8.8 级。

A、B 级螺栓加工尺寸精确、受剪性能好、变形很小，但制造和安装复杂、价格昂贵，日前在钢结构中应用较少。C 级螺栓一般由 Q235 镇静钢制成，性能等级为 4.6 级和 4.8 级，C 级螺栓的常用规格有 M5~M64 等几十种，常用于安装连接及可拆卸的结构中，有时也可以用于不重要的连接或安装时的临时固定等。在钢结构螺栓连接中，除特别注明外，一般均为 C 级粗制螺栓。

建筑钢结构中使用的普通螺栓，一般为六角头螺栓。

普通螺栓的通用规格为 M8、M10、M12、M16、M20、M24、M30、M36、M42、M48、M56 和 M64 等。

2）双头螺栓

双头螺栓一般称为螺栓，多用于连接厚板和不便使用六角头螺栓连接的地方，如混凝土屋架、屋面梁悬挂单轨梁吊挂件等。

3）地脚螺栓

地脚螺栓分为一般地脚螺栓、直角地脚螺栓、锤头螺栓、锚固地脚螺栓等四种。一般地脚螺栓和直角地脚螺栓是在浇筑混凝土基础时预埋在基础之中用以固定钢柱的；锤头螺栓是基础螺栓的一种特殊形式，是在混凝土基础浇筑时将特制模箱（锚固板）预埋在基础内用以固定钢柱的；锚固地脚螺栓是用于钢构件与混凝土构件之间的连接件，如钢柱柱脚与混凝土基础之间的连接、钢梁与混凝土墙体的连接等。锚固地脚螺栓可分为化学试剂型和机械型两类，化学试剂型是指锚固地脚螺栓通过化学试剂（如结构胶等）与其所植入的构件材料粘结传力。而机械型则不需要。锚固地脚螺栓是一种非标准件，直径和长度随工程情况而定，化学试剂型锚固地脚螺栓的锚固长度一般不小于 15 倍螺栓直径，机械型锚固地脚螺栓的锚固长度一般不小于 25 倍螺栓直径，下部弯折或焊接方钢板以增大抗拔力。锚固地脚螺栓一般由圆钢制作而成，材料多为 Q235 钢和 Q345 钢，有时也采用优质碳素钢。

（2）垫圈

常用钢结构螺栓连接的垫圈，按其形状及使用功能可分为以下几类：

1）圆平垫圈。一般放置于紧固螺栓头及螺母的支承面下，用以增加螺栓头及螺母的支承面，防止被连接件表面损伤。

2）方形垫圈。一般置于地脚螺栓头及螺母的支承面下用以增加支承面及遮盖较大螺栓孔眼。

3）斜垫圈。主要用于工字钢槽、钢翼缘倾斜面的垫平，使螺母支承面垂直于螺杆，避免紧固时造成螺母支承面和被连接的倾斜面局部接触，以确保连接安全。

4）弹簧垫圈。为防止螺栓拧紧后在动载作用下产生振动和松动，依靠垫圈的弹性功能及斜口摩擦面来防止螺栓松动，一般用于有动荷载（振动）或经常拆卸的结构连接处。

2. 普通螺栓连接施工

（1）普通螺栓施工作业条件

1）构件已经安装调校完毕。被连接件表面应清洁、干燥，不得有油（泥）污。

2）高空进行普通紧固件连接施工时，应有可靠的操作平台，需严格遵守《建筑施工高处作业安全技术规范》（JGJ 80-91）。

（2）螺栓孔加工

螺栓连接前需对螺栓孔进行加工，可根据连接板的大小采用钻孔或冲孔加工。冲孔一般只用于较薄钢板和非圆孔的加工，而且要求孔径一般不小于钢板的厚度。

1）钻孔前，将工件按图样要求画线，检查后打样冲眼。样冲眼应打大些，使钻头不易偏离中心。在工件孔的位置量出孔径圆和检查圆，并在孔径圆上及其中心冲出小坑。

2）当螺栓孔要求较高、叠板层数较多、同类孔距也较多时，可采用钻模钻孔或预钻小孔，再在组装时扩孔的方法。预钻小孔直径的大小取决于叠板的层数。当叠板层数少于 5 层时，预钻小孔的直径一般小于 3mm；当叠板层数大于 5 层时，预钻小孔的直径应小于 6 mm。

（3）普通螺栓的装配

普通螺栓的装配应满足下列各项要求：

1）螺栓头和螺母下面应放置平垫圈，以增大承压面积。

2）每个螺栓一端不得垫两个及两个以上的垫圈，并不得采用大螺母代替垫圈。螺栓拧紧后，外露丝扣不应少于 2 扣。螺母下的垫圈一般不应多于 1 个。

3）对于有防松动要求的螺栓、锚固螺栓应采用防松装置的螺母（双螺母）或弹簧垫圈，或用人工方法果取防松措施（如将螺栓外露丝扣打毛）。

4）对于承受动荷载或重要部位的螺栓连接应按设计要求放置弹簧垫圈，弹簧垫圈必须设置在螺母一侧。

5）对于型钢（工字钢、槽钢）应尽量使用斜垫圈，使螺母和螺栓头部的支承面垂直于螺杆。

6）双头螺栓的轴心线必须与工件垂直，通常用角尺进行检验。

7）装配双头螺栓时，首先将螺纹和螺孔的接触面清理干净，然后用手轻轻地把螺母拧到螺纹的终止处，如果遇到拧不进的情况，不能用扳手强行拧紧，以免损坏螺纹。

8）螺母与螺钉装配时，螺母或螺钉和接触的表面之间应保持清洁，螺孔内的赃物要清理干净。螺母或螺钉与零件贴合的表面要光洁、平整。贴合处的表面应当经过加工，否则容易使连接件松动或使螺钉弯曲。

（4）紧固质量检验

对永久螺栓拧紧的质量检验常采用锤敲或力矩扳手检验，要求螺栓不颤头和偏移，拧紧的真实性用塞尺检查，对接表面高度差（不平度）不应超过 0.5 mn。

对按配件在平面上的差值超过 0.5~3.0 mm 时，应对较高的配件高出部分做成 1：10 的斜坡。斜坡不得用火焰切制。当高度超过 3mm 时，必须设置和该结构相同钢号的钢板做垫板，并用与连接配件相同的加工方法对垫板的两侧进行加工。

（5）防松措施

一般螺纹连接均具有自锁性，在受静载和工作温度变化不大时，不会自行松脱。但在冲击、振动或变荷载作用下，以及在工作温度变化较大时，这种连接有可能松动，以致影响工作，甚至发生事故。为了保证连接安全可靠对螺纹连接必须采取有效的防松措施。

常用的防松措施有增大摩擦力、机械防松和不可拆三大类。

1）增大摩擦力。其是使拧紧的螺纹之间不因外载荷变化而失去压力，因而始终有摩擦阻力防止连接松脱。增大摩擦力的防松措施有安装弹簧垫圈和使用双螺母等。

2）机械防松。其是利用各种止动零件，阻止螺纹零件的相对转动来实现的。机械防松较为可靠，故应用较多。常用的机械防松措施有开口销与槽形螺母止退垫圈与圆螺母、止动垫圈与螺母、串联钢丝等。

3）不可拆。利用点焊、点铆等方法把螺母固定在螺栓或被连接件上，或者把螺钉固定在被连接件上以达到防松的目的。

（二）高强度螺栓连接

高强度螺栓是用优质碳素钢或低合金钢材料制成的一种特殊螺栓，它具有安装简便、迅速能装能拆和承压高、受力性能好、安全可靠等优点，在高层建筑钢结构中已成为主要的连接件。

1. 高强度螺栓的分类

高强度螺栓采用经过热处理的高强度钢材做成，施工时需要对螺栓杆施加较大的预拉力。高强度螺栓从性能等级上可分为 8.8 级和 10.9 级（记作 8.85、10.95）。根据其受力特征可分为摩擦型高强度螺栓与承压型高强度螺栓两类。

摩，擦型高强度螺栓。它是靠连接板叠间的摩擦阻力传递剪力的。它具有连接紧密、受力良好，耐疲劳的优点，适宜承受动力荷载，但连接面需要做摩擦面处理，如喷砂，喷砂后涂无机富锌漆等。承压型高强度螺栓是当剪力大于摩擦阻力后，以栓杆被剪断或连接板被挤坏作为承载力极限状态，其计算方法基本上同普通螺栓，它的承载力极限值大于摩擦型高强度螺栓。

根据螺栓构造及施工方法不同，可分为大六角头高强度螺栓、扭剪型高强度螺栓两类。

（1）大六角头高强度螺栓。头部尺寸比普通六角头螺栓要大，可适应施加预拉力的工具及操作要求，同时也增大与连接板间的承压或摩擦面积。大六角头高强度螺栓施加预拉力的工具有电动扳手、风动扳手及人工特制扳手。

（2）扭剪型高强度螺栓。扭剪型高强度螺栓的尾部连着一个梅花头。梅花头与螺栓尾部之间有沟槽。当用特制扳手拧螺母时以梅花头作为反拧支点，终拧时梅花头沿沟槽被拧断，并以拧断为标准表示已达到规定的预拉力值。

2. 施工准备

高强度螺栓的施工机具有电动扭矩扳手及控制仪、手动扭矩扳手、扭矩测量扳手、手工扳手、钢丝刷、冲子、锤子等。

（1）手动扭矩扳手

各种高强度螺栓在施工中以手动紧固时都要使用有示明扭矩值的扳手，以达到高强度螺栓连接副规定的扭矩和剪力值。一般常用的手动扭矩扳手有指针式、音响式和扭剪型三种。

1）指针式手动扭矩扳手

指针式手动扭矩扳手在头部设一个指示盘配合套筒头紧固六角螺栓。当给扭矩扳手预加扭矩施拧时，指示盘即示出扭矩值。

2）音响式手动扭矩扳手

音响式手动扭矩扳手是一种附加齿轮机构预调式的手动扭矩扳手，配合套筒可紧固各种直径的螺栓。音响式手动扭矩扳手在手柄的根部带有力矩调整的主、副两个刻度，施拧前，可按需要调整预定的扭矩值。当施拧到预调的扭矩值时，便有明显的音响和手上的触感。这种扳手操作简单、效率高，适用于大规模的组装作业和检测螺栓紧固的扭矩值。

3）扭剪型手动扳手

扭剪型手动扳手是一种紧固扭剪型高强度螺栓使用的手动力矩扳手。配合扳手紧固螺栓的套筒，设有内套筒弹簧、内套筒和外套筒。这种扳手靠螺栓尾部的卡头得到紧固反力，使紧固的螺栓不会同时转动。内套筒可根据所紧固的扭剪型高强度螺栓直径面更换相适应的规格。紧固完毕后，扭剪型高强度螺栓卡头在颈部被剪断，所施加的扭矩可以视为合格。

（2）电动扳手

电动扳手有 NR-9000A、NR-12 和双重绝缘定扭矩、定转角电动扳手等。它是拆卸和安装大六角头高强度螺栓机械化工具，可以自动控制扭矩和转角，适用于钢结构桥梁厂房建设、发电设备安装大六角头高强度螺栓施工的初拧、终拧和扭剪型高强度螺栓的初拧，以及对螺栓紧固件的扭矩或轴力有严格要求的场合。

3. 高强度螺栓孔加工

高强度螺栓孔应采用钻孔，如用冲孔工艺会使孔边产生微裂纹、降低钢结构疲劳强度，还会使钢板表面局部不平整，所以必须采用钻孔工艺。因高强度螺栓连接是靠板面摩擦传力的，为使板层密贴，有良好的面接触，所以孔边应无飞边、毛刺。

（1）一般规定

1）画线后的零件在剪切或钻孔加工前后，均应认真检查以防止在画线、剪切、钻孔过程中，零件的边缘和孔心、孔距尺寸产生偏差；零件钻孔时，为防止产生偏差可采用以下方法进行钻孔。相同对称零件钻孔时，除已选用较精确的钻孔设备进行钻孔外还应用统一的钻孔模具来钻孔，以达到其互换性；对每组相连的板束钻孔时，可将板束按连接的方式、位置，用电焊临时点焊，一起进行钻孔；拼装连接时可按钻孔的编号进行，以防止每组构件孔的系列尺寸产生偏差。

2）零部件小单元拼装焊接时，为防止孔位移产生偏差，可将拼装件在底样上按实际位置进行拼装；为防止焊接变形使孔位移产生偏差应在底样上按孔位选用画线或挡铁、插销等方法限位固定。

3）为防止零件孔位偏差，对钻孔前的零件变形应认真矫正。

（2）高强度螺栓连接施工

1）高强度螺栓连接操作工艺流程

作业准备—接头组装—安装临时螺栓—安装高强度螺栓—高强度螺栓紧间—检查验收。

2）施工作业条件

①钢结构的安装必须根据施工图进行，并应符合《钢结构工程施工质量验收规范》（GB 50205—2001）的规定。

②施工前，应按设计文件和施工图的要求编制工艺规程及安装施工组织设计（或施工方案）并认真贯彻执行。在设计图、施工图中均应注明所用高强度螺栓连接副的性能等级规格连接形式预拉力摩擦而抗滑移等级以及连接后的防锈要求。

③根据工程特点设计施工操作吊篮，并按施工组织设计的要求加工制作或采购。安装和质量检查的钢尺均应具有相同的精度，并应定期送计量部门检定。

④高强度螺栓连接副施拧前必须对选材螺栓实物最小载荷、预拉力、扭矩系数等项目

进行检验，检验结果符合国家标准后方可使用。高强度螺栓连接副的制作单位必须按批配套供货，并有相应的成品质量保证书。

⑤高强度螺栓连接副储运应轻装轻卸、防止损伤螺纹；存放保管必须按规定进行，防止生锈和沾染污物。所选用材质必须经过检验，符合有关标准。制作厂必须有质量保证，严格制作工艺流程，用超探或磁粉探伤检查连接副有无裂纹现象，合格后方可出。

⑥施拧前进行严格检查，严禁使用螺纹损伤的连接副，对生锈和沾染污物要进行除锈和去除污物。

⑦根据设计有关规定及工程重要性，运到现场的连接副必要时要逐个或批量按比例进行磁粉和着色探伤检查，凡裂纹超过允许规定的，严禁使用。

⑧螺栓螺纹外露长度应为 2~3 个螺距。其中允许有 10% 的螺栓螺纹外露 1 个螺距或 4 个螺距。

⑨大六角头高强度螺栓，在施工前应按出厂批次复验高强度螺栓连接副的扭矩系数，每批复检 8 套，8 套扭矩系数的平均值应在 0.110~0.150 范围之内，其标准偏差小于或等于 0.010。

（三）铆钉连接

将两个以上的零构件（一般是金属板或型钢）通过铆钉连接为一个整体的连接方法称为铆接。铆钉连接传力可靠，塑性、韧性均较好，质量容易检查。但铆钉连接要制孔打铆、费工费料、技术要求高、劳动强度大、劳动条件差，随着科学技术的发展和焊接工艺的不断提高，铆接在钢结构制品中逐步地被焊缝连接和高强度螺栓连接所代替，但目前在部分钢结构中仍被采用。

1. 常用铆钉的种类

（1）铆接的基本形式

铆接的基本形式有搭接、对接和角接三种。

1）搭接是将板件边缘对搭在一起，用铆钉加以固定连接的结构形式。

2）对接是将两条要连接的板条置于同一平面，利用盖板把板件铆接在一起。这种连接可分为单盖板式和双盖板式两种对接形式。

3）角接是两块板件互相垂直或按一定角度在角接外利用搭接件、角钢用铆钉固定连接的结构形式。角接时，板件上的角钢接头有一侧或两侧两种形式。

（2）铆接的方法

铆接可分为紧固铆接、紧密铆接和固密铆接三种方法。

1）紧固铆接也叫坚固铆接。这种铆接要求一定的强度来承受相应的载荷但对接缝处的密封性要求较差，如房架、桥梁、起重机车辆等均属于这种铆接。

2）紧密铆接的金属结构不能承受较大的压力，只能承受较小而均匀的载荷但对其叠合的接缝处却要求具有高度密封性，以防泄漏，如水箱、气罐、油罐等容器均属这一类。

3）周密铆接也叫强密铆接。这种铆接要求具有足够的强度来承受一定的载荷，其接缝处必须严密。即在一定的压力作用下液体或气体均不得渗漏，如锅炉压缩空气罐等高压容器的铆接。

（3）常用铆钉的种类

金属零件铆接装配就是用铆钉连接金属零件的过程。铆钉是铆接结构的紧固件，常用的铆钉由钉头和圆柱形铆钉杆两部分组成。常用的有半圆头、平锥头、沉头、半沉头、平头、扁平头和扁圆头等。此外，还有半空心铆钉、空心铆钉等。

2. 铆接施工

（1）铆接施工

钢结构有冷铆和热铆两种施工方法。

1）冷铆施工。其是铆钉在常温状态下进行的铆接。在冷铆时铆钉要有良好的塑性，因此钢铆钉在冷铆前，首先要进行清除硬化，提高塑性的退火处理。手工冷铆时，首先将铆钉穿入被铆件的孔中，然后用顶把顶住铆钉头，压紧被铆件接头处，用手锤锤击伸出钉孔部分的铆钉杆端头，使其形成钉头，最后将窝头绕铆钉轴线倾斜转动，直至得到理想的铆钉头。在镦粗钉杆形成钉头时锤击次数不宜过多，否则材质将出现冷作硬化现象，致使钉头产生裂纹。用手工冷铆时铆钉直径通常小于 8 mm；用铆钉枪冷铆时，铆钉直径一般不超过 13mm；用铆接机冷铆时铆钉最大直径不能超过 25mm。

2）热铆施工。将铆钉加热后的铆接称为热铆，铆接时需要的外力与冷铆相比要小得多。铆钉加热后铆钉材质的硬度降低、塑性提高、铆钉头成型容易。一般在铆钉材质塑性较差或直径较大、铆接力不足的情况下通常采用热铆。

热铆施工的基本操作工艺过程是：修整钉孔—铆钉加热—接钉与穿钉—顶钉—铆接。

（2）铆接质量检验

铆钉质量检验采用外观检验和敲打两种方法。外观检验主要检验外观疵病，敲打法检验是用 0.3 kg 的小锤敲打铆钉的头部，用以检验铆钉的铆合情况。

1）铆钉头不得有丝毫跳动，铆钉的钉杆应填满钉孔、钉杆和钉孔的平均直径误差不得超过 0.4 mm，其同一截面的直径误差不得超过 0.6 mm。

2）对于有缺陷或铆成的铆钉和外形的偏差超过规定的，应予以更换，不得采用捻塞，或加热再铆等方法进行修整。

（四）焊缝连接

1. 概述

（1）焊接的定义和焊接结构的特点

焊接是通过加热、加压或两者并用，并且用或不用填充金属，使焊件间达到原子间结合的一种加工方法。焊接最本质的特点就是通过焊接使焊件达到了原子结合，从而将原来分开的物体构成了一个整体，这是任何其他连接形式所不具备的。

焊缝连接是现代钢结构最主要的连接方法。钢结构主要采用电弧焊，较少采用电渣焊和电阻焊等。焊缝连接的优点是对钢材从任何方位、角度和形状相交都能方便使用，一般不需要附加连接板，连接角钢等零件也不需要在钢材上开孔，不使截面受削弱，因面构造简单、节省钢材、制造方便，并易于采用自动化操作，生产效率高。此外，焊缝连接的刚度较大，密封性较好。焊缝连接的缺点是焊缝附近钢材因焊接的高温作用而形成热影响区，其金属组织和机械性能发生变化，某些部位材质变脆；焊接过程中钢材受到不均匀的高温和冷却，使结构产生焊接残余应力和残余变形，影响结构的承载力、刚度和使用性能。

焊缝连接的刚度大和材料连续是优点，但也使局部裂纹一经发生便容易扩展到整体。因此，与高强度螺栓和铆钉连接相比，焊缝连接的塑性和韧性较差，脆性较大，疲劳强度较低。此外，焊缝可能出现气孔、夹渣等缺陷，这些也是影响焊缝连接质量的不利因素。现场焊接的拼装定位和操作较麻烦，因而构件间的安装连接常尽量采用高强度螺栓连接，或设安装螺栓定位后再焊接。

（2）焊接结构生产工艺过程

焊接结构种类繁多，其制造、用途和要求有所不同，但所有的结构都有着大致相近的生产工艺过程。

1）生产准备。其包括审查与熟悉施工图纸，了解技术要求，进行工艺分析，制定生产工艺流程、工艺文件、质量保证文件、进行工艺评定及工艺方法的确认，原材料及辅助材料的订购，焊接工艺装备的准备等。

2）金属材料的预处理。其包括材料的验收、分类、储存、矫正、除锈、表面保护处理、预落料等工序，以便为焊接结构生产提供合格的原材料。

3）备料及成型加工。其包括画线、放样，号料、下料、边缘加工、冷热成型加工、端面加工及制孔等工序，以便为装配与焊接提供合格的元件。

4）装配和焊接。其包括焊缝边缘清理、装配、焊接等工序。装配是将制造好的各个元件，采用适当的工艺方法，按安装施工图的要求组合在一起。焊接是指将组合好的构件，用选定的焊接方法和正确的焊接工艺进行焊接加工，使之连接成一个整体，以便使金属材料最终变成所要求的金属结构。装配和焊接是整个焊接结构生产过程中两个最重要的工序。

5）质量检验与安全评定。焊接结构生产过程中，产品质量十分重要，质量检验应贯穿于生产的全过程，全面质量管理必须明确三个基本观点，以此来指导焊接生产的检验工作。一是树立下道工序是用户，工作对象是用户，用户第一的观点；二是树立预防为主、防检结合的观点；三是树立质量检验是全企业每个员工本职工作的观点。

2. 常用焊接方法介绍

（1）焊条电弧焊

焊条电弧焊是最常用的熔焊方法之一。在焊条末端和工件之间燃烧的电弧所产生的高温使药皮、焊芯和焊件熔化，药皮熔化过程中产生的气体和熔渣，不仅使熔池与电弧周围的空气隔绝，而且和熔化了的焊芯母材发生一系列冶金反应，使熔池金属冷却结晶后形成符合要求的焊缝。

1）焊条电弧焊的优点

设备简单，维护方便，焊条电弧焊可用交流弧焊机或直流弧焊机进行焊接，这些设备都比较简单，购置设备的投资少，而且维护方便，这是它应用广泛的原因之一。

灵活操作在空间任意位置的焊缝，凡焊条能够达到的地方都能进行焊接。

应用范围广，选用合适的焊条可以焊接低碳钢、低合金高强度钢、高合金钢及有色金属。不仅可焊接同种金属、异种金属，还可以在普通钢上堆焊具有耐磨、耐腐蚀、高硬度等特殊性能的材料。

2）焊条电弧焊的缺点

对焊工要求高。焊条电弧焊的焊接质量，除靠选用合适的焊条焊接参数及焊接设备外，还要靠焊工的操作技术和经验保证，在相同的工艺设备条件下，技术水平高、经验丰富的焊工能焊出优良的焊缝。

劳动条件差。焊条电弧焊主要靠焊工的手工操作控制焊接的全过程，焊工不仅要完成引弧、运条、收弧等动作，而且要随时观察熔池，根据熔池情况，不断地调整焊条角度摆动方式和幅度，以及电弧长度等。整个焊接过程中，焊工手脑并用、精神高度集中，在有毒的烟尘及金属和金属氧氯化合物的蒸汽高温环境中工作，劳动条件是比较差的，要加强劳动保护。

生产效率低。焊材利用率不高，熔敷率低，难以实现机械化和自动化生产，故生产效率低。

（2）焊条电弧焊工艺

1）焊前准备

焊前准备主要包括坡口的制备，欲焊部位的清理，焊条焙烘、预热等。因焊件材料不同等因素，焊前准备工作也不相同。下面以碳钢及普通低合金钢为例加以说明。

①坡口的制备应根据焊件的尺寸、形状与本厂的加工条件综合考虑。目前工厂中常用剪切、气割、刨边、车削、碳弧气刨等方法制备坡口。

②欲焊部位的清理，对于焊接部位，焊前要清除水分、铁锈、油污、氧化皮等杂物，以利于获得高质量的焊缝。清理时，可根据被清物的种类及具体条件，分别选用钢丝刷、砂轮磨或喷丸处理等手工或机械方法，也可用除油剂（汽油、丙酮）清洗的化学方法，必要时，也可用氧乙炔焰烘烤清理的办法，以去除焊件表面的油污和氧化皮。

③焊条焙烘，焊条的焙烘温度因药皮类型不同而异，应按焊条说明书的规定进行。

低氢型焊条的焙烘温度为300℃~350℃，其他焊条为70℃~120℃。温度低，达不到去除水分的目的；温度过高，容易引起药皮开裂，焊接时成块脱落，而且药皮中的组成物会分解或氧化，直接影响焊接质量。焊条焙烘一般采用专用的烘箱，应遵循使用多少烘多少，随烘随用的原则，烘后的焊条不宜在露天放置过久，可放在低温烘箱或专用的焊条保温桶内。

④焊前预热，其是指焊接开始前对焊件的全部或局部进行加热的工艺措施。预热的目的是降低焊接接头的冷却速度，以改善组织，减小应力，防止焊接缺陷。

焊件是否需要预热及预热温度的选择，要根据焊件材料、结构的形状与尺寸而定。整体预热一般在炉内进行；局部预热可用火焰加热、工频感应加热或红外线加热。

2）焊接参数的选择

焊接时，为保证焊接质量而选定的物理量，如焊接电流、电弧电压和焊接速度等总称为焊接工艺参数。

焊条直径的选择。为了提高生产效率，应尽可能地选用直径较大的焊条。但用直径过大的焊条焊接，容易造成未焊透或焊缝成型不良等缺陷。选用焊条直径应考虑焊件的位置及厚度。平焊位置或厚度较大的焊件应选用直径较大的焊条，较薄焊件应选用直径较小的焊条。另外，在焊接同样厚度的T形接头时，选用的焊条直径应比对接接头的焊条直径大些。

3. 埋弧焊

（1）埋弧焊的基本原理

焊剂由漏斗流出后，均匀地撒在装配好的焊件上，焊丝由送丝机构经送丝滚轮和导电嘴送入焊接电弧区。焊接电源的输出端分别接在导电嘴和焊件上。送丝机构、焊剂漏斗和控制盘通常装在一台小车上，使焊接电弧匀速地向前移动。通过操作控制盘上的开关，就可以自动控制焊接过程。

（2）埋弧焊的特点

1）埋弧焊的优点

①生产效率高。埋弧焊可采用比焊条电弧焊大的焊接电流。埋弧焊使用 ϕ4.0~4.5 的焊丝时，通常使用的焊接电流为 600~800 A，甚至可达到 1 000 A。埋弧焊的焊接速度可达 50~80cn/min。

对厚度在 8mm 以下的板材对接时可不用开坡口，厚度较大的板材所开坡口也比焊条电弧焊所开坡口小，从而节省了焊接材料，提高了焊接生产效率。

②焊缝质量好。埋弧焊时，焊接区受到焊剂和渣壳的可靠保护，与空气隔离，使熔池液体金属与熔化的焊剂有较多的时间进行冶金反应，减少了焊缝中产生的气孔、夹渣、裂纹等缺陷。

③劳动条件好。由于实现了焊接过程机械化，操作比较方便，减轻了焊工的劳动强度，而且电弧是在焊剂层下燃烧的，没有弧光的辐射，烟尘也较少，改善了焊工的劳动条件。

2）埋弧焊的缺点

一般只能在水平或倾斜角度不大的位置上进行焊接。在其他位置焊接需采用特殊措施。以保证焊剂能覆盖焊接区。不能直接观察电弧与坡口的相对位置，如果没有采用焊缝自动跟踪装置，焊缝容易焊偏。由于埋弧焊的电场强度较大，电流小于 100A 时，电弧的稳定性不好。因此薄板焊接较困难。

3）埋弧焊工艺

①坡口的基本形式和尺寸。埋弧自动焊由于使用的焊接电流较大，对于厚度在 12mm 以下的板材，可以不开坡口，采用双面焊接，以满足全焊透的要求。对于厚度大于 12~20 mm 的板材，为了达到全焊透，在单面焊后，焊件背面应清根，再进行焊接。对于厚度较大的板材，应开坡口后再进行焊接。坡口形式与焊条电弧焊基本相同，由于埋弧焊的特点，采用较厚的钝边，以免焊穿。埋弧焊焊接接头的基本形式与尺寸，应符合国家标准 GB/T 985.2—2008 的规定。

②焊接电流。电流是决定熔深的主要因素，增大电流能提高生产率，但在一定焊速下，焊接电流过大会使热影响区过大，易产生焊瘤及焊件被烧穿等缺陷。

③焊接电压。电压是决定熔宽的主要因素，焊接电压过大时，则熔深不足，产生熔合不好、未焊透、夹渣等缺陷。焊接电压过小时，焊剂熔化量增加，电弧不稳，严重时会产生咬边和气孔等缺陷。

④焊接速度。焊接速度过快时，会产生咬边、未焊透、电弧偏吹和气孔等缺陷以及焊缝余高大而窄，成型不好。焊接速度太慢，则焊缝余高过高，形成宽而浅的大熔池，焊缝表面粗糙，容易产生满溢、焊瘤或烧穿等缺陷；焊接速度太慢且焊接电压又太高时，焊缝截面呈"蘑菇形"，容易产生裂纹。

⑤焊丝直径与伸出长度。焊接电流不变时，减小焊丝直径因电流密度增加，熔深增大焊缝成型系数减小。因此，焊丝直径要与焊接电流相匹配。焊丝伸出长度增加时熔敷速度和金属增加。

⑥焊丝倾角。单丝焊时焊件放在水平位置，焊丝与工件垂直，当采用前倾焊时，适用于焊薄板。焊丝后倾时，焊缝成型不良，一般只用于多丝焊的前导焊丝。

第三章　空间结构的形式与受力特点

第一节　桁架结构

一、桁架结构的特点

当建筑屋盖承重结构跨度越来越大时，若采用梁式结构作为承重构件，其截面尺寸和自重将变得不合理。分析梁式结构截面应力的分布情况可知，一根单跨简支梁受荷后的截面应力分布为受压区和受拉区，中和轴处应力为零，离中和轴越近应力越小。根据应力分布的特点，把横截面上的中间部分削减形成工字形截面，既可节省材料又可减轻自重。同理，如果把纵截面上的中间部分挖空形成空腹形式，同样可以达到节省材料和减轻自重的效果。挖空程度越大，材料越省，自重越轻。倘若大幅度挖空，中间剩下几根截面很小的连杆时就成为所谓的"桁架"。涉及大跨度或重荷载时，特别是对于屋盖结构，桁架要比梁式结构更经济。

二、平面桁架

平面桁架的外荷载与支座反力都作用在全部杆件轴线所在的结构平面内。桁架的杆件按三角形法则构成，为几何不变体系。桁架杆件相交的节点，一般都按铰接进行计算。

桁架杆件虽是轴向受力，但桁架总体仍摆脱不了弯曲的控制。在均布节点横向荷载作用下，其上弦受压，下弦受拉，主要抵抗弯矩，而腹杆主要抵抗剪力。当荷载作用在节点上时，桁架的杆件内力与桁架的外形有着密切的关系。

桁架结构设计时，结构形式的选择需考虑受力的合理性和经济性，还需考虑屋面材料及坡度。屋面的防水材料将决定其最小的排水坡度。桁架结构的材料有木材、钢材、钢筋混凝土等，不同材料制造的桁架，其适用性能也会不同。根据以上因素，并结合建筑物的跨度开间、荷载轻重等情况，选择桁架的形式。

桁架沿其跨度划分为若干等份（个别为非等份），每一份算做一个节间。为减少制作工作量与桁架的挠度、减少杆件与节点的数目，节间数目应减至最小限度，但节间杆长不宜过大，一般为 1.5~4.0m。

桁架为平面体系，出平面外容易失稳，因此需要在纵向设置空间支撑，由上弦水平支撑、下弦水平支撑及垂直支撑将上述桁架连结成稳定的空间体系。支撑一般设在有山墙房屋两端第二开间内，或无山墙（包括伸缩缝处无山墙）房屋两端第一开间内；房屋中部为每隔一定距离（小于等于60m）设置一道；木屋架为每隔20~30m设置一道支撑。

第二节　网架结构

在形式众多的空间结构中，网架结构是当前发展最快的结构形式。它是将杆件按一定规律布置，通过节点连接而成的一种空间杆系结构。目前，网架结构中的杆件加工制作的机械化程度已经很高，并已全部工厂化，杆件之间的连接一般采用焊接或螺栓连接，非常适应建筑工业化、商品化的要求。网架结构的各杆件之间能够相互支撑、整体性强、稳定性好、空间刚度大，是一种良好的抗震结构形式，尤其对大跨度建筑其优越性更为显著。

网架结构的形式和选用

按弦杆层数的不同，网架结构可分为双层网架和三层网架。双层网架是由上弦层、下弦层和腹杆层组成的空间结构，是最常用的一种网架结构。三（多）层网架是由上弦层、中弦层、下弦层、上腹杆层和下腹杆层等组成的空间结构。

双层网架结构的形式很多，目前常用的有三大类形式，分别是平面桁架网架、四角锥网架和三角锥网架。平面桁架网架由平面桁架交叉组成。这类网架上下弦杆和腹杆位于同一垂直平面内，一般可设计为斜腹杆受拉、竖杆受压、斜腹杆与弦杆夹角宜为40°~60°。其常见的有四种形式，即两向正交正放网架、两向正交斜放网架、两向斜交斜放网架、三向网架。

四角锥体系网架是由许多四角锥按一定规律组成的。组成的基本单元为倒置四角锥。这类网架上下平面均为方形网格。下弦节点均在上弦网格形心的投影上，与上弦网格的四个节点用斜腹杆相连。若改变上下弦错开的平移值，或相对地旋转上下弦杆，并适当抽去一些弦杆和腹杆，即可获得各种形式的四角锥网架。其常见的有六种形式，即正放四角锥网架、正放抽空四角锥网架、单向折线形网架、斜放四角锥网架、棋盘形四角锥网架、星形四角锥网架。

第三节　网壳结构

网壳，顾名思义为网状壳体，网壳结构是由杆件构成的曲面网格结构，可以看作曲面状的网架结构。就整体而言，网架结构犹如一个受弯的平板，而网壳结构则是主要承受薄膜内力的壳体。网壳结构在建筑平面上可以适应多种不规则形状，建筑的各种形体则可通过曲面的切制和组合得到，形成多种曲面，如球面、椭球面、旋转抛物面、旋转双曲面、圆锥面、柱状面、双曲抛物面、扭曲面等，建筑师对它情有独钟。网壳结构可以用较小的构件组成很大的空间，这些构件可以在工厂预制实现工业化生产，安装简便快速，不需要大型设备，因此综合经济指标也较好。

网壳结构的形式和选用：

网壳结构按网壳本身的构造可分为单层网壳和双层网壳。典型几何曲面网壳包括球面网壳、柱面网壳（简称网壳）、椭圆抛物面网壳、双曲抛物面网壳等。

1. 柱面网壳

柱面网壳的外形是圆柱面筒形，覆盖的平面为矩形，横向短边为端边（B），纵向长边为侧边（L）。如图 3-1 所示，单层柱面网壳按照网格的形式划分为单向斜杆正交正放网格型、交叉斜杆正交正放网格型、联方网格型和三向网格型。

柱面网壳矢跨比越大，水平推力越小，所围合的建筑空间就越大。对于两端支承的圆柱面网壳，矢高可取宽度的 1/6~1/3；而沿纵向边缘落地支承的，矢高可取为宽度的1/5~1/2 双层圆柱面网壳的厚度可取为跨度的 1/50~1/20。

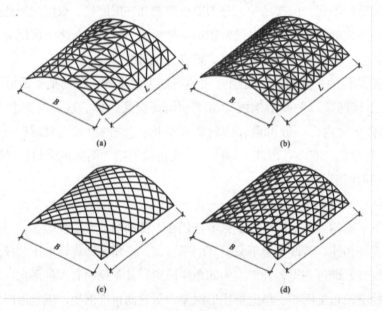

图 3-1　单层柱面网壳形式

有时为了提高整体稳定性和刚度，可将单层柱面网壳部分区段变为双层柱面网壳。双层柱面网壳的形式主要有交叉桁架体系和角锥体系，如图 3-2 所示。

圆柱面网壳结构适用于建筑平面为方形或接近方形的矩形平面。对于两端支承的圆柱面网壳，其建筑平面的宽度 B 与跨度 L 之比宜小于 1.0，即 B/L<1.0。对于单层圆柱面网壳，当支承在两端的横隔时，其跨度 L 不宜大于 30m；当纵向边缘落地支承时，其跨度不宜大于 25m。

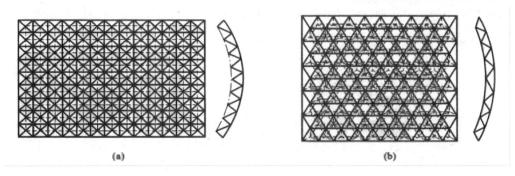

图 3-2 双层柱面网壳形式

2. 球面网壳

球面网壳可分单层球面网壳和双层球面网壳两大类。按照网格形式划分，单层球面网壳可以分为肋环型球面网壳、施威德勒型（肋环斜杆型）球面网壳、联方型球面网壳、三向网格型球面网壳、凯威特型球面网壳。

第四节 悬索结构

一、悬索结构的构成与特点

悬索屋盖由索网、边缘构件、支承结构三部分组成。索网的网格尺寸（索的间距）一般为 1~2m，普遍采用的钢索为钢绞线。边缘构件多是钢筋混凝土构件，可以是梁、拱或桁架等结构构件。支承结构则可以是钢筋混凝土的立柱或框架结构，采用立柱支承时，有时还要采取钢缆锚拉的设施。

可以看出，边缘构件是悬索结构的边框，是悬索结构形式和屋盖建筑造型的关键所在，而索网就好像蒙在边缘构件上的一张蒙皮。

悬索结构是一种受力比较合理的建筑结构形式，将悬索结构与简支梁两者的受力情况进行对比，就可以看出这种合理性。简支梁在竖向荷载作用下，上纤维压应力的合力与下纤维拉应力的合力组成了截面的内力矩，合力间的距离即为内力臂，它总在截面高度的范围内，因此要提高梁的承载能力，就意味着要增加梁的高度。但在悬索结构中，钢索在自重下就自然形成了垂度，由索中拉力与支承水平力间的距离构成的内力臂，总在钢索截面范围以外，增加垂度也就加大了力臂，从而可以有效地减少索中拉力和钢索截面面积。

由于钢索自重很小，屋面构件一般也较轻，因而给施工架设带来了很大的方便。安装时不需要大型起重设备，施工时不需要脚手架，也不需要模板。这些都有利于加快施工进度，降低工程造价。因而，其与其他结构形式比较，施工费用相对较低。

悬索结构由于索网布置灵活，便于建筑造型，能适应多种多样的平面形状和外形轮廓，因而能较自由地满足各种建筑功能和表达形式的要求，使建筑与结构可以得到较完善的结合。这也是建筑师们乐于采用这种结构形式的重要原因。

二、悬索结构的主要形式

悬索结构的形式很多，根据索网边缘构件和下部支承结构的不同配置，可以构成一系列形式各异的悬索结构。如果将悬索结构和其他结构形式结合，又可以进一步派生出许多形式新颖的结构体系。

1. 单层悬索结构

单层悬索结构由一系列按一定规律布置的单根悬索组成，悬索两端错挂在稳固的支承结构上。单层悬索结构又根据所适用的建筑平面的不同，分为单曲面单层悬索结构和双曲面单层悬索结构。

单曲面单层悬索结构形成下凹的单曲率曲面，一般用于矩形平面的单跨建筑，有时也可用于多跨建筑或非矩形平面的个别工程中。它由许多平行的单根拉索组成，拉索两端悬挂在稳定的支承结构上，也可设置专门的错索或端部水平结构来承受悬索的拉力。

这种悬索结构的表面呈圆筒形，拉索两端支点可以等高，为了排水也可做成不等高。这种平行拉索体系常呈平面受力状态，索中拉力值与跨中垂度成反比。对于一定跨度的悬索结构，如垂度太小则曲面扁平，索中拉力将过大；如垂度太大则索中拉力减少，但支承结构的高度将随之增大。因此，适宜的垂跨比一般取为 1/20~1/10。

双曲面单层悬索结构，常用于圆形平面的建筑，钢索由圆心向四周按辐射状布置，屋面形成一个下凹的旋转面。悬索支承在周边构件—受压圈梁上，中心可设置受拉的内环。显然，下凹的屋面不便于排水。所以，当房屋的中央容许设置支柱时，可利用支柱升起为悬索提供中间支承，形成伞形悬索结构。

在这一体系中，受拉内环采用钢制结构，以充分发挥钢材的抗拉强度；受压外环一般采用钢筋混凝土结构，这样可以充分利用混凝土的抗压强度，材尽其用，经济合理，因而双曲面单层悬索结构可比单曲面单层悬索结构做到更大跨度。

然而，单层悬索结构的稳定性不好，所谓稳定性不好，一方面是悬索为一种可变体系，其平衡形式随荷载分布方式而变，另一方面是单层悬索结构的抗风能力较差。为使单层悬索体系屋盖具有必要的稳定性，一般须采用重屋面。利用较大的均布恒载使悬索始终保持较大的张紧力，以加强维持其原始形状的能力，同时较大的恒载也能较好地克服风力的卸载作用。但与此同时，重屋面使悬索的截面增大，支承结构的受力也相应增大，从而影响经济效果。

2. 双层悬索结构

解决悬索屋盖稳定性问题更有效的办法就是采用双层索系，与单层悬索结构一样，双层悬索结构也分为单曲面双层悬索结构和双曲面双层悬索结构。

单曲面双层悬索结构是在平行拉索体系的基础上增设一层反向曲率的钢索构成的。下凹曲面为承重索，上凸曲面为稳定索，每对承重索和稳定索一般位于同一竖平面内，二者之间通过受拉钢索或受压撑杆连接，构成犹如屋架形式的平面体系，常称为索桁架。

设置稳定索不只是为了抵抗风吸力的作用。由于设置相反曲率的稳定索和相应的系杆，就有可能对体系施加预应力，使承重索和稳定索内始终保持足够大的拉紧力，提高了整个体系的稳定性。此外，由于存在预张力，稳定索能同承重索一起抵抗竖向荷载的作用，从而提高整个体系的刚度。它多用于矩形平面的单跨建筑。

双曲面双层悬索结构是在双曲面单层悬索结构的基础上，增设一层按辐射状布置的稳定索而形成的，其周围支承在周边构件（一道或两道受压圈梁）上，中心则设置受拉内环。由于增设了一层稳定索，屋面刚度进一步提高，抗风、抗震性能有所增强，这为悬索结构采用轻型屋面提供了条件。这也是在圆形平面建筑中应用较多的一种悬索结构。

3. 索网结构

索网结构通常是由两组相互正交、曲率相反的钢索直接交叉组成的，这种索网是由正、负高斯曲率构成的双曲抛物面，所以也常被称为鞍形索网。两组钢索中，下凹者为承重索（主索），上凸者为稳定索（副索），两组钢索在交点处相互连接。

索网的周边构件受力较大，即使做成曲线形状，也常会产生相当大的弯矩，因而需要有强大的截面。其实，边缘构件除用以锚固索网、承受索网轴力引起的压力和弯矩的作用外，还可以通过调整边缘构件的结构形式，获得建筑造型多样化的效果。

对索网结构必须施加预应力，以提高体系的稳定性和刚度。由于存在曲率相反的两组索，对其中任意一组或同时对两组进行张拉，均可实现预应力。不难看出，索网结构的工作原理同双层索系极为相似。当预应力值足够大时，索网结构具有相当好的稳定性和刚度，因而可采用轻屋面。鞍形索网体系形式多样，易于适应各种建筑功能和建筑造型方面的要求，屋面排水也较易处理，再加上前面谈到的工作性能上的优点，使这种结构体系在近年来获得了相当广泛的应用。

第五节　张弦梁结构

一、张弦梁结构的构成与特点

张弦梁结构最早是由日本大学教授提出的，是一种区别于传统结构的新型杂交屋盖体系。

张弦梁结构是一种由刚性构件上弦、柔性拉索、中间连以撑杆形成的混合结构体系，其结构组成是一种新型自平衡体系，是一种大跨度预应力空间结构体系，也是混合结构体系发展中的一个比较成功的创造性体系。

张弦梁结构体系简单、受力明确、结构形式多样，充分发挥了刚柔两种材料的优势，具有良好的应用前景。

张弦梁结构上弦刚性构件可以是实腹式梁，也可以是格构式桁架，据此对不同的张弦梁结构可称作张弦梁或张弦桁架。当梁或桁架的轴线为曲线并且支座可以提供水平约束时，又可称之为索拱体系。目前此类索拱体系的工程应用发展较为快速。

目前，普遍认为张弦梁结构的受力机理是通过在下弦拉索中施加预应力使上弦压弯构件产生反挠度，使结构在荷载作用下的最终挠度得以减少，而撑杆对上弦的压弯构件提供弹性支撑，改善结构的受力性能。

一般上弦的压弯构件采用拱梁或桁架拱，在荷载作用下拱的水平推力由下弦的抗拉构件承受，减轻拱对支座产生的负担，减少滑动支座的水平位移。由此可见，张弦梁结构可充分发挥高强索的强抗拉性能，从而改善整体结构受力性能，使压弯构件和抗拉构件取长补短，协同工作达到自平衡，充分发挥了每种结构材料的作用。

所以，张弦梁结构在充分发挥索的受拉性能的同时，由于具有抗压抗弯能力的桁架或拱而使体系的刚度和稳定性大为加强，并且由于张弦梁结构是一种自平衡体系，使得支撑结构的受力大为减少。

张弦梁结构在保证充分发挥索的抗拉性能的同时，由于引进了具有抗压和抗弯能力的桁架或梁，而使体系的刚度和稳定性大为增强；桁架或梁与张拉的索构成的受力体系，实际上不存在整体失稳的可能性，因而其强度可以得到充分利用，而不似单独工作的桁架或梁那样需要有特别大的截面；张弦梁结构是体外布置的预应力梁或桁架，可以通过预应力改善结构的受力性能；张弦梁结构与预应力双索体系（由承重索、相反曲率的稳定索及两者之间的联系杆共同组成的平面预应力体系）比较，张弦梁结构所需的预拉力要小得多，因而使支承结构的受力大为减小。

二、张弦梁结构的形式与分类

1. 平面张弦梁结构

平面张弦梁结构是指结构构件位于同一平面内，且以平面内受力为主的张弦梁结构。平面张弦梁结构根据上弦构件的形状可分为三种基本形式：直梁型张弦梁结构、拱形张弦梁结构、人字拱形张弦梁结构。

（1）直梁型张弦梁结构——上弦构件呈直线，通过拉索和撑杆提供弹性支承，从而减小上弦构件的弯矩，主要适用于楼板结构和小坡度屋面结构。

（2）拱形张弦梁结构——具有拉索和撑杆为上弦构件提供弹性支承以减小拱上弯矩的特点，此外，由于拉索张力可以与拱推力相抵消，一方面充分发挥了上弦拱的受力优势，另一方面充分利用了拉索抗拉强度高的优点，适用于大跨度甚至超大跨度的屋盖结构。

（3）人字拱形张弦梁结构——主要用下弦拉索来抵消人字拱两端推力，通常起拱较高，所以适用于跨度较小的双坡屋盖结构。

2. 空间张弦梁结构

空间张弦梁结构是以平面张弦梁结构为基本组成单元，通过不同形式的空间布置所形成的以空间受力为主的张弦梁结构。空间张弦梁结构可以分为以下几种形式：

（1）单向张弦梁结构

单向张弦梁结构是在平行布置的平面张弦梁结构之间设置纵向支承索而形成的空间受力体系。纵向支承索一方面可以提高整体结构的纵向稳定性，保证平面张弦梁的平面外稳定；另一方面通过对纵向支承索进行张拉，为平面张弦梁提供弹性支承，因此属于空间受力体系，适用于矩形平面的屋盖。

（2）双向张弦梁结构

双向张弦梁结构是由平面张弦梁结构沿纵横向交叉布置而成的空间受力体系。该体系属于纵横向受力的空间受力体系，适用于矩形、圆形及椭圆形等多种平面的屋盖。

（3）多向张弦梁结构

多向张弦梁结构是将平面张弦梁结构沿多个方向交叉布置而成的空间受力体系。该结构形式适用于圆形平面和多边形平面的屋盖。

（4）辐射式张弦梁结构

辐射式张弦梁结构是由中央按辐射状放置上弦梁（拱），梁下设置撑杆用环向索或斜索连接而形成的空间受力体系，适用于圆形平面或椭圆形平面屋盖。

第四章　装配式建筑结构设计与应用

第一节　装配式建筑主要结构分析

一、装配式混凝土结构

（一）装配式混凝土结构的内涵与特征

在建筑工程中，装配式混凝土结构是指由预制混凝土构件通过可靠的连接方式装配而成的混凝土结构，简称装配式建筑；在结构工程中，简称装配式结构。装配整体式混凝土结构是指由混凝土预制构件通过各种可靠的方式连接并与现场后浇混凝土、水泥基灌浆料形成整体受力的装配式混凝土结构。

装配式混凝土结构是建筑结构发展的重要方向之一，参照世界城市化进程的历史，城镇化往往需要牺牲生态环境和消耗大量资源来进行城市建设。随着我国城镇化快速提升期的到来，综合考虑可持续发展的新型城镇化、工业化、信息化是政府面临的紧迫问题，是研究者的关注核心，也是企业的社会责任。而当前我国建筑业仍存在着高能耗、高污染、低效率、粗放的传统建造模式，建筑业仍是一个劳动密集型企业，与新型城镇化、工业化、信息化发展要求相差甚远，同时面临着因我国劳动年龄人口负增长造成的劳动力成本上升或劳动力短缺的问题。因此，加快转变传统生产方式，以装配式混凝土结构为核心，大力发展新型建筑工业化，推进建筑产业现代化成为国家可持续发展的必然要求。装配式混凝土结构与传统的现浇混凝土结构相比，有以下特点。

1. 提升建筑质量

装配式混凝土结构建筑是对建筑体系和运作方式的变革，并不是单纯地将工艺从现浇变为预制，这有利于建筑质量的提升。

（1）设计质量的提升

装配式混凝土结构要求设计必须精细化、协同化，如果设计不精细，构件制作好了才发现问题，就会造成很大的损失。装配式混凝土结构建筑倒逼设计必须深入、细化和协同，由此会提高设计质量和建筑品质。

（2）预制构件生产质量的提升

预制混凝土构件在工厂模台上和精致的模具中生产，模具组对严丝合缝，混凝土不会漏浆；墙、柱等立式构件大都"躺着"浇筑，振捣方便，板式构件在振捣台上振捣，效果更好；预制工厂一般采用蒸汽养护方式，养护的升温速度、恒温保持和降温速度用计算机控制，养护湿度也能够得到充分保证，大大提高了混凝土浇筑、振捣和养护环节的质量。现浇混凝土结构的施工误差往往以厘米计，而预制构件的误差以毫米计，误差大了就无法装配，预制构件的高精度会带动现场后浇混凝土部分精度的提高。同时，外饰面与结构和保温层在工厂一次性成型，经久耐用，抗渗防漏，保温隔热，降噪效果更好，质量更有保障。

（3）有利于质量管理

装配式建筑实行建筑、结构、装饰的集成化、一体化，会大量减少质量隐患，而工厂作业环境比工地现场更适合全面细致地进行质量检查和控制。从生产组织体系上，装配式将建筑业传统的层层竖向转包变为扁平化分包。层层转包最终将建筑质量的责任系于流动性非常强的农民工身上；而扁平化分包，建筑质量的责任由专业化制造工厂分担，工厂有厂房、设备，质量责任容易追溯。

2. 节省劳力，提高作业效率

装配式混凝土结构建筑节省劳动力主要取决于预制率大小、生产工艺自动化程度和连接节点设计。预制率高、自动化程度高和安装节点简单的工程，可节省劳动力50%以上。但如果PC建筑预制率不高，生产工艺自动化程度不高，结构连接又比较麻烦或有比较多的后浇区，节省劳动力就比较难。总的来看，随着预制率的提高、构件的模数化和标准化提升，生产工艺自动化程度会越来越高，节省人工的比率也会越来越大。装配式建筑把很多现场作业转移到工厂进行，高处或高空作业转移到平地进行，风吹日晒雨淋的室外作业转移到车间里进行，工作环境大大改善。

装配式结构建筑是一种集约生产方式，构件制作可以实现机械化、自动化和智能化，大幅度提高了生产效率。欧洲生产叠合楼板的专业工厂，年产120万平方米楼板，生产线上只有6个工人。而手工作业方式生产这么多的楼板大约需要近200个工人。工厂作业环境比现场优越，工厂化生产不受气候条件的制约，刮风下雨不影响构件制作，同时工厂比工地调配平衡劳动力资源也更为方便。

3. 节能减排环保

装配式混凝土结构建筑能有效地节约材料，减少模具材料消耗，材料利用率高，特别是减少木材消耗；预制构件表面光洁平整，可以取消找平层和抹灰层；工地不用满搭脚手架，减少脚手架材料消耗；装配式建筑精细化和集成化会降低各个环节，如围护、保温、装饰等环节的材料与能源消耗，集约化装饰会大量节约材料，材料的节约自然会降低能源消耗，减少碳排放量，并且工厂化生产使得废水、废料的控制和再生利用容易实现。

装配式建筑会大幅度减少工地建筑垃圾及混凝土现浇量，从而减少工地养护用水和冲洗混凝土罐车的污水排放量。预制工厂养护用水可以循环使用，节约用水。装配式建筑会减少工地浇筑混凝土振捣作业，减少模板和砌块和钢筋切割作业，减少现场支拆模板，由此会减轻施工噪声污染。装配式建筑的工地会减少粉尘。内外墙无须抹灰，会减少灰尘及落地灰等。

4. 缩短工期

装配式建筑缩短工期与预制率有关，预制率高，缩短工期就多些；预制率低，现浇量大，缩短工期就少些。北方地区利用冬季生产构件，可以大幅度缩短总工期。就整体工期而言，装配式建筑减少了现场湿作业，外墙围护结构与主体结构一体化完成，其他环节的施工也不必等主体结构完工后才进行，可以紧随主体结构的进度，当主体结构结束时，其他环节的施工也接近结束。对于精装修房屋，装配式建筑缩短工期更显著。

5. 发展初期成本偏高

目前，大部分装配式混凝土结构建筑的成本高于现浇混凝土结构，许多建设单位不愿接受的最主要原因在于成本高。装配式混凝土结构建筑必须有一定的建设规模才能降低建设成本，一座城市或一个地区建设规模过小，厂房设备摊销成本过高，很难维持运营。装配式初期工厂未形成规模化、均衡化生产；专用材料和配件因稀缺而价格高；设计、制作和安装环节人才匮乏导致错误、浪费和低效，这些因素都会增加成本。

6. 人才队伍的素质急需提升

传统的建筑行业是劳动密集型产业，现场操作工人的技能和素质普遍低下。随着装配式建筑的发展，繁重的体力劳动将逐步减少，复杂的技能型操作工序大幅度增加，对操作工人的技术能力提出了更高的要求，急需有一定专业技能的农民工向高素质的新型产业工人转变。

（二）装配式混凝土结构体系的分类

装配式混凝土结构体系包括专用结构体系和通用结构体系，其中通用结构体系为专用结构体系的发展提供了基础，是专用结构体系在此基础上结合具体的建筑功能和性能进一步完善发展而成的。剪力墙结构、框架结构及框架剪力墙结构构成了现浇结构和装配整体式混凝土结构的三个大类。在选择不同的结构体系时可依据具体工程的高度、体型、平面、设防烈度、抗震等级及功能特点来确定。

1. 框架结构

（1）主要组成

梁和柱的连接组成了框架结构的主体。通常会将柱梁的交会节点做成钢接，有时也会做成铰接或半铰接的节点，柱的底部一般设计成固定支座，特殊情况下也可设计成铰支座。为了梁柱结构受力均匀，框架柱应上下对中、纵横对齐，框架梁应对直拉通，梁和柱的轴线应在同一竖向的平面内。框架结构有时也可以做出内收、梁斜、缺梁的布置，这样做可以达到建筑造型和使用功能的要求。

（2）平面布局

框架结构的布置要满足各方的需求：既要考虑建筑平面的布置，又要满足生产施工的要求，同时又要使施工方便、结构受力合理、工程造价节约、施工进度加快。构件的最大重量和最大长度，要在吊装和运输设备的条件允许范围内，构件尺寸要标准化、模数化并尽可能地减少构件的规格种类，以提高生产效率和满足工厂化生产的要求。这些因素在建筑设计和结构布置当中都是要考虑的。

柱网尺寸宜统一，跨度大小和抗侧力构件布置宜均匀、对称，尽量减小偏心，减小结构的扭转效应，并应考虑结构在竖向荷载作用下内力分布均匀合理，各构件材料强度均能得到充分利用。柱网的开间和进深，一般为 4~10m。设计应根据建筑使用功能的要求，结合结构受力的合理性、经济性、方便施工等因素确定。较大柱网适用于建筑平面有较大空间的公共建筑，但将增大梁的截面尺寸。小柱网梁柱截面尺寸较小，适用于旅馆、办公楼、医院病房楼等分隔墙体较多的建筑。按抗震要求设计的框架结构，过大的柱网尺寸将给实现强柱弱梁及延性框架增加一定难度。

（3）平面布置

框架结构主要承受竖向荷载，按楼面竖向荷载传递方向的路线不同，承重框架的布置方案有横向框架承重、纵向框架承重和纵横向框架混合承重等几种。

1）横向框架承重方案

在横向布置框架承重梁是横向框架承重的方案，在纵向布置联系梁，楼面的竖向荷载由横向梁传至柱。横向框架往往跨数小，为了利于提高建筑物的横向抗侧刚度，要求主梁延横向布置。为了利于房屋内的通风和采光，按构造要求纵向框架要求布置较小的联系梁。

2）纵向框架承重方案

纵向布置框架承重梁是纵向框架承重的设计方案，在横向布置联系梁。为了利于设备管线的穿行，横向梁要求高度较小，这样楼面荷载可由纵向梁传至柱；如果房屋纵向的物理力学有较明显的差异时，房屋的不均匀沉降可以通过纵向框架的刚度来调整。如果在房屋纵向的物理力学有较明显的差异时，预制板的长度限制了进深尺寸，房屋的横向抗侧刚度差，这些是纵向框架承重方案的缺点。

3）纵横向框架混合承重方案

纵横向框架混合承重方案是在两个方向均需布置框架承重梁以承受楼面荷载。当楼面上作用有较大荷载，或楼面有较大开洞，或当柱网布置为正方形或接近正方形时，常采用此种方案。纵横向框架混合承重方案具有较好的整体工作性能，有利于抗震设防。

（4）框架结构的竖向布置

框架沿高度方向各层平面柱网尺寸宜相同，框架柱宜上下对齐，尽量避免因楼层某些框架柱取消而成竖向不规则框架，如因建筑功能需要造成不规则时，应视不规则程度采取加强措施，如加厚楼板、增加边梁配筋等。高烈度地震区不宜采用或慎用此类竖向不规则框架结构。

框架柱截面尺寸宜沿高度方向由大到小均匀变化，混凝土强度等级宜和柱截面尺寸错开一、二层变化，以使结构侧向刚度变化均匀。同时应尽可能使框架柱截面中心对齐，或上下柱仅有较小的偏心。

（5）结构的体型规则性

建筑体型在平面和立面上时，在水平荷载的作用下，平面和立面不规则的体型，由于体型的突变受力会变得比较复杂，因此应尽可能地避免刚度突变和部分凸出。如果不能及时避免，应局部加强结构布置。房屋平面上有凸出部分时，应该考虑到凸出部分是由局部振动在地震力的作用下引起的内力，应适当加强沿凸出部分两侧的框架梁和柱。

因此，在房屋顶部不宜有局部凸出和刚度突变。若不能避免时，凸出部位应逐步缩小，使刚度不发生突变，并需做抗震验算。凸出部分不宜采用混合结构。

2. 剪力墙结构

（1）剪力墙结构的特点

采用钢筋混凝土剪力墙（用于抗震结构时也称为抗震墙）承受竖向荷载和抵抗侧向力的结构称为剪力墙结构，也称为抗震墙结构。合理设计的剪力墙结构具有整体性和抗震性良好的特点，承载力及侧向刚度大。剪力墙在历次地震中震害一般比较轻。剪力墙由于受楼板跨度的限制，一般把开间设计成 3~8m，比较适用于住宅、旅馆等建筑物。剪力墙结构的建筑物适用高度范围较大，可应用于多层及 30~40 层。

（2）剪力墙的结构布置

装配整体式剪力墙的结构布置要求与现浇剪力墙基本一致，宜简单、规则、对称，不应采用严重不规则的平面布置。

高层装配整体式剪力墙结构一般采用现浇结构来对底部进行加强，主要是考虑了以下因素。

1）底部加强部位的剪力墙构件截面大且配筋多，预制结构接缝及节点钢筋连接的工作量很大，预制结构体现不出优势。

2）高层建筑的底层布置往往由于建筑功能的需要不太规则，不适合采用预制结构。

3）在侧向力作用下，剪力墙结构的侧向位移曲线呈弯曲型，即层间位移由下至上逐渐增大，在墙肢底部一定高度内屈服形成塑性铰，因此，底部加强区对结构的整体抗震性能很重要。顶层一般采用现浇楼盖结构，这保证了结构的整体性。高层建筑可设置地下室，这提高了结构在水平力作用下抗滑移、抗倾覆的能力；地下室采用装配整体式并无明显的成本和工期优势，采用现浇结构既可以保证结构的整体性，又可以提高结构的抗渗性能。

剪力墙等预制构件的连接部位宜设置在构件受力较小的部位，预制构件的拆分应便于标准化生产、吊装、运输和就位，同时还应满足建筑模数协调、结构承载能力及便于质量控制的要求。

3. 框架—剪力墙结构

框架—剪力墙结构计算中采用了楼板平面刚度无限大的假定，即认为楼板在自身平面内是不变形的。水平力通过楼板按抗侧力刚度分配到剪力墙和框架。剪力墙能承受大部分的水平力，刚度较大，因而在地震作用下，剪力墙是框架—剪力墙结构的第一道防线，框架是第二道防线。

（1）装配整体式框架现浇剪力墙结构，要符合对装配整体式框架的要求，剪力墙宜对称布置，各片墙的刚度宜接近，长度较长的剪力墙宜设置洞口和连梁，形成双肢墙或多肢墙，各层每道剪力墙承受的水平力不宜超过相应楼层总水平力的40%。抗震设计时结构两主轴方向均应布置剪力墙，梁与柱、柱与剪力墙的中心线宜重合，当不能重合时，在计算中应考虑其影响，并采取加强措施。

（2）装配整体式框架—现浇剪力墙结构中，剪力墙厚度不应小于层高或无支长度的1/20，厚度不宜小于160mm；墙体在楼层处宜设置暗梁，如果剪力墙有端柱时，并且暗梁不宜小于400mm和墙厚两者中的较大值的截面高度；剪力墙底部加强部位的厚度不应小于层高或无支长度的1/16，且不应小于200mm。同层框架柱要与端柱截面相同，底部加强部位的剪力墙端柱和剪力墙洞口紧靠的端柱应该沿全高加密箍筋，再按照柱箍筋加密区的要求。

（3）纵向剪力墙宜布置在结构单元的中间区段内，当房屋纵向长度较长时，不宜集中在两端布置纵向剪力墙，纵向剪力墙宜组成L形、T形等形式，以增强抗侧刚度和抗扭能力。在对剪力墙进行抗震设计时，应使结构各主轴方向的刚度相接近来对剪力墙进行布置，并做到尽可能地减小结构的扭转变形。框架—剪力墙结构在满足基本振型地震作用下，布置数量足够的剪力墙，框架部分所承受的地震倾覆力矩不应超过结构总倾覆力矩的50%。

二、装配式木结构

我国木结构建筑历史可以追溯到3 500年前。1949年新中国成立后，砖木结构凭借就地取材、易于加工的突出优势在当时的建筑中占有相当大的比重。20世纪七八十年代由于森林资源的急剧下降，快速工业化背景下钢铁、水泥产业的大发展，我国传统木结构建筑应用逐渐减少，各大院校陆续停开木结构课程，对木结构的研究与应用一直处于停滞状态。加入WTO后，技术交流和商贸活动增加，使得与国外木架构建筑领域的交流变得频繁。我国在1999年成立木结构规范专家组，开始对《木结构设计规范》GB50005—2003进行全面的修订。从2001年起，木结构建筑的发展进入春天，由于我国对木材的进口实行了零关税的优惠政策，使得众多的国外企业开始进驻中国市场，同时，现代木结构建筑技术也被引进了中国，使得中国的木结构技术得到了长足的发展。

同时，木结构建筑发展的政策环境不断优化，在最新发布的几个国家政策文件中分别提出在地震多发地区和政府投资的学校、幼托、敬老院、园林景观等新建低层公共建筑中采用木结构。低层木结构建筑相关标准规范不断更新和完善，逐渐形成了较为完整的技术标准体系。国内科研所与国际有关科研机构，积极开展木结构建筑耐久性等相关研究，取得了较为丰富的研究成果。全国也建设了一批木结构建筑技术项目试点工程，上海、南京、青岛、绵阳等地的木结构项目实践为技术标准的完善积累了宝贵经验，也为木结构建筑在我国的推广奠定了基础，全国也培育了一批木结构建筑企业。装配式木结构的特征有以下几点。

1. 建造过程由木工（干作业）完成，施工误差小、精度高，施工现场污染小。

2. 木结构采用六面体"箱式"结构设计原理，在抗击外力时具有超强的稳定性，所以，其具有突出的抗地震性能。

3. 由于木材自身具有重量轻的特点，设计基本为大梁与楼面混为一体，能提供住宅使用的方便性最大化，得房率高，空间布局灵活，适合定制式住宅。

4. 结构用材为木材，具有配套材料和部件的技术合理性强、产业化程度高及施工工艺先进等特点，因而在透气性、无线信号及磁场穿透性、翻新、置换和改造等方面有优越性。

5. 碳排放量最低，最具节能环保性。

6. 由于木材具有极大的热阻，抗击热冲击的性能很好，不会出现冷热桥现象，隔热效果好，运营能耗低。

7. 内墙采用石膏板，石膏板具有储水、释水特性，室内空气潮湿时以结晶水的形式吸收空气中的水分，当室内空气干燥时就释放一些结晶水湿润空气。材料天然地起到调节湿度的效果，加之门窗良好的密闭性，可起到极好的防潮和隔声效果，舒适度高。

8. 产业化生产最大限度地减少在工地的操作和施工，现场工作量少，主要是组装，施工简单，除基础外，基本避免湿作业。施工周期大大缩短，一幢 300 平方米的建筑，8~12 个专业工人 70 个工作日即可完成连装修在内的所有工程，达到入住条件。

9. 木材产自天然，对环境没有二次污染，有利于保护环境，对居住者来说是一种健康和舒适的绿色建筑。

10. 将有利于速生丰产用材林的快速发展，"有利于建材企业原料的供应"，又有益于生态建设的发展。

三、装配式钢结构

我国钢结构建筑发展起步于 20 世纪五六十年代，60 年代后期至 70 年代钢结构建筑发展一度出现短暂滞留，80 年代初开始，国家经济发展进入快车道，政策导向由"节约用钢"向"合理用钢"转变。进入 21 世纪以来，《国家建筑钢结构产业"十三五"规划和 2015 年发展规划纲要》《国务院关于钢铁行业化解过剩产能实现脱困发展的意见》《中共中央国务院关于进一步加强城市规划建设管理工作的若干意见》等政策文件相继出台，"合理用钢"转型为"鼓励用钢"，钢结构建筑进入快速发展时期。发展钢结构建筑是建筑行业推进"供给侧改革"的重要途径，是推进建筑业转型升级发展的有效路径。钢结构建筑具有安全、高效、绿色、可重复利用的优势，是当前装配式建筑发展的重要支撑。

（一）装配式钢结构的优点

钢结构住宅与传统的建筑形式相比，具有以下优点。

1. 重量轻、强度高。用钢结构建造的住宅重量，由于是用新型建筑材料做围护结构，应用钢材做承重结构，所以其重量大约是钢筋混凝土住宅的 1/2，既降低了基础工程造价，又减小了房屋自重。房屋住宅的使用面积可以大大增加，由于竖向受力构件占据相对较小的建筑面积，同时钢结构可以满足用户的不同要求，且住宅采用大进深、大开间，所以可以灵活地分隔出大空间来为住户使用。

2. 符合产业化要求，工业化程度提高。钢结构住宅的结构构件安装比较方便，大多在工厂制作，适宜进行大批量的生产，这使得传统的从"建造房屋"模式到现代的"制造房屋"的模式得到了彻底的改变，在促进生产力发展的同时，使住宅产业的集约化发展更进一步。

3. 施工周期短。一般情况下一层建筑只需三四天就可以，快的只需一两天即可。钢结构住宅体系，大多采用的是在专门的部件工厂制作构件，在现场进行安装，这种建筑方式使得现场作业量大大减少，因此就大大缩短了施工周期，这样也就相应地减少了由于施工过程中所产生各项现场费用，以及现场资源消耗、噪声和扬尘，既做到了节能减排，又做到了绿色环保。且一般可将工期缩短 1/2，与钢筋混凝土结构相比起来，加快了资金的周转率，提前发挥投资效益，将建设成本降低了 3%~5%。

4. 抗震性能好。钢结构建筑能大大提高住宅的安全可靠性，因为钢材是弹性变形材料。钢结构可以大大改善抗震性能和受力性能。由于较高的强度、较好的延展性、自身的重量较轻，从国内的震后住宅倒塌的数量统计来看，钢结构的数量很少。

5. 顺应了建筑节能的发展方向。钢结构建筑减轻了对不可再生资源的破坏，资源得到了保护。框架用钢材在制作围护结构时用保温墙板来制作，这样就把黏土砖取代了，并且使得水泥、砂、石、石灰的用量大大减少。这样现场施工环境由于湿法施工的减少而变得好了。同时，钢材是属于回收再利用的建材，在建造和拆除时都不对环境造成太大的污染，属于绿色环保建筑材料，节能指标可达 50% 以上。

6. 钢结构在住宅中的应用，不仅为我国钢铁工业打开了新的应用市场，还可以带动相关新型建筑材料的研究和应用。

（二）装配式钢结构的缺点

1. 钢结构耐热不耐火

钢材的强度当钢表面温度在 150℃ 以内时变化很小。但钢的耐火性能非常差，这是钢结构最致命的弱点，温度的变化对钢的内部晶体组织会产生很大的影响，钢材性能会随着温度的升高或者降低发生变化，钢结构会失去承载力，当温度在 450～650℃ 时，发生火灾时，钢结构的耐火时间较短，会发生突然的坍塌。对有特殊要求的钢结构，要采取隔热和耐火措施。

2.钢结构易锈蚀、耐腐蚀性差

钢材在潮湿环境中，特别是处于有腐蚀性介质的环境中容易锈蚀，需要定期维护，因而增加了维护费用。

（三）超轻钢建筑

目前还有一种超轻钢结构，除了具备装配式混凝土结构绿色环保的特点外，由于其材质的特殊性，超轻钢结构还有以下特点。

1.智能高精度

超轻钢结构采用国际最为先进的全智能化数控制造设备加工制造，生产制作的全过程由以电脑软件控制的专业设备完成。保证构件制造的精确度误差在人工难以达到的半毫米以内。

2.高强、轻便、更节材

超轻钢结构所选用的钢材强度为550MPa的高强度钢材（是传统钢材强度的一倍以上），所以其结构在满足安全稳定性的情况下用料更为轻薄、用钢量更为节约（结构用料最薄可以达到0.55mm）。

3.防腐蚀

超轻钢结构所采用的钢带为A2150的镀铝涂层，该涂层具有切口自愈功能，经测试镀铝涂层的钢材防腐蚀性是同样克重热镀锌涂层钢材的4倍以上，其结构体系使用了终身防腐的不锈钢铆钉及达克罗涂覆的螺钉紧固，所以其结构寿命可达百年以上。

4.工期短

超轻钢结构采用智能化预加工，工业化程度更高，所以现场的作业大大减少，200m² 的结构在施工现场的装配工期可以控制在3个工作日内完成，节约了大量的结构拼装人工费用以及物流费用。

5.薄墙体，大空间

超轻钢结构建筑的套内使用面积高出传统结构8%~13%，使用率高。墙体厚度为160mm以内，为传统结构的1/2~1/3；内隔墙厚度为120mm之内，约为传统结构分室墙的1/2；楼面采用桁架式楼面，可方便隐蔽敷设空调及水电管路，楼面板无主梁，净空高度可提高100~200mm。

6.抗震、抗风性能卓越

超轻钢结构自重轻（约为传统砖混结构的20%），可大幅度减少基础造价，尤其适用于地质条件较差的地区，地震反应小，用于结构抗震措施的费用少，适用于地震多发区；抗震性能达到九度，抗风荷载可达13级。

7.防火性能

防火墙体、楼板具有0.5h耐火能力，特殊要求可满足2h二级耐火要求。

8.隔声性能优良

超轻钢体是具有非常良好的隔声品质。多层复合的外墙、层间结构计权隔声量大于

45dB，相当于四级酒店标准；厚度 300mm 以上的隔声楼面系统计权标准撞击声压小于 65dB，相当于五级酒店的标准。

9. 保温隔热性能卓越

超轻钢结构采用整体六面（四面墙、天花、地面）外保温，有效防止了冷、热桥效应，避免了墙体结露现象，保温性能好。

10. 高舒适度

超轻钢结构房屋除隔声、保温隔热性能作为基本保障性能外，与木结构一样具有恒温、恒湿、舒适性能。因为其工法均为干式作业，墙体及屋顶采用了纸面石膏板作为内围护基层墙板，因纸面石膏板可以储存超过它体积九倍分子大小，在梅雨季节储存水分，在干燥季节释放水分，材料天然地起到调节湿度的作用；整个外墙敷设单向防风透气膜，达到防风防水的效果，还可以有效地将墙体内部的湿气排出。

第二节　装配式建筑结构设计技术

一、装配式建筑设计技术

装配式建筑设计从设计概念上说，应该和建筑工程设计的传统概念是一致的。设计包括规划、建筑、结构、给排水、电气、设备和装饰。从设计流程上分为方案设计、初步设计和施工图设计。装配式建筑设计的原理和传统设计是相同的，但由于装配式建筑的构件是在工厂生产的，工厂生产必须有一定的规模，所以构件要标准化。因此，装配式建筑设计实际上和传统的建筑设计有很大的区别。传统建筑设计是按建筑工种分别设计后再做工种设计之间的协调，而装配式建筑设计是把工种设计进行集成，进行统一的集成化设计，从而为装配式建筑的构件集成化生产奠定基础。

装配式建筑的建筑设计和传统的建筑设计的理念是一样的。当建筑规划设计完成后，根据设计要求来进行建筑设计。先进行建筑方案设计，方案通过以后，进行建筑初步设计。在建筑初步设计的过程中，与传统设计的方法和使用的计算机软件有很大的不同，现在装配式建筑设计都要求采用建筑信息化软件。BIM 是建筑信息化管理软件，包含了建筑工程的所有工程实施过程管理。装配式建筑的设计是从 BIM 软件的建筑设计模块开始的，是按装配式建筑的建造流程来实施的。

（一）装配式建筑的整体设计

装配式建筑的整体建筑设计按传统的建筑设计理念，考虑用户的需求、建筑的功能、建筑的体量、立面的美观和环境的融合度等因素。但是在做具体的平面、立面、剖面和构造详图设计时和传统的建筑设计就完全不一样。一般做建筑整体设计时可以采用草图方式，先手绘建筑草图，根据草图在 BIM 软件的建筑设计模块上先做建筑构件设计，构件设计完成后，根据设计要求把构件组装成三维建筑整体模型，从而生成建筑的平面、立面和剖面图。

装配式建筑的模型包含有关装配体、单个设备、子装配体的全部数据，是一个名副其实的建筑信息模型。这些数据和三维模型的数据都包含在一个统一的建筑信息模型中，它们之间是相互联系的，同时对装配的程序、怎样装配体都会有一个详细的说明。在设计装配式建筑的过程中，要包含有对建筑构件的设计、构件装配工艺、构件生产工艺、构件维护工艺人员后期的参与。这些都可以通过 BIM 软件进行仿真模拟得到满意的结果。

1. 平面设计要点

装配式建筑的设计与建造是一个系统工程，需要整体设计的思想。平面设计应考虑建筑各功能空间的使用尺寸，并应结合结构构件的受力特点，合理地拆分预制构配件。在满足平面功能需要的同时，预制构配件的定位尺寸还应符合模数协调和标准化的要求。

装配式建筑平面设计应充分考虑设备管线与结构体系之间的协调关系。例如：住宅卫生间涉及建筑、结构、给水排水、暖通、电气等各专业，需要多工种协作完成；平面设计时应考虑卫生间平面位置与竖向管线的关系、卫生间降板范围等问题。同时还应充分考虑预制构件生产的工艺需求。

2. 立面设计要点

（1）预制混凝土具有可塑性，便于实现不同形状的外挂墙板。同时，建筑物的外表面可以通过饰面层的凹凸、虚实、纹理、色彩、质感等手段，实现多样化的外装饰需求；结合外挂墙板的工艺特点，建筑面层还可方便地处理为露骨料混凝土、清水混凝土，从而实现建筑立面标准化与多样化的结合。在生产预制外挂墙板的过程中可将外墙饰面材料与预制外墙板同时制作成型。带有门窗的预制外墙板，其门窗洞口与门窗框间的密闭性不应低于门窗的密闭性。

（2）预制外墙板的各类接缝设计应构造合理、施工方便、坚固耐久，并结合本地材料、制作及施工条件进行综合考虑。

外挂墙板的板缝处，应保持墙体保温性能的连续性。对于夹心外墙板，当内墙体为承重墙板，相邻夹心外墙板间浇筑有后浇混凝土时，在夹心层中保温材料的接缝处，应选用 A 级不燃保温材料，如岩棉等填充。材料防水是靠防水材料阻断水的通路，以达到防水的目的。用于防水的密封材料应选用耐候性密封胶；接缝处的背衬材料宜采用发泡氯丁橡胶或发泡聚乙烯塑料棒；外墙板接缝中于第二道防水的密封胶条，宜采用三元乙丙橡胶、氯丁橡胶或硅橡胶。

构造防水是采取合适的构造形式阻断水的通路，以达到防水的目的。如在外墙板接缝外口设置适当的线型构造（立缝的沟槽，平缝的挡水台、披水等）形成空腔，截断毛细管通路，利用排水构造将渗入接缝的雨水排出墙外，防止向室内渗漏。

（二）装配式建筑构件设计

装配式建筑要坚持规范化、模数化的原则，在对预制构件的设计中，保证构件的规范化和精确化，减少构件的种类，降低工程造价的成本。采用现浇施工形式来应对预制装配式建筑中的异形、降板、开洞多等位置。要注意构件成品的生产可行性、安全性和方便性。在对预制构件进行设计时，如果预制构件的尺寸过大，应适当结合当地建筑节能的要求，合理地增加构件脱模数量和预埋吊点。空调和散热器安装是否得到满足取决于预制外墙板的设计结构是否合适。应尽可能地选取容易安装、自重轻、隔声性能好的隔墙板来作为建筑构造中的非承重内墙。预制装配式建筑室内应结合应力的作用灵活划分，保证主体构造与非承重隔板连接的可靠性与安全性。

预制装配式建筑内装修设计要遵循的原则是部件、装修、建筑一体化，依据国家对部件系统设计的相关规范，预制构件应达到安全经济、节能环保的要求，同时，根据规范相符的部件要成套供应并完成集成化的部品系统。通过对构件与部品参数、接口技术、公差配合的优化来实现和完善构件与部品之间的通用性和兼容性。预制装配式建筑的内装修所要求的材料、设备、设施的使用年限要求，要按照现实环境下的使用状态来去衡量。在装修部品方面要以可变性和适应性为指导原则，做到简化后期的维护改造和安装应用工作。

由于构件的后期生产是一个集成化生产过程，同时还是一个批量生产过程，要有一定数量规模，才有经济效益。因此，装配式建筑的构件设计首先是建筑产品的标准化，也就是说建筑物基本上是统一标准的。构件生产标准化，构件设计首先要模数化和标准化，更要集成化。

装配式建筑构件集成设计，设计的墙板构件是由4层材料构成的，第1层室内装饰层，第2层是结构层，第3层是建筑保温层，第4层是外装饰层。当组装成装配式建筑的墙体时，具有建筑外立面装饰、结构承重、节能和内装饰的功能。

装配式建筑采用BIM技术进行建筑构件的三维设计，可以一边设计一边把构件设计子图保存起来，构建一个装配式建筑的构件库。用构件组装建筑三维模型时可以选择构件库中符合设计要求的构件，避免构件的重复设计。

因为中国经济发展起步晚，建设量非常大，时间又特别集中，建筑工业化还处于相对落后的状态，尽管现在装配式建筑在住宅的发展上有了部分新气象，但是还没有形成规模和气候，产业链也不是非常完善，还需要进一步的支持与促进。

二、装配式结构设计技术

（一）整体结构设计

1. 传统的建筑工程结构设计

传统的建筑结构设计，首先根据建筑设计的要求确定一个结构体系，结构体系包括砌体结构、框架结构、剪力墙结构、框架—剪力墙结构、框架—核心筒结构、钢结构、木结构。当确定好结构体系后，根据结构体系估算构件的截面，包括柱、梁、墙、楼板。有了构件的截面后可以对构件加载应承担的外部荷载。对整个结构体系进行内力分析，保证结构体系中的各构件在外部荷载作用下，保持内力的平衡。在内力平衡的条件下，对构件进行承载力计算，保证构件满足承载力要求（钢筋混凝土构件有足够的配筋），并有一定的安全系数。为了工程施工需要，还要绘制结构施工图（满足结构构造要求），并对图纸进行审核，作为施工的文件。

现在结构设计都要采用计算机软件来实现，手工计算是不能满足要求的，目前国内各大设计院通常采用 PKPM 系列软件来进行建筑结构设计。PKPM 系列软件是中国建筑科学研究院开发的，它是结构设计的计算机辅助设计软件，集结构三维建模、内力分析、承载力计算、计算机成图为一体，从 1992 年开始在国内应用。

2. 装配式建筑结构设计

装配式建筑的结构设计与传统的建筑结构设计有很大的区别。传统的建筑结构设计的图纸是针对施工单位（湿法施工），装配式建筑结构设计的图纸（主要是构件施工图）是针对工厂（生产构件的生产线）。为了使构件生产达到设计要求，装配式建筑的结构设计应在建筑信息模型（BIM）平台上进行。其设计流程是：在 BIM 平台上，利用已经建立的建筑三维模型，用 BIM 中结构设计模块对装配式建筑进行整体结构设计。在结构设计中要考虑结构优化，可能对构件的截面尺寸和混凝土强度等级进行调整。当最终结构体系内力平衡和构件强度达到设计要求以后，建筑设计也可能有所改变，但建筑设计无须再进行设计调整。这就是 BIM 技术的优势。当装配式建筑结构整体设计达到设计要求后，不是按传统方法绘制施工图，而是按构件设计要求绘制构件施工图。构件施工图被送到工厂进行构件批量生产。

（二）构件结构设计

装配式建筑构件的优点是众所周知的，它不仅是建筑施工工业化的标志，同时也为降低成本、节能减排做出不少贡献。近年来，混凝土预制构件在轨道交通领域广为应用，在房屋建筑中的需求量也逐渐增加。虽然行业前景不错，但混凝土预制品行业仍存在不足，其发展面临三个问题：第一，总体产能过剩，开工不足；第二，产品技术水平不高，产品质量差；第三，粉煤灰、沙、石等原料供应紧张。这与发达国家相比仍有很大差距。这种现象与该行业的生产模式及经济秩序是分不开的。虽然很多构件厂已具备相应的技术条件，但由于其与设计、施工单位联系不够紧密，没有良好的衔接管理模式，导致他们不能经济、高效地参与新型项目，制约了其实现生产一体化。

通常来讲，现有混凝土预制构件设计体系有两种：一是设计单位从构件厂已生产的预制构件中挑选出满足条件的来使用；二是设计单位根据需求向构件厂定制混凝土构件。但这两种方式都存在很多不足。首先，构件厂与设计单位沟通困难，联系不够紧密。国内大部分设计师设计时并没有充分考虑预制构件的因素，从而不能设计出好的预制装配式建筑作品，也就不能很好地利用已生产的构件类型，同时也从需求上限制了构件的生产。其次，广大构件厂不具备深化设计的能力，没有大量投入科技研发，新品开发速度缓慢，造成了他们不能满足设计单位的定制要求，也制约了发展。

应用BIM（建筑信息模型）技术，可以全方位解决装配式建筑的构件设计问题。它不仅提供了新的技术，更提出了全新的工作理念。BIM可以让设计师在设计3D图形时就将各种参数融合其中，如物理性能、材料种类、经济参数等，同时在各个专业设计之间共享模型数据，避免了重复指定参数。此时的BIM模型就可以用来进行多方面的应用分析：可以用它进行结构分析、经济指标分析、工程量分析、碰撞分析等。虽然目前在国内BIM的应用仍以设计为主，但实际上它的最大价值在于可以应用到构件的设计、生产、运营的整个周期，起到优化、协同、整合作用。装配式建筑构件结构设计主要包括以下几方面内容。

1. 构件设计：遵循《建筑结构荷载规范》（GB50009）、《混凝土结构设计规范》（GB50010）、《装配式混凝土结构技术规程》（JGJ1—2014）的要求，参考15G365、15G366等标准图集的规定要求。

2. 节点连接：剪力墙与填充墙之间采用现浇约束构件进行连接。剪力墙纵向钢筋采用"套筒灌浆连接"，Ⅰ级接头。预制叠合板与墙采用后浇混凝土连接。

3. 构件配筋：将软件计算及人为分析干预计算后的配筋结果进行钢筋等量代换，作为装配式混凝土预制构件的配筋依据。

4. 构件设计根据建筑结构的模数要求，对结构进行逐段分割。其中外墙围护结构划分出由"T""一"节点连接的外墙板节段；内墙分隔结构划分出由"T""一"节点连接的内墙板节段；其中走廊顶设置过梁卫生间，阳台采用降板现浇设计。装配式结构设计规划完成后，对原建筑外形重新进行修正，使建筑图符合结构分割需要。

5. 建立构件模型，有单向叠合板、双向叠合板、三明治剪力墙外墙板、三明治外墙填充板、内墙板、叠合梁、楼梯、外墙转角、空调板，共9种类型的预制板。

装配式建筑的构件设计是在结构整体设计的基础上，经过内力分析和强度计算（配筋计算），各结构构件已经有了配筋结果，然后送到工厂进行生产。

为了装配式建筑在组装时更加方便，可以把构件组合成部件，在工厂进行生产。例如阳台可以做成部件。

装配式建筑的构件生产以后，在指定的场地进行组装。为保证建筑的精度和构件连接的强度，还要进行构件的节点设计。节点设计的重点是既要保证构件的定位，又要保证构件之间连接的强度。因此，构件的节点设计既要有构件的定位孔（或连接螺栓），又要有构件之间的连接钢筋。装配式建筑的结构设计在进行整体结构内力分析、强度计算后，就可以进行构件设计。但是，进行构件设计时要考虑其他工种，包括水、电、装饰、通信等。完成集成化设计，最后由工厂进行生产。

第三节　装配式建筑应用

一、框架——剪力墙结构

龙信建设集团有限公司技术体系分两种。一是公建预制装配式技术，在100m以下公共建筑中采用装配整体式框架 - 现浇剪力墙结构体系，柱、梁、叠合板、楼梯、阳台预制装配，剪力墙现浇。二是住宅预制装配式技术，在100m以下住宅中采用的是装配整体式剪力墙结构体系，叠合板、楼梯、阳台预制，内外墙部分预制并采用套筒连接，暗柱部分采用预制外墙模（PCF），叠合层现浇；内隔墙采用预制成品拼装。

龙信老年公寓项目位于海门市新区龙馨家园小区，总建筑面积为 21 265.1m²，地上25 层。本项目采用预制装配整体式框架 - 剪力墙结构，预制率为52%，总体装配率达到80%，全装修，项目整体取得了绿色二星证书。本工程是以现行设计规范和现有施工技术为基础，以合理控制成本、便于施工为原则，以绿色建筑、绿色建造为目标的预制装配整体式框架 - 剪力墙结构的创新工程。

项目技术创新之处主要表现在以下几个方面：在行业标准《预制预应力混凝土装配整体式框架结构技术规程》JGJ224—2010 的基础上，优化了梁柱连接节点，使节点的抗震性能更可靠；楼板采用非预应力叠合板，预制板端另增设小直径连接钢筋，在满足板底钢筋支座锚固要求的前提下，方便了叠合板的吊装就位；采用 CSI 住宅建筑体系。随着我国建筑行业的不断发展和进步，传统的建筑模式已经满足不了行业发展的趋势。近些年来，装配式建筑在全国各地逐步发展。目前，装配式建筑在我国应用最多的还是在工业厂房（例如装配式钢结构工业厂房）建造方面。

1. 建筑专业

（1）标准化设计

龙信老年宾馆项目的建筑设计遵循装配式建筑"简洁、规整"的设计原则，平面布置简单、灵活，同时可根据实际功能使用要求进行平面布局调整。建筑平面柱网尺寸只有三种：8 400mm×7 100mm、8 400mm×4 900mm 及 8 400mm×5 400mm。由于柱网尺寸种类相对较少，柱梁截面种类减少，有利于建筑设计标准化，部品生产工厂化，现场施工装配化，土建装修一体化，过程管理信息化。十层以上原设计为单开间公寓房，后根据实际需求，大部分已调整为两开间公寓套房，经济效益明显。

立面在尊重原有建筑立面风格的基础上，采用了清水混凝土，整个立面效果简洁、大方，充分体现了装配式建筑特点，别具一格，获得好评。接缝构造处理到目前为止防水效果良好，用材也比较经济，取得良好经济效益。

（2）主要预制构件及部品设计

主要预制构件有：预制柱、预制梁、叠合板、预制楼梯、预制阳台与空调隔板、预制外墙挂板等。

2. 结构专业

（1）预制与现浇相结合的结构设计

主体结构设计：

龙信老年公寓项目为装配整体式框架现浇剪力墙结构，具有结构技术体少、经济效益高、建造工期短、绿色环保、安全高效、省人省力等优点，完全符合低碳、节能、绿色、生态和可持续发展等理念。

本工程地下二层以及1~3层，由于功能复杂及结构需要，采用传统现浇结构；4~24层标准层采用预制装配式结构，标准层剪力墙采用现浇，与剪力墙相连的框架柱考虑到连接需要也采用现浇结构形式，其余构件采用预制。预制构件包括预制柱、预制梁、叠合板、预制楼梯、预制阳台与隔板、外墙挂板。预制率达53.6%。

（2）节点设计

装配整体式框架结构梁柱节点采用湿式连接，即节点区主筋及构造加强筋全部连接，节点区采用后浇混凝土及灌浆材料将预制构件连为整体，才能实现与现浇节点性能的等同。预制构件柱采用高标号混凝土，强度及刚度大一些，梁可采用低标号混凝土，强度及刚度适当弱一些，符合"强柱弱梁"的抗震设计要求。竖向构件预制柱之间采用套筒灌浆连接，框架梁接头与框架梁柱节点处水平钢筋宜采用机械连接或焊接。

套筒灌浆连接具有连接简单、不影响钢筋、适用范围广、误差小、效率高、构件制作容易、现场施工方便等优点。采用套筒灌浆连接，能提高构件节点处的刚度，使其具有足够的抗震性能。

3. 水暖电专业

装配式混凝土预制构件中机电安装预埋是体现建筑工业化的一个重要组成部分，也是区别于传统安装方式的关键所在。

装配式建筑工程中，如何实现土建、安装、装修一体化；如何使机电安装的预留预埋提高使用率；如何降低机电安装在构件加工、安装时的难度和提高预制构件中安装预埋的质量；如何保证机电安装各专业管路在预制构件中的准确性；如何缩短机电安装工程在预制构件装配式工程预埋的时间，使整体工程项目的工期缩短；如何满足工程质量及规范要求等问题，是工程建造过程中需重点解决的问题。

（1）提高机电安装在混凝土预制构件中的预留预埋的准确率，要使机电专业与装配式结构有效地结合，前提条件必须所有设计前置，不能进行"三边"工程，而且后面的装修设计也必须前置，有效地结合结构、机电、装修三方面进行综合考虑。以卧室布局设计为例，传统的建筑只考虑机电点位布局的存在，而后等精装修的图纸下来后，再对机电预埋图和精装修的必要点位进行移位或增加。装配式结构必须提前考虑到精装修的床宽、床头柜的高度、床对面电视机布置的位置等进行各方位的定位，在预制构件上进行实体性的预埋。

主体装配结构的协调技术中借助了 BIM 技术，先用软件将土建的模型基本构架建立起来，再进行装修布局的建模，而后再考虑机电专业的原始蓝图及装修后需要优化的管路进行建模，达到零碰撞，最后进行构件设计。这样的本意是让项目在模型中进行预安装，再结合各专业人员进行会审，使其在工程中出现的各种问题都有效地在模型中得以解决。

（2）降低装配式结构机电预埋的安装难度

传统式的各种预埋都需由现场监理做隐蔽验收，然而如何在装配式结构中提高机电专业的施工质量是一个极其关键的问题，可以请现场监理去工厂对预制构件中的预留预埋管线进行验收核实，也可以组织人员进行系统的预制构件机电研究，如组织 QC 小组、集团技术质量小组等对装配机电安装进行研究，同时编制关于装配式结构的工法，确保机电安装在预制构件中的质量。简化预留套管在预制梁中的操作过程，传统的预留套管要进行焊接固定等，而在预制梁中采用了"装配式混凝土构件内机电管线预埋施工工法"，确保了其预留套管不要焊接也能固定，简化了施工工艺，同时也确保了质量。

（3）缩短装配式结构预埋预留的工艺时间

通过提高装配式预制梁内套管预留质量，可有效降低机电安装时间。采用集成卫浴、集成厨房，也可以有效降低装配工期。在预制板内，针对机电各类线盒的预埋，运用了红外线定位仪，把现有各类机电模型导入其装置，不需要人工一个一个定位，只要符合模型进行红外扫射定位，定位好后进行人工复核就可，大大降低了工厂人工的需求。

预制构件生产过程中，由安装专业技术、施工人员配合，将线盒、管线等进行精确定位并预埋，与构件一次性浇筑成型。

二、叠合板式剪力墙结构

惠南万华城 23 号楼是宝业集团牵头在上海打造的装配式住宅示范工程，也是第一栋以 EPC 模式建造的装配式建筑。项目位于上海市浦东新区惠南新市镇，建筑面积9 775.24m²，地上 13 层，地下 1 层。工程采用双面叠合剪力墙结构体系，从设计理念到设计方法全部按照装配式建筑理念考虑。单体建筑混凝土预制率达到 50% 以上。

在此项目设计和建造过程中，充分体现了产学研结合的特点，将近年来装配式建筑的研究成果和示范工程相结合，实现成果的示范和转化。其主要拥有以下创新点：适合上海本地的装配式住宅建筑结构体系、基于叠合楼板的全生命周期可变房型建筑设计技术、双面合剪力墙结构设计技术、预制装配式工业外墙防水技术、侧墙式同层排水技术、适老性室内设计等。

该项目以 BIM 信息化技术为平台，通过模型数据的无缝传递、串联设计和生产制造环节，并结合环境性能分析，对建筑物周围环境进行综合考虑，有效提升了建筑整体质量和性能。通过本项目的示范，促进住宅可变房型及标准化设计理念在实际工程中的应用，推进了装配式建筑的发展。

（一）典型工程案例简介

1. 基本信息

项目名称：上海浦东新区惠南新市镇 17-11-05、17-11-08 地块项目 23 号楼。

项目地点：西至西乐路，北至南六灶港，东至听潮路，南至宜黄公路。

开发单位：上海宝筑房地产开发有限公司。

设计单位：上海现代建筑设计（集团）有限公司。

深化设计单位：宝业集团上海建筑工业化研究院。

施工单位：浙江宝业建设集团有限公司。

预制构件生产单位：绍兴宝业西伟德混凝土预制件有限公司。

进展情况：于 2015 年 1 月完成主体结构施工安装工作。

2. 项目概况

上海浦东新区惠南新市镇 17-11-05、17-11-08 地块项目 23 号楼是装配式建筑示范项目，建筑面积 9 755m²，地上 13 层，地下 1 层。于 2014 年 5 月完成主要方案设计、施工图设计和管理部门评审工作，并随即开展预制构件生产和施工准备工作，于 2014 年 9 月开始结构吊装工作，2015 年 1 月完成主体结构施工安装工作，2015 年 6 月竣工并完成样板房装修。在此期间接待了行业内众多同行和专家的考察交流。23 号楼采用了叠合式混凝土剪力墙结构体系，梁、阳台和楼梯等亦采用预制，预制率为 48.2%。

（二）装配式建筑技术应用

1. 建筑专业

23 号楼作为装配式住宅的示范楼，地上总层数为 13 层，地下 1 层，标准层层高 2.9m，总建筑高度 37.7m。采用四梯八户共四个单元的户型设置，每单元 1 台电梯和 1 部疏散楼梯，地下一层为自行车库及设备用房。

住宅房型设计以标准化、模块化为基础采用大空间可变房型设计。住宅顶层屋面采用现浇楼板，其余楼层的竖向构件、水平构件、楼梯、阳台均采用预制。建筑平面规则、建筑立面简洁明快，具有装配式建筑特点。

（1）标准化设计

该项目的户型为 87m²，每个开间都位于模数网格内，开间尺寸满足模数化要求。设计基于标准模数系列，形成标准化的功能模块，设计了标准的房间开间模数，标准的门窗模数，标准的厨卫模块，并将这些标准化的建筑功能模块组合成标准的住宅单元。

（2）主要部品标准化设计

根据标准化的模块进行标准化的部品设计，形成标准化的楼梯构件、标准化的空调板构件、标准化的阳台构件，大大减少结构构件数量，为建筑规模量化生产提供基础，显著提高构配件的生产效率，有效地减少材料浪费，节约资源、节能降耗。

2. 结构专业

（1）预制与现浇相结合的结构设计

采用装配整体式剪力墙结构体系，主要预制构件包含叠合墙板、叠合楼板、叠预制阳台、预制空调板、预制楼梯。对 23 号楼单体内各类型的预制构件进行统计，单体建筑预制率为 48.2%。

（2）抗震设计

结构抗震分析采用了如下设计基本假定：

1）在结构内力与位移计算时，叠合楼盖假定楼盖在其自身平面内为无限刚性。

2）梁刚度增大系数按照《混凝土结构设计规范》GB50010—2010（2015 年版）5.2.4 条执行，可根据翼缘情况取 1.3~2.0。

3）水平荷载作用下，按照弹性方法计算的楼层层间最大位移角应满足《建筑抗震设计规范》GB 50011—2010（2016 年版）5.5.1 要求。

（3）节点设计

本工程叠合楼板采用密拼方式连接，预制板厚度为 50mm，现浇混凝土厚度根据楼板总厚度分为 90mm 和 130mm，接缝处附加板底通长钢筋。双面叠合墙板水平和竖向接缝间应布置连接钢筋，连接钢筋直径和放置位置应与叠合墙板内分布筋相同，不允许放置单排连接钢筋。水平接缝处竖向连接钢筋放置于叠合墙板芯板层，上下交错 500mm 放置，且锚固长度不得小于 1.2laE；竖向接缝处水平连接钢筋放置于叠合墙板芯板层，锚固长度不得小于 1.2laE。

双面叠合墙板拼接节点处采用现浇，现浇节点区域应满足《装配式混凝土结构技术规程》JGJ1—2014 和《高层建筑混凝土结构技术规程》JGJ3—2010 相关规定。现浇节点和预制叠合墙板直接连接钢筋直径不应小于叠合墙板内分布筋。

本工程叠合墙板与现浇主体之间采用连接可靠、构造简单、施工便捷、防水性优异的标准化节点，如 L 形、T 形和一字形节点，配套模板同样标准化设计，达到降低施工难度、节约成本、提高效率的目的。

3. 水暖电专业

水暖电专业的集成是装配式建筑的重要内容，采用 BIM 软件将建筑、结构、水暖电专业通过信息化技术的应用，将水暖电点位与主体装配式结构实现集成化，并检测各专业间在生产、施工过程中的碰撞问题。

4. 全装修技术应用

本工程贯彻集成技术的应用，融入外墙一体化、同层排水系统、整体卫浴、预制装配式建筑干式内装系统等全装修技术。

外墙是建筑围护的重要组成部分，外墙一体化保证了建筑防水、防火、保温、安全及美观等一系列环节的施工质量。设计中尝试采用外保温的形式，在工厂尝试将外保温与叠合墙板预制成型，并在窗下口增设防水措施。外墙一体化的设计杜绝了长期以来保温板施工的各种缺陷。

同层排水系统的管道不穿过楼板，防止噪声对楼下住户的干扰；解决卫生死角，采用挂式洁具，方便清扫，彻底解决卫生间死角；个性化设计，不受坑距限制，避免上下卫生间须对齐的尴尬，卫生间布局自由；防渗漏、与建筑同寿命、性能优异的管道管材，且管材不受混凝土挤压，有效避免渗漏发生。

整体式卫浴系统采用定制化生产，工业化程度高；接缝少，全圆弧边角，布局合理，易清洗；施工效率高，两个工人一天即可安装一间卫生间；节能环保，不污染环境、不产生建筑垃圾，保温隔热性能优良；隔声降噪，整个卫浴间与主体分开，大大降低卫浴间噪声对周围环境影响。

5. 信息化技术应用

工程项目设计阶段：通过对专用 BIM 设计软件进行接口开发，将三维数字模型传输到系统平台上，各专业的设计人员通过密切协调完成装配式建筑预制构件各类预理和预留的设计，并快速地传递各自专业的设计信息。通过碰撞与自动纠错功能，自动筛选出各专业之间的设计冲突，帮助各专业设计人员及时找出专业设计中存在的问题。

预制构件生产阶段：BIM 模型直接获取产品的尺寸、材料、钢筋等参数信息，所有的设计数据直接转换为加工数据，制订相应的构件生产计划，向施工部门传递构件生产的进度信息。在信息化平台上将信息模型与预制构件所有信息进行关联，有效地保证了预制构件的质量，建立起装配式建筑质量可追溯机制。

项目施工阶段：利用 BIM 技术进行装配式建筑的施工模拟和仿真，对施工流程进行优化；同时对施工现场的场地布置和车辆并行路线进行优化，减少预制构件、材料场地内二次搬运，提高垂直运输机械的吊装效率，加快装配式建筑的施工进度。

通过信息化平台将设计、生产、施工有机串联，形成一体化数字设计、机器化生产、信息化项目管理，提高工程项目数据资源利用水平和信息化管控能力，实现全专业的协同和集成，在设计、生产、施工和运营全生命周期中，发挥装配式建筑和信息化技术的高效搭配。

第五章　高层建筑结构施工

第一节　垂直与运输

高层建筑具有建筑高度大、基础埋置深度大、施工周期长、施工条件复杂，即高、深、长、杂的特点。因此，高层建筑在施工中要解决垂直运输高程大，吊装运输量大，建筑材料、制品、设备数量多，要求繁杂，人员交通量大等问题。解决这些问题的关键之一就是正确选择合适的施工机具。

另外，由于高层建筑施工使用机械设备的费用占土建总造价的 5%~10%，因此，合理地选用和有效地使用机械，对降低高层建筑的造价能起到一定的作用。

一、塔式起重机

塔式起重机是一种具有竖直塔身的全回转臂式起重机。起重臂安装在塔身顶部，形成"T"形的工作空间。它具有较高的有效高度和较大的工作半径，且机械运转安全可靠，使用和装拆方便，因此被广泛用于多层和高层的工业与民用建筑的结构安装。

（一）塔式起重机的类型

由于塔式起重机具有提升、回转和水平运输的功能，且生产效率高，尤其在吊运长、大、重的物料时有明显的优势，在有条件的情况下宜优先采用。塔式起重机一般分为固定式、附着式、轨道（行走）式、爬升式等几种。

1. 固定式塔式起重机

固定式塔式起重机的底架安装在独立的混凝土基础上，塔身不与建筑物拉结。QTZ63型塔式起重机是按最新颁布的塔式起重机标准设计的新型起重机械，主要由金属结构、工作机构、液压顶升系统、电气设备及控制部分等组成。

2. 附着式塔式起重机

附着式塔式起重机是固定在建筑物近旁的钢筋混凝土基础上，借助锚固支杆附着在建筑物结构上的起重机械。它可以借助顶升系统随着建筑施工进度而自行向上接高。采用这种形式可减小塔身的长度，增大起升高度，一般规定每隔 20 m 将塔身与建筑物用锚固装置连接。这种塔式起重机宜用于高层建筑的施工。

例如，QTZ100 型塔式起重机具有独立式、附着式等多种使用形式，独立式起升高度为 50 m，附着式起升高度为 120 m。其塔机基本臂长为 54 m，额定起重力矩为 1 000 kN·m，最大额定起重量为 80 kN，加长臂为 60 m，可吊 12 kN 的重物。

附着式塔式起重机的顶部有套架和液压顶升装置，需要接高时，利用塔顶的行程液压千斤顶将塔顶上部结构顶高，用定位销固定，千斤顶回油，推入标准节，用螺栓与下面的塔身连成整体，每次接高 2.5 m。

3. 轨道（行走）式塔式起重机

轨道（行走）式塔式起重机是一种能在轨道上行驶的起重机。这种起重机可负荷行走，有的只能在直线轨道上行驶，有的可沿 L 形或 U 形轨道行驶，轨道（行走）式塔式起重机应用广泛，有塔身回转式和塔顶旋转式两种。

TQ60/80 型是轨道（行走）式上回转、可变塔高的塔式起重机。

4. 爬升式塔式起重机

爬升式塔式起重机是一种安装在建筑物内部（电梯井或特设开间）结构上，借助套架托梁和爬升系统或上、下爬升框架和爬升系统自身爬升的起重机械，一般每隔 1 或 2 层楼爬升一次。这种起重机主要用于高层建筑施工。

爬升式塔式起重机的特点是：塔身短、起升高度大而且不占建筑物的外围空间；司机作业时看不到起吊过程，全靠信号指挥，施工完成后拆塔工作属于高空作业等。

爬升式塔式起重机的爬升过程主要分为准备状态、提升套架和提升起重机三个阶段。

（1）准备状态：将起重小车收回到最小幅度处，下降吊钩，吊住套架并松开固定套架的地脚螺栓，收回活动支腿，做好爬升准备。

（2）提升套架：首先开动起升机构将套架提升至两层楼高度时停止；接着摇出套架四角活动支腿并用地脚螺栓固定；最后松开吊钩升高至适当高度并开动起重小车到最大幅度处。

（3）提升起重机：先松开底座地脚螺栓，收回底座活动支腿，开动爬升机构将起重机提升至两层楼高度停止，接着摇出底座四角的活动支腿，并用预埋在建筑结构上的地脚螺栓固定，至此，提升过程结束。

（二）塔式起重机的工作参数

塔式起重机的主要参数是：回转半径、起重量、起重力矩和起升高度（吊钩高度）。

1. 回转半径

回转半径是指工作半径或幅度，即从回转中心线至吊钩中心线的水平距离。在选定塔式起重机时要通过建筑外形尺寸，做图确定回转半径，然后考虑塔式起重机起重臂长度、工程对象、计划工期、施工速度以及塔式起重机配置台数，最后确定适用的塔式起重机。一般来说，体型简单的高层建筑仅需配置一台自升塔式起重机，而体型庞大复杂、工期紧迫的高层建筑则需配置两台或多台自升塔式起重机。

2. 起重量

起重量是指所起吊的重物、铁扁担、吊索和容器重量的总和。起重量参数分为最大幅度时的额定起重量和最大起重量，前者是指吊钩滑轮位于臂头时的起重量，后者是指吊钩滑轮以多倍率（3绳、4绳、6绳或8绳）工作时的最大额定起重量。对于钢筋混凝土高层及超高层建筑来说，最大幅度时的额定起重量极为关键。若是全装配式大板建筑，最大幅度起重量应以最大外墙板重量为依据。若是现浇钢筋混凝土建筑，则应按最大混凝土料斗容量确定所要求的最大幅度起重量。对于钢结构高层及超高层建筑，塔式起重机的最大起重量是关键参数，应以最重构件的重量为准。

3. 起重力矩

起重力矩是起重量与相应工作幅度的乘积。对于钢筋混凝土高层和超高层建筑，重要的是最大幅度时的起重力矩必须满足施工需要。对于钢结构高层及超高层建筑，重要的是最大起重量时的起重力矩必须符合需要。

4. 起升高度（吊钩高度）

起升高度（吊钩高度）是自钢轨顶面或基础顶面至吊钩中心的垂直距离。塔式起重机进行吊装施工所需要的起升高度同幅度参数一样，可通过作图和计算加以确定。

（三）塔式起重机的安全操作

1. 塔式起重机的轨道基础

（1）塔式起重机的轨道基础应符合下列要求：

1）路基承载能力：轻型（起重量在 30 kN 以下）应为 60~100 kPa；中型（起重量为 31~150 kN）应为 101~200 kPa；重型（起重量在 150 kN 以上）应为 200 kPa 以上。

2）每间隔 6 m 应设置一个轨距拉杆，轨距允许偏差为公称值的 1/1 000，且不超过 ±3 mm。

3）在纵、横方向上，钢轨顶面的倾斜度不得大于 1/1 000。

4）钢轨接头间隙不得大于 4 mm，并应与另一侧轨道接头错开，错开距离不得小于 1.5 m，接头处应架在轨枕上，两轨顶高度差不得大于 2 mm。

5）距轨道终端 1 m 处必须设置缓冲止挡器，其高度不应小于行走轮的半径。在距轨道终端 2m 处必须设置限位开关碰块。

6）鱼尾板连接螺栓应紧固，垫板应固定牢靠。

（2）起重机的混凝土基础应符合下列要求：

1）混凝土强度等级不低于 C35。

2）基础表面平整度允许偏差不大于 1/1 000。

3）埋设件的位置、标高和垂直度以及施工工艺必须符合出厂说明书的要求。

（3）起重机的轨道基础或混凝土基础待验收合格后方可使用。

（4）起重机的轨道基础两旁、混凝土基础周围应修筑边坡和排水设施，并应与基坑保持一定的安全距离。

2. 塔式起重机的安装

（1）安装前应根据专项施工方案对塔式起重机基础的下列项目进行检查，确认合格后方可实施。

1）基础的位置、标高、尺寸。

2）基础的隐蔽工程验收记录和混凝土强度报告等相关资料。

3）安装辅助设备的基础、地基承载力、预埋件等。

4）基础的排水措施。

（2）安装作业应根据专项施工方案要求实施。安装作业人员应分工明确、职责清楚。安装前应对安装作业人员进行安全技术交底。

（3）安装辅助设备就位后，应对其机械和安全性能进行检验，合格后方可作业。

在实际应用中，经常发现因安装辅助设备自身安全性能出现故障而发生塔式起重机安全事故，所以要对安装辅助设备的机械性能进行检查，合格后方可使用。

（4）安装所使用的钢丝绳、卡坏、吊钩和辅助支架等起重机具均应符合规定，并经检查合格后方可使用。

（5）在安装作业中应统一指挥，明确指挥信号。当视线受阻、距离过远时，应采用对讲机或多级指挥。

（6）自升式塔式起重机的顶升加节应符合下列要求：

1）顶升系统必须完好。

2）结构件必须完好。

3）顶升前，塔式起重机下支座与顶升套架应可靠连接。

4）顶升前，应确保顶升横梁搁置正确。

5）顶升前，应将塔式起重机配平；在顶升过程中，应确保塔式起重机的平衡。

6）顶升加节的顺序应符合产品说明书的规定。

7）在顶升过程中，不应进行起升、回转、变幅等操作。

8）顶升结束后，应将标准节与回转下支座可靠连接。

9）塔式起重机加节后需进行附着的，应按照先装附着装置、后顶升加节的顺序进行，附着装置的位置和支撑点的强度应符合要求。

（7）塔式起重机的独立高度、悬臂高度应符合产品说明书的要求。

（8）雨雪、浓雾天气下严禁进行安装作业。安装时塔式起重机最大高度处的风速应符合产品说明书的要求，且风速不得超过 12 m/s。

（9）塔式起重机不宜在夜间进行安装作业；特殊情况下，必须在夜间进行塔式起重机安装和拆卸作业时，应保证提供足够的照明。

（10）特殊情况下，当安装作业不能连续进行时，必须将已安装的部位固定牢靠并达到安全状态，经检查确认无隐患后，方可停止作业。

（11）电气设备应按产品说明书的要求进行安装，安装所用的电源线路应符合现行行业标准《施工现场临时用电安全技术规范》（JGJ 46—2005）的要求。

（12）塔式起重机的安全装置必须齐全，并应按程序进行调试合格。

（13）连接件及其防松防脱件应符合规定要求，严禁用其他代用品代替。连接件及其防松防脱件应使用力矩扳手或专用工具紧固连接螺栓，使预紧力矩达到规定要求。

（14）安装完毕后，应及时清理施工现场的辅助用具和杂物。

3.塔式起重机的使用

（1）塔式起重机的起重司机、起重信号工、司索工等操作人员应取得特种作业人员资格证书，严禁无证上岗。

（2）塔式起重机使用前，应对起重司机、起重信号工、司索工等作业人员进行安全技术交底。

（3）塔式起重机的力矩限制器、重量限制器、变幅限位器、行走限位器、高度限位器等安全保护装置不得随意调整或拆除，严禁用限位装置代替操纵机构。

（4）塔式起重机进行回转、变幅、行走、起吊动作前应示意警示。起吊时应统一指挥，明确指挥信号；当指挥信号不清楚时，不得起吊。

（5）塔式起重机起吊前，当吊物与地面或其他物件之间存在吸附力或摩擦力而未采取处理措施时，不得起吊。

（6）塔式起重机起吊前，应对安全装置进行检查，确认合格后方可起吊；安全装置失灵时，不得起吊。

（7）塔式起重机起吊前，应按《建筑施工塔式起重机安装、使用、拆卸安全技术规程》（JGJ 196—2010）第6章的要求对吊具与索具进行检查，确认合格后方可起吊；吊具与索具不符合相关规定的，不得用于起吊作业。

（8）塔式起重机与架空输电线的安全距离应符合现行国家标准《塔式起重机安全规程》（GB 5144—2006）的规定。

（9）塔式起重机不得起吊重量超过额定荷载的吊物，且不得起吊重量不明的吊物。

（10）在吊物荷载达到额定荷载的90%时，应先将吊物吊离地面200~500 mm后，检查机械状况、制动性能、物件绑扎情况等，确认无误后方可起吊。对有晃动的物件，必须拴拉溜绳使之稳固后方可吊起。

（11）物件起吊时应绑扎牢固，不得在吊物上堆放或悬挂其他物件；起吊零星材料时，必须用吊笼或钢丝绳绑扎牢固；当吊物上站人时不得起吊。

（12）标有绑扎位置或记号的物件，应按标明位置绑扎。钢丝绳与物件的夹角宜为45°~60°。吊索与吊物棱角之间应有防护措施；未采取防护措施的，不得起吊。

（13）作业完毕后，应松开回转制动器，各部件置于非工作状态，控制开关置于零位，并应切断总电源。

（14）轨道（行走式）塔式起重机停止作业时，应锁紧夹轨器。

（15）塔式起重机的使用高度超过 30 m 时应配置障碍灯，起重臂根部绞点高度超过 50 m 时应配备风速仪。

（16）严禁在塔式起重机塔身上附加广告牌或其他标语牌。

（17）每班作业应做好例行保养，并应做好记录。记录的主要内容应包括结构件外观、安全装置、传动机构、连接件、制动器、索具、夹具、吊钩、滑轮、钢丝绳、液位、油位、油压、电源、电压等。

（18）实行多班作业的设备，应执行交接班制度，认真填写交接班记录，接班司机经检查确认无误后，方可开机作业。

（19）塔式起重机应实施各级保养。转场时，应做转场保养，并做好记录。

（20）塔式起重机的主要部件和安全装置等应进行经常性检查，每月不得少于一次，并应做好记录，发现有安全隐患时应及时进行整改。

（21）当塔式起重机使用周期超过一年时，应按《建筑施工塔式起重机安装、使用、拆卸安全技术规程》（JGJ 196—2010）进行一次全面检查，合格后方可继续使用。

（22）使用过程中塔式起重机发生故障时，应及时维修，维修期间应停止作业。

4.塔式起重机的拆卸

（1）塔式起重机拆卸作业宜连续进行；当遇特殊情况，拆卸作业不能继续时，应采取措施保证塔式起重机处于安全状态。

（2）当用于拆卸作业的辅助起重设备设置在建筑物上时，应明确设置位置、锚固方法，并应对辅助起重设备的安全性及建筑物的承载能力等进行验算。

（3）拆卸前应检查主要结构件、连接件、电气系统、起升机构、回转机构、变幅机构、顶升机构等。发现隐患应采取措施，解决后方可进行拆卸作业。

（4）附着式塔式起重机应明确附着装置的拆卸顺序和方法。

（5）自升式塔式起重机每次降节前，应检查顶升系统和附着装置的连接等，确认完好后方可进行作业。

（6）拆卸时应先降节、后拆除附着装置。塔式起重机的自由端高度应符合规定要求。

（7）拆卸完毕后，应拆除为塔式起重机拆卸作业而设置的所有设施，清理场地上作业时所用的吊索具、工具等各种零配件和杂物。

二、外用施工电梯

外用施工电梯又称建筑施工电梯或施工升降机，是一种安装于建筑物外部，在施工期间用于运送施工人员及建筑器材的垂直提升机械，也是高层建筑施工中垂直运输使用最多的一种机械。其已被公认为高层建筑施工中不可缺少的关键设备之一。

（一）外用施工电梯的类型

国产外用施工电梯一般可分为齿轮齿条驱动式、钢丝绳轮驱动式两类。

1. 齿轮齿条驱动式外用施工电梯

齿轮齿条驱动式外用施工电梯是利用安装在吊笼框架上的齿轮与安装在塔架立杆上的齿条相啮合，当电动机经过变速机构带动齿轮转动时，吊笼即沿塔架升降。

齿轮齿条驱动式外用施工电梯按吊笼数量可分为单吊笼式和双吊笼式两类。每个吊笼可配用平衡重，也可不配平衡重。同不配用平衡重的相比，配用平衡重的吊笼在电机功率不变的情况下承载能力可稍有提高。按承载能力，外用施工电梯可分为两种：一种载重量为 1 000 kg 或载乘员 11~12 人，另一种载重量为 2 000 kg 或载乘员 24 名。国产外用施工电梯大多属于前者。

2. 钢丝绳轮驱动式外用施工电梯

钢丝绳轮驱动式外用施工电梯利用卷扬机、滑轮组，通过钢丝绳悬吊吊笼升降。此类外用施工电梯是由我国的一些科研单位和生产厂家合作研制的。

钢丝绳轮驱动式外用施工电梯又称施工升降机。有的人货两用，可载货 1 000 kg 或载乘员 8~10 人；有的只用于运货，载重也可达到 1 000 kg。

（二）外用施工电梯的选择

1. 高层建筑外用施工电梯的机型选择，应根据建筑体型、建筑面积、运输总量、工期要求以及施工电梯的造价与供货条件等确定。

2. 现场施工经验表明，20 层以下的高层建筑，宜采用钢丝绳轮驱动式外用施工电梯，25~30 层以上的高层建筑选用齿轮齿条驱动式外用施工电梯。

3. 一台外用施工电梯的服务楼层面积为 600 m²，可按此数据为高层建筑工地配备外用施工电梯。为缓解高峰时运载能力不足的矛盾，应尽可能选用双吊厢式施工电梯。

（三）外用施工电梯的使用

1. 施工升降机的安装

（1）安装作业人员应按施工安全技术交底内容进行作业。

（2）安装单位的专业技术人员、专职安全生产管理人员应进行现场监督。

（3）施工升降机的安装作业范围应设置警戒线及明显的警示标志。非作业人员不得进入警戒范围。任何人不得在悬吊物下方行走或停留。

（4）进入现场的安装作业人员应佩戴安全防护用品，高处作业人员应系安全带、穿防滑鞋。作业人员严禁酒后作业。

（5）安装作业中应统一指挥，明确分工。进行危险部位安装时应采取可靠的防护措施。当指挥信号传递困难时，应使用对讲机等通信工具进行指挥。

（6）当遇大雨、大雪、大雾或风速大于 13 m/s 等恶劣天气时，应停止安装作业。

（7）电气设备安装应按施工升降机使用说明书的规定进行，安装用电应符合现行行业标准《施工现场临时用电安全技术规范》（JGJ 46—2005）的规定。

（8）施工升降机的金属结构和电气设备金属外壳均应接地，接地电阻不应大于 4Ω。

（9）安装时应确保施工升降机的运行通道内无障碍物。

（10）安装作业时必须将按钮盒或操作盒移至吊笼顶部操作。当导轨架或附墙架上有人员作业时，严禁开动施工升降机。

（11）传递工具或器材不得采用投掷的方式。

（12）在吊笼顶部作业前应确保吊笼顶部护栏齐全完好。

（13）吊笼顶上所有的零件和工具应放置平稳，不得超出安全护栏。

（14）在安装作业过程中，安装作业人员和工具等总荷载不得超过施工升降机的额定安装载重量。

（15）当安装吊杆上有悬挂物时，严禁开动施工升降机，严禁超载使用安装吊杆。

（16）层站应为独立受力体系，不得搭设在施工升降机附墙架的立杆上。

（17）当需要安装导轨架加厚标准节时，应确保普通标准节和加厚标准节的安装部位正确，不得用普通标准节替代加厚标准节。

（18）安装导轨架时，应对施工升降机导轨架的垂直度进行测量校准。

（19）接高导轨架标准节时，应按使用说明书的规定进行附墙连接。

（20）每次加节完毕后，应对施工升降机导轨架的垂直度进行校正，且应按规定及时重新设置行程限位和极限限位，经验收合格后方能运行。

（21）连接件和连接件之间的防松防脱件应符合使用说明书的规定，不得用其他物件代替。对有预紧力要求的连接螺栓，应使用扭力扳手或专用工具，按规定的拧紧次序将螺栓准确地紧固到规定的扭矩值。安装标准节连接螺栓时，宜螺杆在下、螺母在上。

（22）施工升降机最外侧边缘与外面架空输电线路的边线之间，应保持安全操作距离。

2. 施工升降机的使用

（1）不得使用有故障的施工升降机。

（2）严禁施工升降机使用超过有效标定期的防坠安全器。

（3）施工升降机额定载重量、额定乘员数标牌应置于吊笼的醒目位置。严禁在超过额定载重量或额定乘员数的情况下使用施工升降机。

（4）当电源电压值与施工升降机额定电压值的偏差超过 ±5%，或供电总功率小于施工升降机的规定值时，不得使用施工升降机。

（5）应在施工升降机作业范围内设置明显的安全警示标志，应在集中作业区做好安全防护。

（6）当建筑物超过2层时，施工升降机地面通道上方应搭设防护棚。当建筑物高度超过24 m时，应设置双层防护棚。

（7）使用单位应根据不同的施工阶段、周围环境、季节和气候，对施工升降机采取相应的安全防护措施。

（8）使用单位应在现场设置相应的设备管理机构或配备专职的设备管理人员，并指定专职设备管理人员、专职安全生产管理人员进行监督检查。

（9）当遇大雨、大雪、大雾、施工升降机顶部风速大于20 m/s或导轨架、电缆表面结有冰层时，不得使用施工升降机。

（10）严禁将行程限位开关作为停止运行的控制开关。

（11）使用期间，使用单位应按使用说明书的要求定期对施工升降机进行保养。

（12）在施工升降机基础周边水平距离5 m以内，不得开挖井沟，不得堆放易燃易爆物品及其他杂物。

（13）施工升降机运行通道内不得有障碍物。不得利用施工升降机的导轨架、横竖支撑、层站等牵拉或悬挂脚手架、施工管道、绳缆标语、旗帜等。

（14）施工升降机安装在建筑物内部井道中时，应在运行通道四周搭设封闭屏障。

（15）安装在阴暗处或夜班作业的施工升降机，应在全行程装设明亮的楼层编号标志灯。夜间施工时作业区应有足够的照明，照明应满足现行行业标准《施工现场临时用电安全技术规范》（JGJ 46—2005）的要求。

3. 施工升降机的拆卸

（1）拆卸前应对施工升降机的关键部件进行检查，当发现问题时，应在问题解决后再进行拆卸作业。

（2）施工升降机拆卸作业应符合拆卸工程专项施工方案的要求。

（3）应有足够的工作面作为拆卸场地，应在拆卸场地周围设置警戒线和醒目的安全警示标志，并应派专人监护。拆卸施工升降机时，不得在拆卸作业区域内进行与拆卸无关的其他作业。

（4）夜间不得进行施工升降机的拆卸作业。

（5）拆卸附墙架时，施工升降机导轨架的自由端高度应始终满足使用说明书的要求。

（6）应确保与基础相连的导轨架在最后一个附墙架拆除后仍能保持各方向的稳定性。

（7）施工升降机拆卸应连续作业。当拆卸作业不能连续完成时，应根据拆卸状态采取相应的安全措施。

（8）吊笼未拆除之前，非拆卸作业人员不得在地面防护围栏内、施工升降机运行通道内、导轨架内以及附墙架上等区域活动。

三、混凝土运输机械

在混凝土结构的高层建筑中，混凝土的运输量非常大，因此，在施工中正确选择混凝土运输机械就显得尤为重要。现在高层建筑中普遍应用的混凝土运输机械有混凝土搅拌运输车、混凝土泵和混凝土泵车。

（一）混凝土搅拌运输车

混凝土搅拌运输车简称混凝土搅拌车，是混凝土泵车的主要配套设备。其用途是运送拌和好的、质量符合施工要求的混凝土（通称湿料或熟料）。在运输途中，搅拌筒进行低速转动（1~4 r/min），使混凝土不产生离析，保证混凝土浇筑入模的施工质量。在运输距离很长时也可将混凝土干料或半干料装入筒内，在将要达到施工地点之前注入或补充定量拌和水，并使搅拌筒按搅拌要求的转速转动，在途中完成混凝土的搅拌全过程，到达工地后可立即卸出并进行浇筑，以免运输时间过长对混凝土质量产生不利影响。

1. 混凝土搅拌运输车的分类与构造

混凝土搅拌运输车按公称容量的大小，分为 2m³、2.5 m³、4 m³、5 m³、6 m³、7 m³、8 m³、9 m³、10m³、12 m³ 等，搅拌筒的充盈率为 55%~60%。公称容量在 2.5 m³ 以下者属轻型混凝土搅拌运输车，搅拌筒安装在普通卡车底盘上制成；公称容量在 4~6 m³ 者，属于中型混凝土搅拌运输车，用重型卡车底盘改装而成；公称容量在 8 m³ 以上者，属大型混凝土搅拌运输车，以三轴式重型载重卡车底盘制成。实践表明，公称容量为 6 m³ 的混凝土搅拌运输车的技术经济效果最佳，目前国内制造和应用的以及国外引进的大多属于这类档次的混凝土搅拌运输车。

混凝土搅拌运输车主要由底架搅拌筒、发动机、静液驱动系统、加水系统装料及卸料系统、卸料溜槽、卸料振动器操作平台、操纵系统及防护设备等组成。

搅拌筒内安装有两扇螺栓形搅拌叶片当鼓筒正向回转时，可使混凝土得到拌和，反向回转时，可使混凝土排出。

2. 混凝土搅拌运输车的选用及使用注意事项

（1）选用混凝土搅拌运输车，考核技术性能时应注意以下几点：

1）6 m³ 混凝土搅拌运输车的装料时间一般需 40~60 s，卸料时间为 90~180 s；搅拌车拌筒开口宽度应大于 1 050 mm，卸料溜槽宽度应大于 450 mm。

2）装料高度应低于搅拌站（机）出料口的高度，卸料高度应高于混凝土泵车受料口的高度，以免影响正常装、卸料。

3）搅拌筒的筒壁及搅拌叶片必须用耐磨、耐锈蚀的优质钢材制作，并应有适当的厚度。

4）安全防护装置齐全。

5）性能可靠，操作简单，便于清洗、保养。

（2）新车投入使用前，必须经过全面检查和试车，一切正常后才可正式使用。

（3）搅拌车液压系统使用的压力应符合规定，不得随意调整。液压的油量、油质和油温应符合使用说明书中的规定；换油时，应选用与原牌号相当的液压油。

（4）搅拌车装料前，应先排净筒内的积水和杂物。压力水箱应保持满水状态，以备急用。

（5）搅拌车装载混凝土，其体积不得超过允许的最大搅拌容量。在运输途中，搅拌筒不得停止转动，以免混凝土离析。

（6）搅拌车到达现场卸料前，应先使搅拌筒全速（14~18 r/min）转动 1~2 min，并待搅拌筒完全停稳不转后，再进行反转卸料。

（7）当环境温度高于25℃时，混凝土搅拌车从装料到卸料包括途中运输的全部延续时间不得超过60 min；当环境温度低于25℃时，全部延续时间不得超过90 min。

（8）搅拌筒由正转变为反转时，必须先将操纵手柄放至中间位置，待搅拌筒停转后，再将操纵手柄放至反转位置。

（9）冬期施工时，混凝土搅拌运输车开机前，应检查水泵是否冻结；每日工作结束时，应按以下程序将积水排放干净：开启所有阀门→打开管道的排水龙头→打开水泵排水阀门→使水泵做短时间运行（5 min）→最后将控制手柄转至"搅拌 - 出料"位置。

（10）混凝土搅拌运输车在施工现场卸料完毕，返回搅拌站前，应放水将装料口、出料漏斗及卸料溜槽等部位冲洗干净，并清除黏结在车身各处的污泥和混凝土。

（11）在现场卸料后，应随即向搅拌筒内注入150~200 L清水，并在返回途中使搅拌筒慢速转动，清洗拌筒内壁，防止水泥浆渣黏附在筒壁和搅拌叶片上。

（12）每天下班后，应向搅拌筒内注入适量清水，并高速（14~18 r/min）转动5~10 min，然后将筒内杂物和积水排放干净，以使筒内保持清洁。

（13）混凝土搅拌运输车操作人员必须经过专门培训并取得合格证，方准上岗操作；无合格证者，不得上岗顶班作业。

（二）混凝土泵和混凝土泵车

1. 混凝土泵

混凝土泵经过半个世纪的发展，已从立式泵、机械式挤压泵、水压隔膜泵、气压泵发展到今天的卧式全液压泵。目前，世界各地生产与使用的混凝土泵大都是液压泵。按照混凝土泵的移动方式不同，液压泵可分为固定泵、拖式泵和混凝土泵车。

以卧式双缸混凝土泵为例，其工作原理为：两个混凝土缸并列布置，由两个油缸驱动，通过阀的转换，交替吸入或输出混凝土，使混凝土平稳而连续地输送出去。液压缸的活塞向前推进，将混凝土通过中心管向外排出，同时混凝土缸中的活塞向回收缩，将料斗中的混凝土吸入。当液压缸（或混凝土缸）的活塞到达行程终点时，摆动缸运作，将摆动阀切换，使左混凝土缸吸入，右混凝土缸排出。在混凝土泵中，分配阀是核心机构，也是最容易损坏的部分。泵的工作性能好坏与分配阀的质量和形式有着密切的关系。泵阀大致可分为闸板阀、S形阀、C形阀三大类。

2. 混凝土泵车

混凝土泵车是将混凝土泵安装在汽车底盘上，利用柴油发动机的动力，通过动力分动箱将动力传给液压泵，然后带动混凝土泵进行工作。通过布料杆，可将混凝土送到一定高程与距离。对于一般的建筑物施工，这种泵车具有移动方便、输送幅度与高度适中、可节省一台起重机等优点，在施工中很受欢迎。

3. 输送管配管

输送管是混凝土泵送设备的重要组成部分，管道配置与敷设是否合理，常影响到泵送效率和泵送作业的顺利进行。一般施工前应根据工程周围情况、工程规模认真进行配管设计，并应满足以下技术要求：

（1）进行配管设计时，应尽量缩短管线长度，少用弯管和软管，以便于装拆、维修、排除故障和清洗。

（2）应根据骨料最大粒径、混凝土输出量和输出距离、混凝土泵型号、泵送压力等选择输送管材、管径。泵送混凝土的输送管应采用耐磨锰钢无缝钢管制作。最常用的管径是 $\phi100$、$\phi125$、$\phi150$，壁厚在 3.2 mm 以上。在同一条管线中应用相同直径的输送管，新管应布置在泵送压力较大处。

4. 混凝土泵和泵车的使用

（1）混凝土泵应安放在平整、坚实的地面上，周围不得有障碍物，在放下支腿并调整后应使机身保持水平和稳定，轮胎应楔紧。

（2）泵送管道的敷设应符合下列要求：

1）水平泵送管道宜直线敷设。

2）垂直泵送管道不得直接装接在泵的输出口上，应在垂直管前端加装长度不小于 20 m 的水平管，并在水平管近泵处加装逆止阀。

3）敷设向下倾斜的管道时，应在输出口上加装一段水平管，其长度不应小于倾斜管高低差的 5 倍。当倾斜度较大时，应在坡度上端装设排气活阀。

4）泵送管道应有支承固定，在管道和固定物之间应设置木垫做缓冲，不得直接与钢筋或模板相连，管道与管道间应连接牢靠；管道接头和卡箍应扣牢密封，不得漏浆；不得将已磨损管道装在后端高压区。

5）泵送管道敷设后，应进行耐压试验。

（3）砂石粒径、水泥强度等级及配合比应按出厂规定，满足泵机可泵性的要求。

（4）作业前应检查并确认泵机各部位的螺栓紧固，防护装置齐全可靠，各部位的操纵开关、调整手柄、手轮、控制杆、旋塞等均在正确位置，液压系统正常无泄漏，液压油符合规定，搅拌斗内无杂物，上方的保护格网完好无损并盖严。

（5）输送管道的管壁厚度应与泵送压力匹配，近泵处应选用优质管子。管道接头、密封圈及弯头等应完好无损。在高温烈日下应采用湿麻袋或湿草袋遮盖管路，并应及时浇水降温，在寒冷季节应采取保温措施。

（6）应配备清洗管、清洗用品、接球器及有关装置。开泵前，无关人员应离开管道周围。

（7）启动后，应空载运转，观察各仪表的指示值，检查泵和搅拌装置的运转情况，确认一切正常后，方可作业。泵送前应向料斗中加入 10L 清水和 0.3 m³ 水泥砂浆以润滑泵及管道。

（8）泵送作业中，料斗中的混凝土平面应保持在搅拌轴轴线以上。料斗格网上不得堆满混凝土，应控制供料流量，及时清除超粒径的集料及异物，不得随意移动格网。

（9）当进入料斗的混凝土有离析现象时应停泵，待搅拌均匀后再泵送。当集料分离严重，料斗内灰浆明显不足时，应剔除部分集料，另加砂浆重新搅拌。

（10）泵送混凝土应连续作业；当因供料中断被迫暂停作业时，停机时间不得超过30 min。暂停时间内应每隔 5~10 min（在冬季为 3~5 min）做 2 或 3 个冲程反泵 - 正泵运动，再次投料泵送前应先将料搅拌。当停泵时间超限时，应排空管道。

（11）垂直向上泵送中断后再次泵送时，应先进行反向推送，使分配阀内的混凝土吸回料斗，经搅拌后再正向泵送。

（12）泵机运转时，严禁将手或铁锹伸入料斗或用手抓握分配阀。当需在料斗或分配阀上工作时，应先关闭电动机和消除蓄能器压力。

（13）不得随意调整液压系统的压力。当油温超过 70℃时，应停止泵送，但仍应使搅拌叶片和风机运转，待降温后再继续运行。

（14）水箱内应储满清水，当水质浑浊并有较多砂粒时，应及时检查处理。

（15）泵送时，不得开启任何输送管道和液压管道；不得调整、修理正在运转的部件。

（16）作业中，应对泵送设备和管路进行观察，发现隐患应及时处理。磨损超过规定的管子、卡箍、密封圈等应及时更换。

第二节　脚手架与模板支架

一、高层建筑外脚手架的施工要点分析

1. 确保搭设位置合理

通常情况下，当建筑主体施工达到二层以上就需要搭设外脚手架，确保高空施工人员的安全。并且，建筑施工人员在完成外脚手架的搭设之后，还需做好与之相关的各项安全防护措施，从而实现脚手架搭设位置的合理性与安全性，高层建筑的施工才能得到顺利推进，高层建筑的整体施工质量才能获得应有保障。若外脚手架搭设位置出现错误，紧跟其后的各项施工操作均会受到一定程度影响，甚至导致整个高层建筑的施工环节面临严重危险。基于此，在建筑企业正式开展高层建筑施工工作之前，需全面研究该建筑物，并充分明确项目所在地现场的实际情况，以确保外脚手架搭设位置的准确性，杜绝建筑施工过程中安全事故的发生。

2. 做好对脚手架材质的研究

在对外脚手架材料进行选购时，施工单位材料负责人需对材料方面的规格尺寸与要求予以严格选购。扣件式钢管外径应达到 48.3mm，允许偏差 ±0.5mm；壁厚 3.6mm，允许偏差 ±0.36mm。同时，在对扣件拧紧力矩值为 40~65N·m。选购扣件材料时必须严格检查扣件是否存在裂缝、变形，螺栓是否出现滑丝，表面应有防锈处理。查验所选脚手架的

产品质量合格证、出厂质量检验报告书等相关资料，确保脚手架在实际使用过程中避免出现威胁施工人员生命安全的问题。此外，外脚手架每施工层必须铺设脚手板，且外脚手架板搭设完成后，由施工单位书面报告现场监理单位，由监理单位组织建设单位、施工单位联合检测验收，确保符合施工安全后，并在外脚手架醒目位挂设验收合格标识牌后，方可允许现场施工作业人员在外脚手架上作业，施工单位现场专职安全员每天加强对外脚手架安全检查。

二、施工过程分析与控制方案

1. 吊装法分析

吊装法指的是先将结构的连接和支柱在地面上拼接完毕，再使用大型的起重机械将其悬吊至计划位置并且固定，一般需要多架起重机械同时吊装，比较适用于地面开阔的位置，并且地基的承受力要具有相当的强度能承担建筑与起重机的重量。在吊装过程中，要保证的是每台起重机起吊的速度一致，以确保受力均匀，否则会影响到总体结构的稳定性。吊装法的优点即减少了高空作业量，减少了支架的使用，并且大大降低了人力、缩短了工期，并且在后期拆除支护模板会比较简单。

2. 高空支架法

高空支架法与传统的高层施工模板支护是较为相似的办法，与在地面拼接不同，高空法是直接在高空拼接架构，将零件拼接成完成的整体，是最为原始但是技术已经非常熟练的方法，不需要多台大型起重机配合，这样的方法适用于起吊能力弱的地区，也配合了大部分地区的施工情况，但是缺点是高空需要搭建的支架多，这直接增加了施工成本，质量也是难以把控的一方面。高空支架细分为全支架与悬支架，全支架就是指要将建筑搭设大范围的脚手架，在拼接过程中对支架强度与刚度要验算精密，在施工后期对脚手架结构进行拆除时，也要严格按照工程的要求来进行拆除。

3. 模板支护方案比较与确定

根据工程的具体情况分析，在模板平台的工程搭建到结束这段时间，最重要的就是平台的安装与拆除两个方面。方案选择时，要从建设平台的经济性、便捷性及质量安全性三方面着手，比较权重选出最优方案。经过分析，可以发现第一个方案吊装法，优点在于在地面环境拼装，工程量较少，充分利用了大型起重机械，缩短了工期；缺点是高空的拼装风险较高，需要确保节点的吻合性，后期拆除比较苦难。第二个方案整体法，优点在于减少了钢管支架与大型机械的使用量，节约了资源，后期拆卸比较简便；缺点是布置时的吊点需要经过大量计算，否则会导致结构内力差距过大产生结构安全问题。

三、纵向水平杆的构造要求

纵向大横杆设置在立杆内侧，其长度不宜小于三跨，横距中间设置一根填芯杆。大横杆对立杆起约束作用，故大横杆与立杆必须用直角扣件扣紧；纵向水平杆接长采用对接扣件连接，对接扣件的接头要交错布置：两根相邻纵向水平杆的接头不得设置在同步或同跨内；不同步或不同跨两个相邻接头在水平方向错开的距离不要小于 500mm。各接头中心至最近主节点的距离不得大于纵距的 1/3；纵向水平杆伸出立杆端头的距离统一为 100mm；每步之间设置一道拦腰杆，要求同纵向水平杆。

四、横向水平杆的构造要求

设置一根横向水平杆位于主节点处，置于纵向水平杆之下，用直角扣件与立杆扣紧并严禁拆除。两跨之间的小横杆，每跨之间设置一根，用扣件与大横杆扣紧；主节点之间的横向水平杆，间距不得大于 400mm，用直角扣件固定在纵向水平杆上；小横杆伸出立杆的长度统一为 100mm，既可以防止杆件滑脱，又能达到整齐划一的效果。

五、连墙件的构造要求

连墙件数量的设置要满足要求，在与悬挑梁相对应的建筑物结构上设置连墙件。严禁采用柔性连墙件；连墙件设置采用一层两跨布置（2.9m 层高 ×1.5m×2 跨），从悬挑底层第一步纵向水平杆处开始设置，并要靠近主节点，偏移主节点的距离不要大于300mm；连墙杆呈水平设置，当不能水平设置时，与脚手架连接的一端要下斜设置；每层结构浇筑砼时在楼层边梁预埋 φ48×3.0 扣件式钢管，作为连墙杆的拉接点，并用直角扣件与立杆连接牢固。

第三节 模板工程

现浇钢筋混凝土结构模板工程，是结构成型的一个重要组成部分，其造价为钢筋混凝土结构工程总造价的 25%~30%、总用工量的 50%。因此，模板工程对提高工程质量、加快施工进度、提高劳动生产率、降低工程成本和实现文明施工，都具有重要的影响。对全现浇高层建筑主体结构施工而言，关键在于科学、合理地选择模板体系。

现浇混凝土的模板体系一般可分为竖向模板和横向模板两类。

1. 竖向模板。竖向模板主要用于剪力墙墙体、框架柱、筒体等竖向结构的施工。常用的竖向模板有大模板、液压滑升模板、爬升模板、提升模板、筒子模以及传统的组合模板（散装散拆）等。

2. 横向模板。横向模板主要用于钢筋混凝土楼盖结构的施工。常用的横向模板有组合模板散装散拆，各种类型的台模、隧道模等。

一、大模板施工

1. 大模板的构造

大模板由面板、水平加劲肋、支撑桁架、调整螺栓等组成，其可用做钢筋混凝土墙体模板，其特点是板面尺寸大（一般等于一片墙的面积），重量为1~2t，需用起重机进行装、拆，并且机械化程度高、劳动消耗量小、施工进度较快，但其通用性不如组合钢模强。

2. 大模板的类型

大模板按形状分为平模、小角模、大角模和筒形模等。

（1）平模。平模分为整体式平模、组合式平模和装拆式平模三类。

1）整体式平模。整体式平模的面板多用整块钢板，且面板、骨架、支撑系统和操作平台等都焊接成整体。模板的整体性好、周转次数多，但通用性差，仅用于大规模的标准住宅。

2）组合式平模。组合式平模以常用的开间、进深作为板面的基本尺寸，再辅以少量20cm、30cm或60cm的拼接窄板，并使其与基本模板端部用螺栓连接，即可组合成不同尺寸的大模板，以适应不同开间和进深尺寸的需要。它灵活、通用，有较大的优越性，应用最广泛，且板面（包括面板和骨架）、支撑系统、操作平台三部分用螺栓连接，便于解体。

3）装拆式平模。装拆式平模的面板多用多层胶合板、组合钢模板或钢框胶合板模板，面板与横、竖肋用螺栓连接，且面板与支撑系统、操作平台之间也用螺栓连接，用后可完全拆散，灵活性较大。

（2）小角模。小角模与平模配套使用，作为墙角模板。小角模与平模间应有一定的伸缩量，用以调节不同墙厚和安装偏差，也便于装拆。

图 5-1 所示为小角模的两种做法：第一种是扁钢焊在角钢内面，拆模后会在墙面上留有扁钢的凹槽，清理后用腻子刮平；第二种是扁钢焊在角钢外面，拆模后会出现凸出墙面的一条棱，要及时处理。扁钢一端固定在角钢上，另一端与平模板面自由滑动。

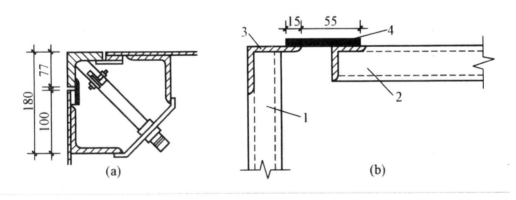

图 5-1　小角模的两种做法

（a）扁钢焊在角钢内面；（b）扁钢焊在角钢外面

1- 横墙模板；2- 纵墙模板；3- 角钢 100×63×6；4- 扁钢 70×5

（3）大角模。一个房间的模板由四块大角模组成，模板接缝在每面墙的中部。大角模本身稳定，但装、拆较麻烦，且墙面中间有接缝，较难处理，因此现在已很少被人们使用。

（4）筒形模（简称筒模）

1）组合式铰接筒模。将一个房间四面墙的大模板连接成一个空间的整体模板，即筒模。其稳定性好，可整间吊装、减少吊次，但自重大、不够灵活，多用于电梯井、管道井等尺寸较小的筒形构件，在标准间施工中也有应用，但应用较少。

电梯井、管道井等尺寸较小的筒形构件用筒模施工有较大优势。最早使用的是模架势筒模，其通用性差，目前已被淘汰。后来，使用组合式铰接筒模，它在筒模四角处用铰接式角模与模板相连，利用脱模器开启，进行筒模组装就位和脱模较为方便，但脱模后需用起重机吊运。

2）自升式电梯井筒模。近年出现自升式电梯井筒模，其将模板与提升机结合为一体。拆模后，利用提升机可自己上升至新的施工标高处，无须另用起重机吊运。

3. 工程施工准备

工程施工准备除去施工现场为顺利开工而进行的一些准备工作之外，主要就是编制施工组织设计，在这方面主要解决吊装机械选择、流水段划分、施工现场平面布置等问题。

（1）吊装机械选择。用大模板施工的高层建筑，吊装机械都采用塔式起重机。模板的装拆、外墙板的安装、混凝土的垂直运输和浇筑、楼板的安装等工序均需利用塔式起重机进行。因此，正确选择塔式起重机的型号十分重要。在一般情况下，塔式起重机的台班吊次是决定大模板结构施工工期的主要因素。为了充分利用模板，一般要求每一流水段在一个昼夜内完成从支模到拆模的全部工序。所以，一个流水段内的模板数量要根据塔式起重机的台班吊次来决定，模板数量决定流水段的大小，而流水段的大小又决定了劳动力的配备。

塔式起重机的型号主要依据建筑物的外形、高度及最大模板或构件的质量来选择。其数量则取决于流水段的大小和施工进度要求。对于 14 层以下的大模板建筑，选用 TQ 60/80 型或类似 700 kN·m 的塔式起重机即可满足要求，其台班吊次可达 120 次。

另外，在高层建筑施工中，为便于施工人员上下和满足装修施工的需要，宜在建筑物的适当位置设置外用施工电梯。

（2）流水段划分。划分流水段要力求各流水段内的模板型号和数量尽量一致，以减少大模板落地次数，充分利用塔式起重机的吊运能力；要使各工序合理衔接，确保达到混凝土拆模强度和安装楼板所需强度的养护时间，以便在一昼夜时间内完成从支模到拆模的全部工序，使一套模板每天都能重复使用；流水段划分的数量与工期有关，故划分流水段还要满足规定的工期。

由于墙体混凝土强度达到 1.0 N/mm² 才能拆模，在常温条件下，从混凝土浇筑算起需要 10~12h，从支模板算起则需 24 h，因此，这就决定了模板的周转时间是一天一段。此外，安装楼板所需的墙体混凝土强度为 4.0 N/mm²，龄期需要 36~48 h。安装楼板后，还有板缝、圈梁的支模、绑扎钢筋、浇筑混凝土，墙体放线、绑扎墙体钢筋、支模和浇筑墙体混凝土等工序，约需要 48 h 才能完成。

因此，大模板施工的一个循环约需要 4 d 时间。对于长度较大的板式建筑，一般划分成四个流水段较好：抄平放线、绑扎钢筋；支模板、安装外壁板、浇筑墙体混凝土；拆模、清理墙面、养护；吊运隔墙材料、安装楼板、板缝和圈梁施工。

对于塔式建筑，由于长度较小，一般对开分为两个流水段，以两幢房屋分为四个流水段进行组织施工。

（3）施工现场平面布置。大模板工程的现场平面布置，除满足一般的要求外，要着重对外墙板和模板的堆放区进行统筹规划安排。

施工过程中大模板原则上应当随拆随装，只在楼层上做水平移动而不落地，但个别楼板还是要在堆放场存放。为此，在结构施工过程中，一套模板需留出 100m² 左右的周转堆场。

大模板宜采取两块模板板面相对的方式堆放，也应堆放在塔式起重机的有效工作半径之内。

4. 大模板工程施工

（1）测量放线

1）轴线的控制和引测。在每幢建筑物的四个大角和流水段分界处，都必须设标准轴线控制桩，用之在山墙和对应的墙上用经纬仪引测控制轴线。然后，根据控制轴线拉通尺放出其他轴线和墙体边线（用筒模施工时，应放出十字线），不得用分间丈量的方法放出轴线，以免误差积累。遇到特殊体型的建筑，则需另用其他方法来控制轴线，如上海华亭宾馆由于形状特殊，应根据控制桩用角度进行控制。

2）水平标高的控制与引测。每幢建筑物设标准水平桩 1~2 个，并将水平标高引测到建筑物的第一层墙上，作为控制水平线。各楼层的标高均以此线为基线，用钢尺引测上去，每个楼层设两条水平线。一条离地面的距离为 50 cm，供立口和装修工程使用；另一条距楼板下皮 10cm，用以控制墙体顶部的找平层和楼板安装标高。另外，有时候在墙体钢筋上也弹出水平线，用以控制大模板安装的水平度。

（2）绑扎钢筋。大模板施工的墙体宜用点焊钢筋网片，网片之间的搭接长度和搭接部位都应符合设计规定。

点焊钢筋网片在堆放、运输和吊装过程中，都应设法防止钢筋产生弯折变形和焊点脱落。上、下层墙体钢筋的搭接部分应理直，并绑扎牢固。双排钢筋网之间应绑扎定位用的连接筋；钢筋与模板之间应绑扎砂浆垫块，其间距不宜大于 1m，以保证钢筋位置准确和保护层厚度符合要求。

在施工流水段的分界处，应按设计规定甩出钢筋，以备与下段连接。如果内纵墙与内横墙非同时浇筑，应将连接钢筋绑扎牢固。

（3）安装大模板。大模板进场后应核对型号、清点数量、注明模板编号。模板表面应除锈并均匀涂刷脱模剂。常用的脱模剂有甲基硅树脂脱模剂、妥尔油脱模剂和海藻酸钠脱模剂等。

1）安装内墙模板。内墙大模板安装如图5-2所示，大模板进场后要核对型号、清点数量、清除表面锈蚀，用醒目的字体在模板背面注明标号。模板就位前还应涂刷脱模剂，将安装处的楼面清理干净，检查墙体中心线及边线，准确无误后方可安装模板。安装模板时应按顺序吊装，按墙身线就位，反复检查校正模板的垂直度。模板合模前，还要对隐蔽工程验收。

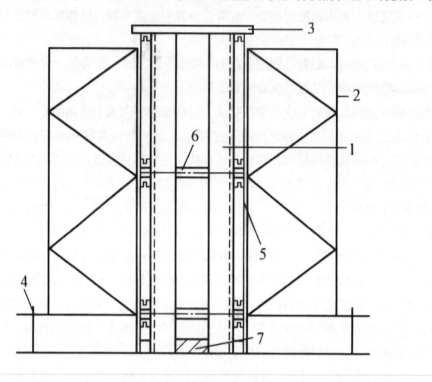

图 5-2　内墙大模板安装

1- 内墙模板；2- 桁架；3- 上夹具；4- 校正螺栓；5- 穿墙螺栓；6- 套管；7- 混凝土导墙

2）组装外墙外模板。根据形式的不同，外墙外模板分为悬挑式外模板和外承式外模板。当采用悬挑式外模板施工时，支模顺序为先安装内墙模板，再安装外墙内模板，然后把外模板通过内模板上端的悬臂梁直接悬挂在内模板上。悬臂梁可采用一根8号槽钢焊在外侧模板的上口横肋上，内、外墙模板之间依靠对销螺栓拉紧，下部靠在下层的混凝土墙壁上。

当采用外承式外模板施工时，可以先将外墙外模板安装在下层混凝土外墙面挑出的三角形支承架上，用L形螺栓通过下一层外墙预留口挂在外墙上，如图5-3所示。为了保证安全，要设好防护栏和安全网，安装好外墙外模板后，再安装内墙模板和外墙内模板。

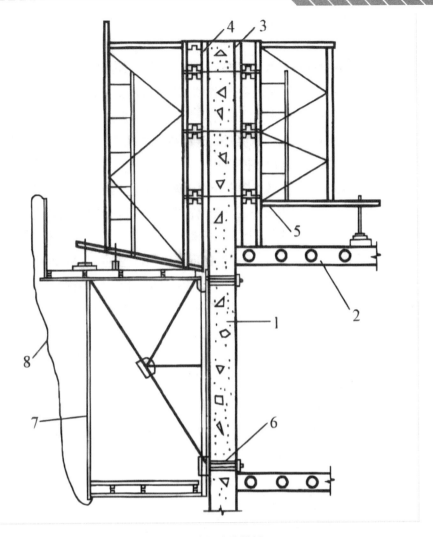

图 5-3　外承式外模板

1- 现浇外墙；2- 楼板；3- 外墙内模板；4- 外墙外模板；5- 穿墙螺栓；

6- 脚手架固定螺栓；7- 外挂脚手架；8- 安全网

　　模板安装完毕后，应将每道墙的模板上口找直，并检查扣件、螺栓是否紧固，拼缝是否严密，墙厚是否合适，与外墙板拉结是否紧固。经检查合格验收后，方准浇筑混凝土。

　　（4）浇筑混凝土。要做到每天完成一个流水段的作业，模板每天周转一次，就要使混凝土浇筑后 10 h 左右达到拆模强度。当使用矿渣硅酸盐水泥时，往往要掺加早强剂。常用的早强剂为三乙醇胺复合剂和硫酸钠复合剂等。为增加混凝土的流动性，又不增加水泥用量，或需要在保持同样坍落度的情况下减少水泥用量，常在混凝土中掺加减水剂。常用的减水剂有木质素磺酸钙等。

　　常用的浇筑方法是料斗浇筑法，即用塔式起重机吊运料斗至浇筑部位，斗门直对模板进行浇筑。近年来，用混凝土泵进行浇筑的方式日渐增多，这时要注意混凝土的可泵性和混凝土的布料。

为防止烂根，在浇筑混凝土前，应先浇筑一层 5~10 cm 厚与混凝土内砂浆成分相同的砂浆。墙体混凝土应分层浇筑，每层厚度不应超过 1 m，仔细捣实。浇筑门窗洞口两侧混凝土时，应由门窗洞口正上方下料，两侧同时浇筑且高度应一致，以防门窗洞口模板走动。

边柱和角柱的断面小、钢筋密，浇筑时应十分小心，振捣时要防止外墙面变形。

常温施工时，拆模后应及时喷水养护，连续养护 3d 以上。也可采取喷涂氯乙烯偏氯乙烯共聚乳液薄膜保水的方法进行养护。

用大模板进行结构施工，必须支搭安全网。如果采用安全网随墙逐层上升的方法，要在第 2、6、10、14 层等每 4 层固定一道安全网；如果采用安全网不随墙逐层上升的方法，则从第 2 层开始，每两层支一道安全网。

（5）拆模与养护。在常温条件下，墙体混凝土强度超过 1.2 MPa 时方准拆模。拆模顺序为先拆内纵墙模板，再拆横墙模板，最后拆除角模和门洞口模板。单片模板拆除顺序为：拆除穿墙螺栓、拉杆及上口卡具→升起模板底脚螺栓→升起支撑架底脚螺栓→使模板自动倾斜，脱离墙面并将模板吊起。拆模时，必须首先用撬棍轻轻将模板移出 20~30 mm，然后用塔式起重机吊出。吊拆大模板时，应严防撞击外墙挂板和混凝土墙体，因此，吊拆大模板时，要注意使吊钩位置倾向于移出模板方向。任何情况下，不得在墙口上晃动、撬动或敲砸模板。模板拆除后应及时清理，涂刷隔离剂。

常温条件下，在混凝土强度超过 1.0 N/mm² 后方准拆模。宽度大于 1 m 的门洞口的拆模强度，应与设计单位商定，以防止门洞口产生裂缝。

二、液压滑动模板施工

液压滑动模板（简称"滑模"）施工工艺，是按照施工对象的平面尺寸和形状，在地面组装好包括模板、提升架和操作平台的滑模系统，一次装设高度为 1.2 m 左右，然后分层浇筑混凝土，利用液压提升设备不断竖向提升模板，完成混凝土构件施工的一种方法。

1.液压滑动模板的组成

液压滑动模板由模板系统、操作平台系统和液压提升系统以及施工精度控制系统等组成，如图 5-4 所示。

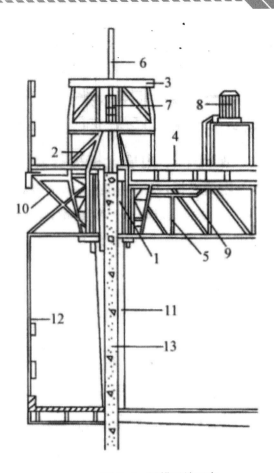

图 5-4 滑模系统示意

1- 模板；2- 围圈；3- 提升架；4- 操作平台；5- 操作平台桁架；6- 支承杆；

7- 液压千斤顶；8- 高压油泵；9- 油管；10- 外挑三脚架；11- 内吊脚手架；

12- 外吊脚手架；13- 混凝土墙体

（1）模板系统。模板系统由模板、围圈、提升架及其附属配件组成。其作用是根据滑模工程的结构特点组成成型结构，使混凝土能按照设计的几何形状及尺寸准确成型，并保证表面质量符合要求；其在滑升施工过程中，主要承受浇筑混凝土时的侧压力以及滑动时的摩阻力和模板滑空、纠偏等情况下的外加荷载。

1）模板。模板又称围板，可用钢材、木材或钢木混合以及其他材料制成，目前使用钢模居多。常用的钢模板系采用薄钢板边轧压边成型，或采用薄钢板加焊角钢、扁钢边框。钢模板之间采用U形卡连接或螺栓连接，也可采用U形卡与螺栓混用（螺栓与U形卡间隔使用）。模板与围圈的连接可采用特制的连接夹具——双肢带钩夹具。使用时将夹具套在围圈的弦杆上，尾部钩住相邻两模板背肋上的椭圆孔，然后拧紧螺栓，将模板固定在围圈上。

2）围圈。围圈又称围檩，用于固定模板，保证模板所构成的几何形状及尺寸，承受模板传来的水平与垂直荷载，所以，其要具有足够的强度和刚度。两面模板外侧分别有上、下围圈各一道，支承在提升架立柱上。上、下围圈的间距一般为500~700 mm，上围圈距离模板上口不宜大于250mm，以保证模板上部不会因振捣混凝土而产生变形；下围圈距离模板下口250~300 mm。高层建筑滑模施工多采用平行弦桁架式围圈。

3）提升架。提升架的作用是承受整个模板系统与操作平台系统的全部荷载并将其传递给千斤顶，通过提升架将模板系统与操作平台系统连成一体。提升架由立柱、横梁、支托等组成。常用的提升架形式有双立柱门形架（单横梁式）、双立柱开形架（双横梁式）及单立柱"T"形架。横梁与立柱必须刚性连接，二者的轴线应在同一平面内；在使用荷载的作用下，立柱的侧向变形应不大于2 mm。

立柱可采用槽钢，或由双槽钢、双角钢组焊成格构式钢柱，也可采用方钢管组成桁架式立柱，如图5-5所示，其为使用50 mm×50 mm×4 mm方钢管加工的双横梁桁架式组合提升架，提升架横梁上各钻有一排螺栓孔，当需要改变墙柱截面尺寸时用以调整立柱的距离。提升架立柱上还设有模板间距及倾斜度的微调装置。

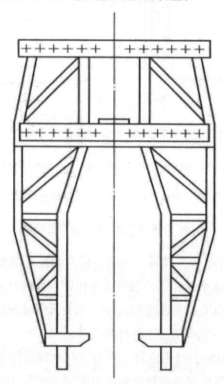

图5-5　方钢管桁架式提升架

提升架的平面构造形式，除常用的"一"字形外，还可采用Y形、X形，用于墙体交接处。

当用于伸缩缝处墙体时，可采用图5-6所示的提升架。位于两墙之间的立柱采用单根方钢管。

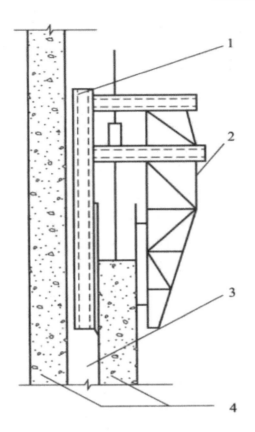

图 5-6 伸缩缝墙体提升架

1-100mm × 100mm × 6mm 方钢管立柱；2- 钳形提升架；3- 伸缩缝；4- 相邻段墙体

用于框架柱的提升架，可采用 4 立柱式，其横梁平面结构呈"X"形，相互间用螺栓连接。立柱的空间位置可用调整丝杠调节，丝杠底座同立柱外侧连接，立柱安在滑道中，滑道由槽钢夹板与滑道角钢组成。

提升架立柱也可采用 φ48 × 3.5 mm 脚手钢管组成，立柱竖向钢管上端留出接头长度，待安装时通过扣件与水平脚手管相连，搭设成竖向钢筋的支承架。

提升架的立柱与横梁可采用螺栓连接或焊接，也可一端焊接，另一端用螺栓连接。节点应保证刚性连接。提升架下横梁梁底至模板顶面的距离一般为 500~700mm，不宜小于 500 mm，以保证用于绑扎钢筋、安设预埋件的操作空间。在提升架上横梁顶部可加焊两段 φ48 × 3.5 mm 短管（管段长 300mm），在安装提升架时，通过此短管用纵、横水平钢管将提升架连成整体。

（2）操作平台系统。操作平台式滑模施工是在平台上完成绑扎钢筋、安装埋件、浇筑混凝土等工序的作业。操作平台包括内操作平台、外操作平台及吊脚手架。

1）内操作平台。操作平台的平面结构形式有整体式平台及活动式平台，设计时根据工程实际情况及采用的滑模工艺，决定操作平台的形式。当采用"滑三浇一"工艺或滑降模工艺时，使用整体式平台；当采用滑降模工艺时，若平台用作现浇楼板的模板，需要对平台进行验算加固；当采用楼板施工与滑模并进工艺时，使用活动式平台，开启活动平台板用作楼板施工的通道。

①整体式操作平台。整体式操作平台由平台桁架（或纵、横钢梁）、支撑、楞木及铺板等组成。平台桁架一般为平行弦式桁架，用角钢加工，长度按开间大小设计，高度宜与围圈桁架等高，其端部与围圈桁架连接，组成整体性平台桁架。平台桁架之间应设置水平及垂直支撑，以增强平台的刚度。平台桁架也可采用伸缩式轻型钢桁架（跨度为 2.5~4.0m）。平台上铺设楞木及铺板（木板或胶合板），铺板上表面宜钉一层 0.75 mm 厚的镀锌薄钢板。

②活动式操作平台。将活动式操作平台的局部或大部分做成可开启的活动平台板，以满足楼板施工的需要。这种结构形式的特点是：在模板两侧提升架之间各设一条固定平台，其余部位均为活动平台板；不在平台上部设纵、横钢梁，而是沿房间四周各设一道封闭式围梁，围梁用槽钢或角钢加工，端部用螺栓及连接板连接，便于装、拆。围梁支承在提升架立柱的支托上，活动平台板即搁置在围梁上。活动平台板可根据尺寸大小采用 50 mm 厚的木板、木框胶合板或钢框胶合板，板面铺钉 0.75 mm 厚的镀锌薄钢板。固定平台部分用方木及木板铺设，上面钉一层镀锌薄钢板。

（3）液压提升系统。液压提升系统包括支承杆、液压千斤顶、液压控制系统和油路等，是液压滑模系统的重要组成部分，也是整套滑模施工装置中的提升动力和荷载传递系统。

液压提升系统的工作原理是由电动机带动高压油泵，将高压油液通过电磁换向阀、分油器、截止阀及管路输送到液压千斤顶，液压千斤顶在油压作用下带动滑升模板和操作平台沿着支承杆向上爬升；当控制台使电磁换向阀换向回油时，油液由千斤顶排出并回入油泵的油箱内。在不断供油、回流的过程中，千斤顶活塞不断地压缩、复位，将全部滑升模板装置向上提升到需要的高度。

1）千斤顶。液压滑动模板施工所用的千斤顶为专用穿心式千斤顶，按其卡头形式的不同可分为钢珠式和楔块式两种，其工作重量分为 3.0t、3.5 t 和 10.0t 三种，其中工作重量为 3.5 t 的千斤顶应用较广。

2）支承杆。支承杆又称爬杆，它既是千斤顶向上爬升的轨道，又是滑动模板装置的承重支柱，承受着施工过程中的全部荷载。支承杆一般采用 $\phi 25$ mm 的光圆钢筋，其连接方法有丝扣连接、榫接、焊接三种，也可以用 25~28 mm 的带肋钢筋。用作支承杆的钢筋，在下料加工前要进行冷拉调直，冷拉时的延伸率控制在 2%~3%。支承杆的长度一般为 3~5m。当支承杆接长时，其相邻的接头要互相错开，以使同一断面上的接头根数不超过总根数的 25%。

3）液压控制系统。液压控制系统是液压提升系统的心脏，主要由能量转换装置（电动机、高压轮泵等）、能量控制和调节装置（电磁换向阀、调压阀、针形阀、分油器等）

和辅助装置（压力表油箱、滤油器、油管、管接头等）三部分组成。

（4）施工精度控制系统。

1）垂直度观测设备有激光铅直仪、自动安平激光铅直仪、经纬仪及线坠等，其精度不应低于 1/10 000。

2）水平度观测设备如水准仪等。

3）千斤顶同步控制装置，可采用限位调平器、限位阀、激光控制仪、水准自动控制装置等。

测量靶标及观测站的设置应便于测量操作。通信联络设施可采用有线或无线电话及其他声光联络信号设施。通信联络设施应保证声光信号清楚、统一。

2. 滑升模板的施工

滑升模板的施工由施工准备工作，滑升模板的组装，钢筋绑扎和预埋件埋设，门、窗等孔洞的留设，混凝土浇捣，模板滑升，楼板施工，模板设备的拆除，滑框倒模施工等几个部分组成。

（1）施工准备工作。由于滑模施工有连续施工的特点，为了充分发挥施工效率，材料、设备、劳动力在施工前都要做好充分的准备。

1）技术准备。由于滑模施工的特点，要求设计中必须有与之相适应的措施，所以施工前要认真组织对施工图的审查。应重点审查结构平面布置是否使各层构件沿模板滑动方向投影重合，竖向结构断面是否上下一致，立面线条的处理是否恰当等。

根据需要采用滑模施工的工程范围和工程对象，划分施工区段，确定施工顺序，应尽可能使每一个区段的面积相等、形状规则，区段的分界线一般设在变形缝处为宜。制定施工方案，确定材料垂直和水平运输的方法、人员上下方法，确定楼板的施工方法。

绘制建筑物多层结构平面的投影叠合图。确定模板、围圈、提升架及操作平台的布置，并进行各类部件的设计与计算，提出规格和数量。确定液压千斤顶、油路及液压控制台的布置，提出规格和数量。制定施工精度控制措施，提出设备仪器的规格、数量。绘制滑模装置组装图，提出材料、设备、构件一览表。确定不宜采用滑模施工的部位的处理措施。

2）现场准备。施工用水、用电必须接好，施工临时道路和排水系统必须畅通。所需要的钢筋，构件，预埋件，混凝土用砂、石、水泥、外加剂（如果用商品混凝土，应联系好供应准备工作），应按计划到场并保持供应。滑升模板系统需要的模板、爬杆、吊脚手架设备和安全网应准备充足，垂直运输设备在滑模系统进场前就位。

滑升模板的施工是一项多工种协作的施工工艺，故劳动力组织宜采用各工种混合编制的专业队伍，提倡一专多能，工种间的协调配合，充分发挥劳动效率。

（2）滑升模板的组装。滑升模板的组装是重要环节，直接影响到施工进度和质量，因此要合理组织、严格施工。滑升模板的组装工作应在建筑物的基础顶板或楼板混凝土浇筑并达到一定强度后进行。组装前必须将基础回填平整，按图纸设计要求，在地板上弹出建筑物各部位的中心线及模板、围圈、提升架、平台构架等构件的位置线。

对各种模板部件、设备等进行检查，核对数量、规格以备使用。模板的组装顺序如下：搭设临时组装平台，安装垂直运输设施；安装提升架；安装围圈（先安装内围圈，后安装外围圈），调整倾斜度；绑扎竖向钢筋和提升架横梁以下的水平钢筋，安设预埋件及预留孔洞的胎模，对工具式支承杆套管下端进行包扎；安装模板，宜先安装角模，后安装其他模板；安装操作平台的桁架、支撑和平台铺板；安装外操作平台的支架、铺板和安全栏杆等；安装液压提升系统，垂直运输系统及水、电、通信、信号、精度控制和观察装置，并分别进行编号、检查和试验；在液压提升系统试验合格后，插入支承杆；安装内、外吊脚手架和挂安全网；在地面或横向结构面上组装滑模装置时，应待模板滑升至适当高度后，再安装内、外吊脚手架。

（3）钢筋绑扎和预埋件埋设。每层混凝土浇筑完毕后，在混凝土表面上至少应有一道已绑扎了的横向钢筋。竖向钢筋绑扎时，应在提升架上部设置钢筋定位架，以保证钢筋位置准确。直径较大的竖向钢筋接头，宜采用气焊或电渣焊。对于双层钢筋的墙体结构，钢筋绑扎后，双层钢筋之间应有拉结筋定位。钢筋弯钩均应背向模板，必须留足混凝土保护层。支承杆作为结构受力筋时，应及时清除油污，其接头处的焊接质量必须满足有关钢筋焊接规范的要求。预埋件留设位置与型号必须准确。预埋件的固定，一般可采用短钢筋与结构主筋焊接或绑扎等方法连接牢固，但不得突出模板表面。

（4）门、窗等孔洞的留设

1）框模法。预留门、窗口或洞口一般采用框模法，如图5-7（a）所示。事先用钢材或木材制成门窗洞口的框模，框模的尺寸宜比设计尺寸大20~30 mm，厚度应比模板上口尺寸小10mm。然后，按设计要求的位置和标高安装，安装时应将框模与结构钢筋连接固定，以免变形位移。也可利用门、窗框直接做框模，但需在两侧边框上加设挡条，如图5-7（b）所示。当模板滑升后，挡条可拆下周转使用。挡条可用钢材和木材制成工具式，用螺钉和门、窗框连接。

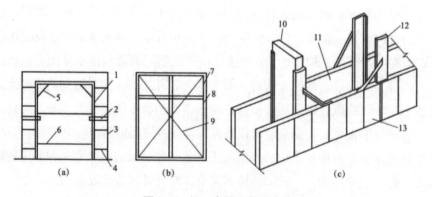

图5-7 门、窗洞口留设方法

（a）框模法；（b）门、窗框做框模；（c）堵头模板法

1- 框模；2- φ25螺栓；3- 结构主筋；4- φ16钢筋；5- 角撑；6- 水平撑；7- 门窗框；8- 挡条；9- 临时支撑；10- 堵头模板；11- 门窗洞口；12- 导轨；13- 滑升模板

2）堵头模板法（又称插板法）。当预留孔洞尺寸较大或孔洞处不设门框时，在孔洞两侧的内、外模板之间设置堵头模板，并通过活动角钢与内、外模连接，与模板一起滑升，如图 5-7（c）所示。

3）孔洞胎模法。孔洞胎模可用钢材、木材及聚苯乙烯泡沫塑料等材料制成。对于较小的预留孔洞及接线盒等，可事先按孔洞的具体形状制作空心或实心的孔洞胎模，其尺寸应比设计要求大 50~100mm，厚度至少应比内、外模上口小 10~20mm，为便于模板滑过后取出胎模，四边应稍有倾斜。

（5）混凝土浇捣。用于滑升模板施工的混凝土，除必须满足设计强度外，还必须满足滑升模板施工的特殊要求，如出模强度、凝结时间、和易性等。混凝土必须分层均匀交圈浇筑，每一浇筑层的混凝土表面应在同一水平面上，并且有计划地变换浇筑方向，防止模板产生扭转和结构倾斜。分层浇筑的厚度以 200~300mm 为宜。各层浇筑的间隔时间应不大于混凝土的凝结时间，否则应按施工缝的要求对接槎处进行处理。混凝土浇筑宜人工均匀倒入，不得用料斗直接向模板倾倒，以免对模板造成过大的侧压力。预留孔洞，门、窗口等两侧的混凝土，应对称、均衡浇筑，以免门、窗模移位。

（6）模板滑升

1）初滑阶段。初滑阶段主要对滑模装置和混凝土凝结状态进行检查。当混凝土分层浇筑到 70 mm 左右，且第一层混凝土的强度达到出模强度时，应进行试探性的提升，滑升过程要求缓慢、平稳。用手按混凝土表面，若出现轻微指印、砂浆又不粘手，说明时间恰到好处，可进入正常滑升阶段。

2）正常滑升阶段。模板经初滑调整后，可以连续一次提升一个浇筑层高度，等混凝土浇筑至模板顶面时再提升一个浇筑层高度，也可以随升随浇。模板的滑升速度应与混凝土分层浇筑的厚度配合。两次滑升的间隔停歇时间一般不宜超过 1 h。为防止混凝土与模板黏结，在常温下，滑升速度一般控制在 150~350 mm/h 范围内，最慢不应小于 100 mm/h。

3）末滑阶段。当模板滑升至距建筑物顶部标高 1 m 左右时，即进入末滑阶段，此时应降低滑升速度，并进行准确的抄平和找平工作，以使最后一层混凝土能够均匀交圈，保证顶部标高及位置的准确。混凝土末浇结束后，模板仍应继续滑升，直至与混凝土脱离为止，不致黏住。因气候、施工需要或其他原因而不能连续滑升时，应采取可靠的停滑措施。继续施工前，应对液压提升系统进行全面检查。

（7）楼板施工。采用滑升模板施工的高层建筑，其楼板等横向结构的施工方法主要有：逐层空滑楼板并进法、先滑墙体楼板跟进法和先滑墙体楼板降模法等。

1）逐层空滑楼板并进法。逐层空滑楼板并进又称"逐层封闭"或"滑一浇一"，其做法是：当每层墙体模板滑升至上一层楼板底标高位置时，停止墙体混凝土浇筑，待混凝土达到脱模强度后，将模板连续提升，直至墙体混凝土脱模，再向上空滑至模板下口与墙体上皮脱空一段高度为止（脱空高度根据楼板的厚度确定），然后，将操作平台的活动平台板吊开，进行现浇楼板支模、绑扎钢筋和浇筑混凝土的施工。如此逐层进行，直至封顶。

2）先滑墙体楼板跟进法。先滑墙体楼板跟进法是指当墙体连续滑动数层后，即可自下而上地进行逐层楼板的施工，即在楼板施工时，先将操作平台的活动平台板揭开，由活动平台的洞口吊入楼板的模板、钢筋和混凝土等材料或安装预制楼板。对于现浇楼板施工，也可由设置在外墙窗口处的受料挑台将所需材料吊入房间，再用手推车运至施工地点。

3）先滑墙体楼板降模法。先滑墙体楼板降模施工是针对现浇楼板结构而采用的一种施工工艺。其具体做法是：当墙体连续滑升到顶或滑升至8~10层高度后，将事先在底层按每个房间组装好的模板，用卷扬机或其他提升机具提升到要求的高度，再用吊杆悬吊在墙体预留的孔洞中，然后进行该层楼板的施工。当该层楼板的混凝土达到拆模强度要求时（不得低于15 MPa），可将模板降至下一层楼板的位置，进行下一层楼板的施工。此时，悬吊模板的吊杆也随之接长。这样，施工完一层楼板，模板随之降下一层，直到完成全部楼板的施工，降至底层为止。

（8）模板设备的拆除。模板设备的拆除应制定可靠的方案，拆除前要进行技术交底，确保操作安全。提升系统的拆除可在操作平台上进行，千斤顶留待与模板系统同时拆除。模板设备的拆除顺序为：拆除油路系统及控制台→拆除操作平台→拆除内模板→拆除安全网和脚手架→用木块垫死内圈模板桁架→拆外模板桁架系统→拆除内模板桁架的支撑→拆除内模板桁架。

在高处解体过程中，必须保证模板设备的总体稳定和局部稳定，防止模板设备整体或局部倾倒坍落。拆除过程要严格按照拆除方案进行，建立可靠的指挥通信系统，配置专业安全员，注意操作安全。模板设备拆除后，应对各部件进行检查、维修，并妥善存放保管，以备使用。

（9）滑框倒模施工。滑框倒模施工工艺是在滑模施工工艺的基础上发展而成的一种施工方法。这种方法兼有滑模和倒模的优点，因此易于保证工程质量。但由于操作上多了模板拆除上运的过程，其人工消耗大，故速度略低于滑模。

滑框倒模施工装置的提升设备和模板系统与一般滑模基本相同，也由液压控制台、油路、千斤顶、支承杆、操作平台、围圈、提升架、模板等组成。

滑框倒模的模板不与围圈直接挂钩，模板与围圈之间增设竖向滑道，模板与围圈之间通过竖向滑道连接，滑道固定于围圈内侧，可随围圈滑升。滑道的作用相当于模板的支承系统，它既能抵抗混凝土的侧压力，又可约束模板位移，便于模板的安装。滑道的间距由模板的材质和厚度决定，一般为300~400 mm；长度为1.0~1.5 m，可采用外径为30 mm左右的钢管。

模板应选用活动轻便的复合面层胶合板或双面加涂玻璃钢树脂面层的中密度纤维板，以有利于向滑道内插放和拆模、倒模。模板的高度与混凝土的浇筑层厚度相同，一般为500mm左右，可配置3~4层。模板的宽度，在插放方便的前提下应尽可能加大，以减少竖向接缝。

模板在施工时与混凝土之间不产生滑动，而与滑道之间相对滑动，即只滑框、不滑模。当滑道随围圈滑升时，模板附着于新浇筑的混凝土表面留在原位，待滑道滑升一层模板高度后，即可拆除最下一层模板，清理后倒至上层使用。

三、爬升模板施工

爬升模板简称爬模，是一种自行升降、不需要起重机吊运的模板，可以一次成型一个墙面，其是综合大模板与滑模工艺特点形成的一种成套模板，既保持了大模板工艺墙面平整的优点，又吸取了滑模利用自身设备向上移动的优点。

爬升模板与滑升模板一样，在结构施工阶段附着于建筑结构上，随着结构的施工而逐层上升，这样模板既可以不占用施工场地，也不需要其他垂直运输设备。另外，它装有操作脚手架，施工时有可靠的安全围护，故可不搭设外脚手架，特别适用于在较狭小的场地上建造多层或高层建筑。

爬升模板与大模板一样，是逐层分块安装的，故其垂直度和平整度易于调整及控制，可避免施工误差的积累。

1.爬升模板的组成

爬升模板由模板、爬升支架和爬升设备三部分组成。

（1）模板。爬模的模板与一般大模板构造相同，由面板、横肋、竖向大肋、对销螺栓等组成。面板一般采用薄钢板，也可用木（竹）胶合板。横肋和竖向大肋常采用槽钢，其间距通常根据有关规范计算确定。新浇混凝土对墙两侧模板的侧压力由对销螺栓承受。

模板的高度一般为建筑标准层高度加 100~300 mm，所增加的高度是模板与下层已浇筑墙体的搭接高度，用于模板下端的定位和固定。

模板下端需增加橡胶衬垫，使模板与已结硬的钢筋混凝土墙贴紧，以防止漏浆。模板的宽度可根据一片墙的宽度和施工段的划分确定，可以是一个开间、一片墙或一个施工段的宽度，其分块要与爬升设备能力相适应。在条件允许的情况下，模板越宽越好，以减少各块模板间的拼接和拆卸，提高模板安装精度和混凝土墙面的平整度。

（2）爬升支架。爬升支架由支承架、附墙架、吊模扁担和千斤顶架等组成。爬升支架是承重结构，主要依靠支承架固定在下层已达规定强度的钢筋混凝土墙体上，并随施工层的上升而升高，其下部有水平拆模支承横梁，中部有千斤顶座，上部有挑梁和吊模扁担，主要起悬挂模板、爬升模板和固定模板的作用。因此，要求其具有一定的强度、刚度和稳定性。

支承架用作悬挂和提升模板，一般由型钢焊成格构柱。为便于运输和装拆，一般做成两个标准桁架节，使用时将标准节拼起来，并用法兰盘连接。为方便施工人员上下，支承架尺寸不应小于 650 mm。

附墙架承受整个爬升模板荷载，通过穿墙螺栓传送给下层已达到规定强度的混凝土墙体。底座应采用不少于 4 个连接螺栓与墙体连接，螺栓的间距和位置尽可能与模板的穿墙螺栓孔相符，以便用该孔作为底座的固定连接孔。支承架的位置如果在窗口处，也可利用窗台做支承，但支承架的安装位置必须准确，以防止安装模板时产生偏差。

爬升支架顶端高度一般要超出上一层楼层 0.8~1.0 m，以保证模板能爬升到待施工层位置的高度；爬升支架的总高度（包括附墙架）一般应为 3.0~3.5 个楼层高度，其中附墙架应设置在待拆模板层的下一层；爬架间距要使每个爬架受力不太大，以 3~6 m 为宜；爬架在模板上要均匀、对称布置；支承架应设有操作平台，周围应设置防护设施，以策安全。

（3）爬升动力设备。爬升动力设备可以根据实际施工情况而定，常用的爬升动力设备有环链手拉葫芦、电动葫芦、单作用液压千斤顶、双作用液压千斤顶、爬模千斤顶等，其起重能力一般要求为计算值的 2 倍以上。

环链手拉葫芦是一种手动的起重机具，其起升高度取决于起重链的长度。起重能力应比设计计算值大 1 倍，起升高度比实际需要高 0.5~1.0 m，以便于模板或爬升支架爬升到就位高度时还有一定长度的起重链可以摆动，从而利于就位和校正固定。

单作用液压千斤顶为穿心式，可以沿爬杆单方向向上爬升，但爬升模板和爬升支架各需一套液压千斤顶，每爬升一个楼层还要抽、拆一次爬杆，施工较为烦琐。

双作用液压千斤顶既能沿爬杆向上爬升，又能将爬杆上提。在爬杆上、下端分别安装固定模板和爬架的装置，依靠油路用一套双作用千斤顶就可以分别完成爬升模板和爬升爬架两个动作。由于每爬升一个楼层无须抽、拆爬杆，施工较为快速。

2. 爬升模板的施工工艺

模板与爬架互爬工艺流程如下：弹线找平→安装爬架→安装爬升动力设备→安装外模板→绑扎钢筋→安装内模板→浇筑混凝土→拆除内模板→施工楼板→爬升外模板→绑扎上一层钢筋并安装内模板→浇筑上一层墙体→爬升爬架……如此模板与爬架互爬直接完成整幢建筑的施工。

（1）安装爬升模板。各层墙面上预留安装附墙架的螺栓孔应呈一条垂直线，安装好爬架后要校正垂直度。模板安装完毕后，应对所有连接螺栓和穿墙螺栓进行紧固检查，并经试爬升验收合格后，方可投入使用。

（2）爬架爬升。当墙体的混凝土强度大于 10 MPa 时，就可进行爬升。爬架爬升时，拆除校正和固定模板的支撑，拆卸穿墙螺栓。爬升过程中，两套爬升动力设备要同步。应先试爬 50~100 mm，确认正常后再快速爬升。爬升时要稳起、稳落，平稳就位，防止大幅度摆动和碰撞。爬升过程中有关人员不得站在爬架内，应站在模板外附脚手架上操作。爬升接近就位标高时，应逐个插进附墙螺栓，先插好相对的墙孔和附墙架孔，其余的逐步调节爬架对齐插入螺栓，检查爬架的垂直度并用千斤顶调整，然后及时固定。

（3）模板爬升。如果混凝土强度达到脱模强度（1.2~3.0 MPa），就可以进行模板爬升。先拆除模板对销螺栓、固定支撑、与其他相邻模板的连接件，然后起模、爬升。先试爬升50~100 mm，检查爬升情况，确认正常后再快速爬升。

模板到位后，要校正模板平面位置、垂直度、水平度；如误差符合要求，则将模板固定。组合并安装好的爬升模板，每爬升一次，要将模板金属件涂刷防锈漆，板面要涂刷脱模剂，并要检查下端防止漏浆的橡胶压条是否完好。

（4）拆除爬架。拆除爬升模板的设备，可利用施工用的起重机，也可在屋面上装设"人"字形拔杆或台灵架进行拆除。拆除前要先清除脚手架上的垃圾、杂物，拆除连接杆件，经检查安装可靠后方可大面积拆除。

拆除爬架的施工顺序是：拆除悬挂脚手架、大模板→拆除爬升动力设备→拆除附墙螺栓→拆除爬升支架。

（5）拆除模板。拆除模板的施工顺序是：自下而上拆除悬挂脚手、安全设施→拆除分块模板间的连接件→起重机吊住模板并收紧伸缩→拆除爬升动力设备、脱开模板和爬架→将模板吊至地面。

四、组合模板施工

组合模板包括组合式定型钢模板和钢框木（竹）胶合板模板等，具有组装灵活、装拆方便、通用性强、周转次数多等优点，用于高层建筑施工，既可以做竖向模板，又可以做横向模板；既可按设计要求，预先组装成柱、梁、墙等大型模板，用起重机安装就位，以加快模板拼装速度，也可散装、散拆，尤其在大风季节，当塔式起重机不能进行吊装作业时，可利用升降电梯垂直运输组合模板，采取散装、散拆的施工方式，同样可以保持连续施工并保证必要的施工速度。

1. 组合钢模板

组合钢模板又称组合式定型小钢模，是使用最早且应用最广泛的一种通用性强的定型组合式模板，其部件主要由钢模板、连接件和支承件三大部分组成。钢模板长度为450~1 500mm，以150mm晋级；宽度为100~300mm，以50mm晋级；高度为55mm；板面厚度为2.3 mm或2.5 mm，主要包括平面模板、阴角模板、阳角模板、连接角模以及其他模板（包括柔性模板、可调模板和嵌补模板）等。连接件包括U形卡、L形插销、钩头螺栓、紧固螺栓、模板拉杆、扣件等。支承件包括支承柱、梁、墙等模板用的钢楞、柱箍、梁卡具、圈梁卡、钢管架、斜撑、组合支柱、支承桁架等。

2. 钢框市（竹）胶合板模板

钢框木（竹）胶合板模板是以热轧异形钢为钢框架，以覆面胶合板做板面，并加焊若干钢肋承托面板的一种组合式模板。面板有木（竹）胶合板、单片木面竹芯胶合板等。板面施加的覆面层有热压二聚氰胺浸渍纸、热压薄膜、热压浸涂和涂料等。

品种系列（按钢框高度分）除与组合钢模板配套使用的55系列（钢框高55 mm，刚度小、易变形）外，现已发展有70、75、78、90等系列，其支承系统各具特色。钢框木（竹）胶合板模板的规格长度最长已达到2 400 mm，宽度最宽已达到1 200 mm。

其主要特点有：自重轻，比组合钢模板减轻约 1/3；用钢量少，比组合钢模板约减少 1/2；面积大，单块面积比同样重的组合钢模板增大 40% 左右，可以减少模板拼缝，提高结构浇筑后表面的质量；周转率高，板面均为双面覆膜，可以两面使用，周转次数可达 50 次以上；保温性能好，板面材料的热传导率仅为钢板面的 1/400 左右，故有利于冬期施工；维修方便，面板损伤后可用修补剂修补；施工效果好，表面平整、光滑，附着力小，支拆方便。

第四节　钢筋工程

一、钢筋电渣压力焊（接触电渣焊）

钢筋电渣压力焊是将两钢筋安放成竖向对接形式，利用焊接电流通过两钢筋端面间隙，在焊剂层下形成电弧过程和电渣过程，产生电弧热和电阻热，熔化钢筋，加压完成连接的一种焊接方法。这种方法具有操作方便、效率高、成本低、工作条件好等特点，适用于高层建筑现浇混凝土结构施工中直径为 14~40 mm 的热轧 HPB300 级钢筋的竖向或斜向（倾斜度在 4∶1 范围内）连接。但不得在竖向焊接之后再横置于梁、板等构件中，做水平钢筋之用。

1. 电渣压力焊的焊接原理

电渣压力焊焊接工艺过程为，首先，在钢筋端面之间引燃电弧，电弧周围焊剂熔化形成空穴，随后在监视焊接电压的情况下，进行"电弧过程"的延时，利用电弧热量，一方面使电弧周围的焊剂不断熔化，以形成必要深度的渣池；另一方面，使钢筋端面逐渐烧平，为获得优良接头创造条件。其次，将上钢筋端部插入渣池中，电弧熄灭，进行"电渣过程"的延时，利用电阻热能使钢筋全端面熔化并形成有利于保证焊接质量的端面形状。最后，在断电的同时迅速挤压，排除全部熔液和熔化金属，完成整个焊接过程。

2. 焊接设备和材料

目前的焊机种类较多，按整机组合方式，可分为分体式焊机和同体式焊机两类。分体式焊机由焊接电源（电弧焊机）、焊接夹具和控制箱三部分组成。焊机的电气监控元件分为两部分：一部分装在焊接夹具上（称为监控器或监护仪表）；另一部分装在控制箱内。分体式焊机可利用现有的电弧焊机，节省一次性投资。同体式焊机则是将控制箱的电气元件组装在焊接电源内，成套使用。

焊机按操作方式，可分为手动焊机和自动焊机。自动焊机可降低焊工劳动强度，但电气线路较复杂。焊机的焊接电源可采用额定焊接电流 500 A 和 500 A 以上的弧焊电源（电弧焊机），交流、直流均可。

焊接夹具由立柱，传动机构，上、下夹钳，焊剂（药）盒等组成，并安装有监控装置，包括控制开关、次级电压表、时间指示灯（显示器）。

夹具的主要作用是：夹住上、下钢筋，使钢筋定位同心；传导焊接电流；确保焊药盒直径与焊接钢筋的直径相适应，以便于装卸焊药。

焊剂宜采用高锰、高硅、低氟型 HJ431 焊剂，其作用是使熔渣形成渣池，形成良好的钢筋接头，并保护熔化金属和高温金属，避免氧化、氮化作用的发生。焊剂使用前，必须经 250℃的温度烘烤 2 h。落地的焊剂经过筛烘烤后可回收，与新焊剂各半掺和再使用。

3. 钢筋电渣压力焊工艺过程

钢筋电渣压力焊具有与电弧焊、电渣焊和压力焊相同的特点。其焊接过程可分为四个阶段：引弧过程→电弧过程→电渣过程→顶压过程。焊接时，先将钢筋端部约 120 mm 范围内的铁锈除尽。将夹具夹牢在下部钢筋上，并将上部钢筋夹直夹牢于活动电极中，上、下钢筋的轴线应尽量一致，其最大偏移不得超过 0.1d（d 为钢筋直径），也不得大于 2 mm。上、下钢筋间放一钢丝小球或导电剂，再装上焊剂盒并装满焊剂，接通电路，用手柄引燃电弧（引弧），然后稳定一段时间，使之形成渣池并使钢筋熔化。随着钢筋的熔化，用手柄使上部钢筋缓缓下送，稳弧时间的长短根据不同的电流、电压以及钢筋直径而定。当稳弧达到规定的时间后，在断电的同时用手柄进行加压顶锻，以排除夹渣和气泡，形成接头。待冷却一定时间后，拆除焊剂盒、回收焊剂、拆除夹具和清理焊渣。焊接通电时间一般以 16~23 s 为宜，钢筋熔化量为 20~30 mm。钢筋电渣压力焊一般有引弧、电弧、电渣和挤压四个过程，而引弧、挤压时间很短，电弧过程约占全部时间的 3/4，电渣过程约占全部时间的 1/4。焊机空载电压保持在 80V 左右为宜，电弧电压一般宜控制在 40~45V，电渣电压宜控制在 22~27 V，施焊时观察电压表，利用手柄调节电压。

二、钢筋气压焊

钢筋气压焊是采用一定比例的氧气和乙炔火焰为热源，对需要连接的两钢筋端部接缝处进行加热，使其达到热塑状态，同时对钢筋施加 30~40 MPa 的轴向压力，使钢筋顶焊在一起焊接方法。该焊接方法使钢筋在还原气体的保护下，发生塑性流变后相互紧密接触，促使端面金属晶体相互扩散渗透，再结晶，再排列，形成牢固的焊接接头。这种方法设备投资少、施工安全、节约钢材和电能，不仅适用于竖向钢筋的连接，也适用于各种方向布置的钢筋连接。其适用范围为直径为 14~40 mm 的 HPB300 和 HRB400 级钢筋；当焊接不同直径钢筋时，两钢筋直径差不得大于 7 mm。

钢筋气压焊可分为敞开式和闭式两种。前者是使两根钢筋端面稍加离开，加热到熔化温度，并加压完成的一种方法，属熔化压力焊；后者是将两根钢筋端面紧密闭合，并加热到1200℃~1 250℃，加压完成的一种方法，属固态压力焊。目前，常用的方法为闭式气压焊。

这种焊接的机理是在还原性气体的保护下，钢筋发生塑性流变后相互紧密接触，促使端面金属晶体相互扩散渗透，再结晶、再排列，最后形成牢固的对焊接头。

1. 焊接设备

钢筋气压焊设备主要包括氧气和乙炔供气装置、加热器、加压器及钢筋卡具等。辅助设备有用于切割钢筋的砂轮锯、磨平钢筋端头的角向磨光机等。

供气装置包括氧气瓶、乙炔气瓶、回火防止器、减压器、胶皮管等。

加热器由混合气管和多嘴环管加热器（多嘴环管焊炬）组成。为使钢筋接头处能均匀加热，多嘴环管加热器设计成环状钳形，并要求多束火焰燃烧均匀，调整方便。

加压器由液压泵、液压表、液压油管和顶压油缸四部分组成。作为压力源，通过连接夹具对钢筋进行顶锻。液压泵有手动式、脚踏式和电动式三种。

钢筋卡具（或称钢筋夹具）由可动和固定卡子组成，用于卡紧、调整和压接钢筋。

2. 焊接工艺

钢筋端头必须切平。切割钢筋应用无齿锯，不能用切断机，以免端头成马蹄形，影响焊接质量；切割钢筋要预留 $0.6\sim1.0d$ 接头压缩量，端头断面应与轴线成直角，不得弯曲。

施焊时，将两根待压接的钢筋固定在钢筋卡具上，并施加 $5\sim10$ N/mm² 初压力，然后将多嘴环管焊炬的火口对准钢筋接缝处加热，当加热钢筋端部温度至 $1\,150℃\sim3\,000℃$，表面呈炽白色时，边加热边加压，使压力达到 $30\sim40$ N/mm²，直至接缝处隆起直径为钢筋直径的 $1.4\sim1.6$ 倍，变形长度为钢筋直径的 $1.2\sim1.5$ 倍的鼓包，其形状为平滑的圆球形。待钢筋加热部分火红消失后，即可解除钢筋卡具。

三、钢筋机械连接

钢筋机械连接是通过连接件的机械咬合作用或钢筋端面的承压作用，将一根钢筋中的力传递至另一根钢筋的连接方法。这种方法具有施工简便、工艺性能良好、接头质量可靠、不受钢筋焊接性的制约、可全天候施工、节约钢材和能源等优点。其对不能明火作业的施工现场，以及一些对施工防火有特殊要求的建筑尤为适用。特别是一些可焊性差的进口钢材，采用机械连接更有必要。常用的机械连接接头类型有挤压套筒接头、锥螺纹套筒接头等。

1. 钢筋套筒挤压连接

钢筋套筒挤压连接，又称钢筋压力管接头法，俗称冷接头。即用钢套筒将两根待连接的钢筋套在一起，采用挤压机将套筒挤压变形，使它紧密地咬住变形钢筋，以此实现两根钢筋的连接。钢筋的轴向力主要通过变形的套筒与变形钢筋的紧固力传送。这种连接工艺适用于钢筋的竖向连接、横向连接、环形连接及其他朝向的连接。

钢筋挤压连接技术主要有两种，即钢筋径向挤压法和钢筋轴向挤压法。

（1）钢筋径向挤压法。钢筋径向挤压法适用于直径为 $16\sim40$ mm 的 HRB440 级带肋钢筋的连接，包括同径和异径。当套筒两端外径和壁厚相同时，被连接钢筋的直径相差不应大于 5 mm 钢筋。

（2）钢筋轴向挤压法。钢筋轴向挤压法是采用挤压机和压模，对钢套筒和插入的两根对接钢筋沿轴线方向进行挤压，使套筒咬合到变形钢筋的肋间，结合成一体。钢筋轴向挤压连接可用于相同直径钢筋的连接，也可用于相差一个等级直径（如 $\phi 25 \sim \phi 28$、$\phi 28 \sim \phi 32$）的钢筋的连接。

2. 锥螺纹钢筋套筒连接

锥螺纹钢筋套筒连接是利用锥形螺纹能承受轴向力和水平力以及密封性能较好的特点，依靠机械力将钢筋连接在一起。操作时，首先用专用套丝机将钢筋的待连接端加工成锥形外螺纹；然后，通过带锥形内螺纹的钢套筒连接将两根待接钢筋连接；最后，利用力矩扳手按规定的力矩值使钢筋和连接钢套筒拧紧在一起。

锥螺纹钢筋套筒连接具有接头可靠、操作简单、不用电源、全天候施工、对中性好、施工速度快等优点，可连接各种钢筋，不受钢筋种类、含碳量的限制。其接头的价格适中，成本低于冷挤压套筒接头，高于电渣压力焊和气压焊接头。

（1）钢筋锥螺纹的加工要求

1）钢筋应先调直再下料。钢筋下料可用钢筋切断机或砂轮锯，但不得用气割下料。下料时，要求切口端面与钢筋轴线垂直，端头不得挠曲或出现马蹄形。

2）加工好的钢筋锥螺纹丝头的锥度、牙形、螺距等必须与连接套的锥度、牙形、螺距一致，并应进行质量检验。检验内容包括锥螺纹丝头牙形检验和锥螺纹丝头锥度与小端直径检验。

3）加工工艺为：下料→套丝→用牙形规和卡规（或环规）逐个检查钢筋套丝质量→质量合格的锥螺纹丝头用塑料保护帽盖封，待查和待用。

4）钢筋经检验合格后，方可在套丝机上加工锥螺纹。为确保钢筋的套丝质量，操作人员必须遵守持证上岗制度。操作前应先调整好定位尺，并按钢筋规格配置相对应的加工导向套。对于大直径钢筋，要分次加工到规定的尺寸，以保证螺纹的精度和避免损坏梳刀。

5）钢筋套丝时，必须采用水溶性切削冷却润滑液，当气温低于 0 ℃时，应掺入 15%~20% 亚硝酸钠，不得采用机油做冷却润滑液。

（2）钢筋连接。连接钢筋前，先回收钢筋待连接端的保护帽和连接套上的密封盖，并检查钢筋规格是否与连接套规格相同，检查锥螺纹丝头是否完好无损、有无杂质。

连接钢筋时，应先把已拧好连接套的一端钢筋对正轴线拧到被连接的钢筋上，然后用力矩扳手按规定的力矩值把钢筋接头拧紧，不得超拧，以防止损坏接头丝扣。拧紧后的接头应画上油漆标记，以防止有的钢筋接头漏拧。锥拧紧时要拧到规定扭矩值，待测力扳手发出指示响声时，才认为达到了规定的扭矩值。但不得加长扳手杆来拧紧。质量检验与施工安装使用的力矩扳手应分开使用，不得混用。

在构件受拉区段内，同一截面连接接头数量不宜超过钢筋总数的 50% 受压区不受限制。连接头的错开间距应大于 500 mm，保护层不得小于 15 mm，钢筋间净距应大于 50 mm。

在正式安装前，要取三个试件进行基本性能试验。当有一个试件不合格时，应取双倍试件进行试验；如仍有一个试件不合格，则该批加工的接头为不合格，严禁在工程中使用。

连接套应有出厂合格证及质保书。每批接头的基本试验应有试验报告。连接套与钢筋应配套一致。连接套应有钢印标记。

安装完毕后，质量检测员应用自用的专用测力扳手，对拧紧的扭矩值加以抽检。

第五节　混凝土工程

1. 混凝土的浇筑

混凝土的施工应该根据一次浇筑方量、浇筑的种类、混凝土的供应情况效率、气温、机械及人员等情况，每个自然层采取两次浇筑或者一次性浇筑。采取一次性浇筑时，可以加快工程进度，但要注意控制浇筑速度，倘若在柱、核心筒墙混凝土浇筑到梁、板底之后，就紧接着对楼面梁或板混凝土浇筑，并没有经过充分沉实，这样容易造成柱、墙混凝土在梁、板混凝土浇筑之后还会继续沉落，造成该处发生干缩裂缝。因此，柱、墙混凝土与梁、板混凝土最好采用分两次浇筑的方式进行。

在工程开工之前，一般要按设计要求配制不同强度等级的混凝土。当柱与核心筒墙混凝土强度等级高于梁、板混凝土的强度等级不多时（不超过 2 级），可根据实际情况采用柱、核心筒墙混凝土与梁、板一起浇筑，但在梁柱节点处采用增加短筋（柱主筋数的 0~50%）的方法来增加强度，以避免柱在竖向载荷作用下的承载力不足。当地下室外墙与梁板混凝土强度等级，柱和核心筒体与梁板混凝土强度等级，级差较大时（大于 2 级），应在柱、墙梁底向上 10~15mm 处设水平施工缝，将柱、墙混凝土分两次浇筑。同一楼层的混凝土，应按照先竖向结构后水平结构的顺序，分层连续浇筑。而对于地下室外墙混凝土宜分段连续浇筑，在初凝前接上搓。柱、墙混凝土在浇筑完毕后应停歇 1.0~1.5h，使其经过初步沉实后，再继续浇筑梁板混凝土。梁板的混凝土应采用二次振捣法，即在混凝土初凝前再进行一次振捣，增强高低强度等级混凝土交接面上的密实性，减少收缩。梁的浇筑方法应从一端开始用赶浆法浇筑，根据梁的高度分层阶梯形浇筑。当浇筑到板底位置时再跟板的混凝土一起浇筑，随阶梯形延伸，梁板混凝土浇筑连续推进。浇筑时，必须与振捣紧密地配合，第一层后，要待梁底混凝土充分振实之后再下第二层料。

2. 混凝土的布料

混凝土的布料通常采用混凝土输送泵来布料，基坑两侧利用溜槽以配合施工。浇筑的时候，应在浇筑点 2~3m 的范围内水平移动进行布料。混凝土宜采用薄层浇筑的方法，分层厚度应有所限制，每层宜控制在 300~500mm 以内，以避免底层的空气无法顺利排出，导致混凝土捣实不全，使表面出现缺陷。

3. 混凝土的振捣

混凝土的振捣一般采用插入式振捣棒来进行，振捣棒必须插入浇层内 50~100mm，层间不存在混凝土缝，紧密的结合成为一体。由于混凝土的塌落度大，混凝土斜坡的摊铺较长，每个作业面要分前中后三排来振捣混凝土，边浇筑边成型。振捣棒的插点要均匀地排列，同时必须按一定顺序有规律地插棒，可采取"行列式"或"交错式"的次序移动，但最好不要混用，以免造成混乱或发生漏振。每一个插点都要掌握好振捣时间，过短不易捣实混凝土，过长可能会致使混凝产生离析现象。通常每点的振捣时间以混凝土表面呈水平且不再显著下沉、不再出现气泡、表面泛出灰浆为准。混凝土的振捣顺序要从浇筑的底层开始，然后逐层往上移，在每个浇筑层的上、下部布置三道振动棒。第一道布置在混凝土的卸料点，主要解决上部的振实，第二道设置在中间，第三道安放在坡角处，主要是振捣下部混凝土，使之自然地流淌成坡度，然后全面振捣。混凝土振捣时应由坡脚和坡顶同时向坡中振捣。而针对截面较窄、深度较大的剪力墙，插入式振捣棒很难插到底，不利于振捣。因此，要依靠附着式振动器振捣，附着式振捣器的间距应该控制在3mm左右。

4. 混凝土的泌水及浮浆处理

由于混凝土采用分层浇筑，混凝土上下层之间的施工有一定的间隔时间，而且混凝土具有坍落度，因此，各浇筑层容易产生泌水层。在混凝土浇筑过程中，要预先在底板四周外模上设置泄水孔。在浇筑混凝土前要将泄水孔清理畅通，以便于混凝土表面的泌水排出。当混凝土浇筑到接近尾声时，再将排出的泌水用软轴泵抽出。浇筑过程中混凝土的泌水要及时处理，避免粗骨料下沉，令混凝土表面的水泥砂浆过厚，导致混凝土强度不均以及收缩裂缝的产生。

5. 混凝土的表面处理

由于混凝土表面覆盖有较厚水泥浆，在浇筑后 2~3h，须根据标高用长刮尺初步刮平，然后用木槎反复搓压若干遍，使其表面密实平整，在混凝土初凝前再用铁槎板压光。同时，还要做好混凝土的养护工作，规定合理的拆模时间，才能保证混凝土的强度。混凝土底板浇筑振捣到标高后，待混凝土收水初凝时，要用木抹子仔细将其表面压平，并在混凝土进行养护之前，再认真检查表面有否龟裂，如果存在裂纹需再用木抹子收缝抹压后才能覆盖养护。

6. 混凝土的养护

在某些工程上的使用表明，在配比、原材料、振捣控制严格的情况下，仍出现混凝土强度不足，原因就是混凝土的养护工作没有做好。混凝土浇筑后，应及时进行养护，才能让其不会因温差和强度等级的不同而产生收缩裂缝或出现片状、粉状脱落，影响混凝土的耐久性。混凝土的养护，要从人员、水源、昼夜覆盖等多方面措施进行考虑，其中要把重点放在加强混凝土的湿度和温度的控制上。混凝土表面压平后，应先在混凝土表面洒适量水，再覆盖上一层塑料薄膜等，然后在塑料薄膜上覆盖麻袋、篷布保温材料进行养护，覆盖要严密，防止混凝土暴露，减少表面水分的蒸发。中午气温较高时应该揭开保温材料进行适当散热。浇水次数要以能使混凝土表面保持湿润的状态为宜。对于梁，不但要进行浇水，还要尽可能推迟梁侧模的拆模时间。保温层在混凝土达到所要求强度，且表面温度与环境温度差不大于20℃时，才能够拆除，最好安排在中午气温比较高时拆除。一般混凝土养护不少于7d。

第六节　大体积混凝土施工

大体积混凝土结构的施工技术和施工组织都比较复杂，因此施工时应十分慎重，否则容易出现质量事故，造成不必要的损失。组织大体积混凝土结构施工，在模板、钢筋和混凝土工程方面有许多技术问题需要解决。

一、钢筋工程施工

大体积混凝土结构钢筋具有数量多，直径大，分布密，上、下层钢筋高差大等特点。这是它与一般混凝土结构的明显区别。

为使钢筋网片的网格方整划一、间距正确，在进行钢筋绑扎或焊接时，可采用4~5 m长的卡尺限位绑扎。根据钢筋间距在卡尺上设置缺口，绑扎时在长钢筋的两端用卡尺缺口卡住钢筋，待绑扎牢固后拿去卡尺，这样既能满足钢筋间距的质量要求，又能加快绑扎的速度。也可以先绑扎一定间距的纵、横钢筋，校对位置准确，再画线绑扎其他钢筋。钢筋的连接，可采用气压焊、对接焊、锥螺纹和套筒挤压连接等方法。有一部分粗钢筋要在基坑内底板处进行连接，故多用锥螺纹和套筒挤压连接。

大体积混凝土结构由于厚度大，多数设计为上、下两层钢筋。为保证上层钢筋的标高和位置准确无误，应设立支架支撑上层钢筋。过去多用钢筋支架，其不仅用钢量大、稳定性差、操作不安全，还难以与上层钢筋保持在同一水平面上，因此目前一般采用角钢焊制的支架来支承上层钢筋的质量、控制钢筋的标高、承担上部操作平台的全部施工荷载。钢筋支架立柱的下端焊在钢管桩桩帽上，在上端焊上一段插座管，插入 $\phi48$ 钢筋脚手管，用横楞和满铺脚手板组成浇筑混凝土用的操作平台。

钢筋网片和骨架多在钢筋加工厂加工成型，运到施工现场进行安装，但工地上也要设简易的钢筋加工成型机械，以便对钢筋进行整修和临时补缺加工。

二、模板工程施工

模板是保证工程结构外形和尺寸的关键，而混凝土对模板的侧压力是确定模板尺寸的依据。大体积混凝土采用泵送工艺，其特点是速度快、浇筑面集中，它不可能同时将混凝土均匀地分送到浇筑混凝土的各个部位，而是立即使某一部分的混凝土升高很大，然后再移动输送管，依次浇筑另一部分的混凝土。因此，采用泵送工艺的大体积混凝土的模板，不能按传统、常规的办法配置。应根据实际受力状况，对模板和支撑系统等进行计算，以确保模板体系具有足够的强度和刚度。

大体积混凝土结构由于基础垫层面积较大，垫层浇筑后其面层不可能在同一水平面上，因此，宜在基础钢模板下端通长铺设一根 50 mm×100 mm 的小方木，用水平仪找平，以确保基础钢模板安装后其上表面能在同一标高上。另外，应沿基础纵向两侧及横向于混凝土浇筑最后结束的一侧，在小方木上开设 50 mm×300 mm 的排水孔，以便将大体积混凝土浇筑时产生的泌水和浮浆排出。

箱形基础的底板模板，多将组合钢模板或钢框胶合板模板按照模板配板设计组装成大块模板进行安装，不足之处以异形模板补充，也可用胶合板加支撑组成底板侧模。

箱形基础的墙、柱模板及顶板模板与上部结构模板相似，可用组合钢模板、钢框胶合板模板及胶合板组成。

大体积混凝土模板工程施工应符合下列要求：

1. 大体积混凝土的模板和支架系统应按国家现行有关标准的规定进行强度、刚度和稳定性验算，同时，还应结合大体积混凝土的养护方法进行保温构造设计。

2. 模板和支架系统在安装、使用和拆除过程中，必须采取防倾覆的临时固定措施。

3. 后浇带或跳仓法留置的竖向施工缝，宜用钢板网、钢丝网或小板条拼接支模，也可用快易收口网进行支挡。"后浇带"的垂直支架系统宜与其他部位分开。

4. 大体积混凝土的拆模时间应满足现行国家有关标准对混凝土强度的要求，混凝土浇筑体表面与大气温差不应大于 20℃。当模板作为保温养护措施的一部分时，其拆模时间应根据温控要求确定。

三、混凝土工程施工

高层建筑基础工程的大体积混凝土数量巨大，最适宜用混凝土泵或泵车进行浇筑。混凝土泵型号的选择，主要根据单位时间需要的浇筑量及泵送距离来确定。基础尺寸不是很大、可用布料杆直接浇筑时，宜选用带布料杆的混凝土泵车。否则，就需要布管，一次伸长至最远处，采用边浇边拆的方式进行浇筑。

混凝土泵（泵车）能否顺利泵送，在很大程度上取决于其在平面上的合理布置与施工现场道路的畅通。如利用泵车，宜使其尽量靠近基坑，以扩大布料杆的浇筑半径。混凝土泵（泵车）的受料斗周围宜有能够同时停放两辆混凝土搅拌运输车的场地，这样可轮流向混凝土泵（泵车）供料，调换供料时不至于停歇。如使预拌混凝土工厂中的搅拌机、混凝土搅拌运输车和混凝土泵（泵车）相对固定，则可简化指挥调度，提高工作效率。

混凝土浇筑时应符合下列要求：

1. 大体积混凝土的浇筑应符合下列规定：

（1）混凝土浇筑层厚度应根据所用振捣器的作用深度及混凝土的和易性确定，整体连续浇筑时宜为 300~500 mm。

（2）整体分层连续浇筑或推移式连续浇筑，应缩短间歇时间，并应在前层混凝土初凝之前将次层混凝土浇筑完毕。层间最长的间歇时间不应大于混凝土的初凝时间。混凝土的初凝时间应通过试验确定。当层间间歇时间超过混凝土的初凝时间时，层面应按施工缝处理。

（3）混凝土浇筑宜从低处开始，沿长边方向自一端向另一端进行。当混凝土供应量有保证时，也可多点同时浇筑。

（4）混凝土浇筑宜采用二次振捣工艺。

2. 大体积混凝土施工采取分层间歇浇筑时，水平施工缝的处理应符合下列规定：

（1）清除浇筑表面的浮浆、软弱混凝土层及松动的石子，并均匀露出粗集料。

（2）在上层混凝土浇筑前，应用清水冲洗混凝土表面的污物，充分润湿，但不得有积水。

（3）对非泵送及低流动度混凝土，在浇筑上层混凝土时，应采取接浆措施。

3. 大体积混凝土底板与侧墙相连接的施工缝，当有防水要求时，应采取钢板止水带处理措施。

4. 在大体积混凝土浇筑过程中，应采取防止受力钢筋、定位筋、预埋件等移位和变形的措施，并应及时清除混凝土表面的泌水。

5. 大体积混凝土浇筑面应及时进行二次抹压处理。

由于泵送混凝土的流动性大，如基础厚度不是很大，多采用斜面分层循序推进，一次到顶。

这种自然流淌形成斜坡的混凝土浇筑方法，能较好地适应泵送工艺。

混凝土的振捣也要适应斜面分层浇筑工艺，一般在每个斜面层的上、下各布置一道振动器。上面一道振动器布置在混凝土卸料处，保证上部混凝土捣实。下面一道振动器布置在近坡脚处，确保下部混凝土密实。随着混凝土浇筑的向前推进，振动器也相应跟上。

大流动性混凝土在浇筑和振捣过程中，上涌的泌水和浮浆会顺着混凝土坡面流到坑底，混凝土垫层在施工时已预先留有一定坡度，可使大部分泌水顺垫层坡度通过侧模底部预留孔排出坑外。少量来不及排除的泌水随着混凝土向前浇筑推进而被赶至基坑顶部，由模板顶部的预留孔排出。

当混凝土大坡面的坡脚接近顶端模板时，改变混凝土浇筑方向，即从顶端往回浇筑，与原斜坡相交成一个集水坑，另外，有意识地加强两侧板模板处的混凝土浇筑强度，这样集水坑就会逐步在中间缩小成水潭，可用软轴泵及时排除。采用这种方法基本上可以排除最后阶段的所有泌水。

大体积混凝土（尤其用泵送混凝土）的表面水泥浆较厚，在浇筑后要进行处理。一般先按设计标高用长刮尺刮平，然后在初凝前用铁滚筒碾压数遍，再用木榫打磨压实，以闭合收水裂缝，经12h左右再用草袋覆盖，充分浇水湿润养护。

四、特殊气候条件下施工

1. 大体积混凝土施工遇炎热、冬期、大风或雨雪天气时，必须采用保证混凝土浇筑质量的技术措施。

2. 在炎热天气下浇筑混凝土时，宜采用遮盖、洒水、拌冰等降低混凝土原材料温度的措施，混凝土入模温度宜控制在30℃以下。混凝土浇筑后，应及时进行保湿保温养护，条件许可时，应避开在高温时段浇筑混凝土。

3. 冬期浇筑混凝土时，宜采用热水拌和、加热骨料等提高混凝土原材料温度的措施，混凝土入模温度不宜低于5℃。混凝土浇筑后，应及时进行保温保湿养护。

4. 在大风天气下浇筑混凝土时，对作业面应采取挡风措施，并应增加混凝土表面的抹压次数，还要及时覆盖塑料薄膜和保温材料。

5. 在雨雪天不宜露天浇筑混凝土，当需要施工时，应采取确保混凝土质量的措施。在浇筑过程中突遇大雨或大雪天气时，应及时在结构合理部位留置施工缝，并应尽快中止混凝土浇筑；对已浇筑但未硬化的混凝土应立即进行覆盖，严禁雨水直接冲刷新浇筑的混凝土。

第七节　施工安全

一、施工中的安全管理

全面增强施工人员的安全意识。要牢固树立安全生产第一的方针。以专业安全知识为内容行政奖励、法律、法规为手段，全面增强施工人员的安全意识，以不断提高施工人员的自我安全防范能力，明确安全生产责权、利的关系，以达到施工安全效益最佳的目的。主要包括：加强专业安全知识、技术的日常教育与培训，用安全典型事例和事故教训进行教育，对照法律、法规认真地进行分析、讨论。将安全法律、法规逐件公示在安教宣传栏中。积极组织各类管理人员，参加好的安全讲座和参观受表彰表扬的项目工程。通过重视人员的管理、机制的建立、系统的完善，营造出施工企业的安全文化。

明确建筑工程项目的安全生产责任人。在施工中，明确安全控制由项目经理全面负责，要制定安全管理工作的要点。明确施工安全的承诺与目标，要编制工程项目安全计划，建立安全生产责任制，完善安全保证体系。工程项目部要建立安全生产责任制，把安全责任目标分解到岗、落实到人。并针对不同的建设项目和施工条件，合理地组织人力、财力、物力，确保施工生产中的安全。

抓好施工前与施工中的安全管理。工程施工安全产生于生产过程中，必须以"预防为主"，做好施工前的准备和施工过程中的监督与管理。施工前，要循序渐进，分步骤、分阶段地有序进行。首先是做好施工前的调查研究。针对现场的地形、地物、地貌进行勘查、记录，及时发现可能造成安全隐患的因素，并依据实地记录、设计文件做好安全技术措施的编制，以及现场安全警示的工作。开展好安全生产的宣教，实施安全技术培训与考核，并做好安全技术交底工作。施工中，要遵循"按图施工"的原则，充分了解并掌握设计文件的要求及安全技术措施的内容。做好各项安全防护及应力支撑系统的验收工作。特别是井支架、脚手架、各类支撑等。卸料平台等经常性活荷载受力的部位，要按照安全计算的模式进行搭建。掌握全程施工动态，及时发现、纠正违规操作和违纪行为。

二、加强施工中的事前预控和过程控制

所有进入施工现场的人员都必须符合国家省市有关部门颁布的各项安全规程的规定，用工手续要完备；施工单位在开工前要建立完善的安全生产责任制，建立安全生产领导组织机构，编制安全管理网络，使之成为整个工程的完整体系；严格实行书面安全交底，施工单位安全部门应编制完整的教育计划大纲，进行相应的安全知识考试，每个参与工程施工的新进场人员均要进行安全考核，严格控制施工人员准入制度。同时，施工单位专职安全人员应该巡查工地，随时了解施工过程，检查施工中的防范措施是否按施工组织设计去执行，检查安全制度情况，督促施工单位对施工机械设备加强日常的检查和维护保养工作，及时发现并排除隐患，根据工程进展，分阶段对重点部位举行特别专题安全会议，将安全防范和安全措施安排在施工之前，及时提醒、督促有关单位注意重点部位的安全防范口。如发现安全隐患时，要当场剖析原因，及时指正，限期整改。对预防措施和纠正的实施过程和实施效果，应跟踪验证，保存验证记录。同时要建立健全奖罚制度，以经济辅助为手段，促进施工安全生产，保证施工中的安全。

在安全生产管理上。首先，改进建筑施工安全生产监督的管理。要求各企业单位严格按照《建设工程安全生产管理条例》实行建筑施工企业安全生产许可证制度，企业未取得安全生产许可证的，不得从事生产活动。其次，要严格审查承建资格，不准超范围施工。在招标的过程中，未交工验收的项目经理不得再参加投标。以此限制不合格的企业获得投标权。再次，建立相关的安全生产组织机构及各级安全生产责任制。这种设置加强了企业单位对施工队、项目部门的管理，同时明确了各级的安全责任，加强了个人做好本岗位安全工作的意识。有关的安全负责人还应对安全生产的执行情况进行检查及做好登记工作。还应加强对农民工的管理，在进单位前必须进行三级安全教育，经考试合格后才能上岗。同时对作业人员进行经常性的安全教育，要实行"三工制"，从而提高作业人员的安全意识和自我保护能力。最后，就是政府部门起到重要的作用，可以依靠行政条例对违法安全生产和发生重大安全事故的单位进行查处。在技术方案上，建筑施工有它的特定因素，所

以在施工过程中，必定要考虑到它的这一因素。

　　首先，要按照防雨、防台风、防洪、防触电等安全规定，从而按实际现场规划并做好其他生产及生活设施的布置工作。其次，在生活及生活区内应有足够的水源，编制消防工作，安放消防器材，施工作业人员应知道并会使用消防器材，场合摆放的物品均符合消防安全规定摆放。再次，所有现场的人员必须戴安全帽，按规定佩戴及穿着。从事作业的人员必须取得相关的操作证方可上岗。对于相关的施工器材还应做好安全保护装置，同时有相关的人员进行管理、使用维修和保养。在高压的危险地带应该做出标志，从而较好地做好防范措施。因此，作为我国国民经济的支柱产业之一的建筑业，对我国的国民经济影响极大，关系到其他产业的发展，这就要求施工人员应十分重视建筑施工的安全问题，所以在管理建筑施工安全方面，要把实际情况和从事作业人员的科学理论知识掌握、科学的管理模式较好地结合在一起。

第八节　绿色施工

一、绿色施工的内涵

　　绿色施工是指工程建设中，在保证安全、质量等基本要求的前提下，运用先进的技术、科学的管理，最大限度地减少对资源的浪费、对环境的污染和破坏的施工活动。其核心内涵是实现"四节一环保"，即节地、节材、节水、节能和环境保护。绿色施工不仅仅是在施工过程中执行传统意义上的控扬尘、降噪声、少扰民、减消耗等措施，更涉及生态建设与环境保护、资源与能源的开发利用、社会经济的良性发展等可持续经营的方方面面。

二、高层建筑实施绿色施工对节能环保的重要意义

　　高层建筑是城市化建设的主体，在其建设过程中实施绿色施工，对节约能源、环境保护有着重要意义，表现在以下三个方面：

　　1.绿色施工为城市人居环境的清洁提供有效的保证。高层建筑施工过程中，往往需要进行植物移栽、路面开挖、废物堆积等，对城市原有生态环境造成巨大的破坏，施工中产生的噪声、扬尘（甚至含有毒物质）等，不但破坏了城市的良好形象，也给城市居民带来诸多的不便，影响了其正常的工作和生活，身心健康也受到了极大的威胁。因此，通过在高层建筑施工过程中实施绿色施工技术，能有效地减少扬尘、噪声等危害，消除给居民正常生活的不利影响，有效地解决植物移栽、路面开挖、废物堆积等带来的各种城市环境问题。

　　2.绿色施工是城市良性发展的必要前提。一个城市是否能够取得真正意义上持续的、良性的发展，与其发展过程中是否具备注重生态建设、环境保护及人性化施工等要求息息

相关。绿色施工以不影响或少影响居民正常生活为前提，以保护生态环境、节约资源为己任，处处体现人性化、环保化，将绿色理念贯穿于整个施工过程中，在一定意义上带动着城市的良性发展。

3.绿色施工是建筑企业可持续发展的先决条件。首先，绿色施工通过技术的改进、科学的管理，能够最大限度节约土地、水、能源、材料等资源，从而节约建设成本，将更多资金转到质量投入上，并形成良性循环，最终获得更高的经济收益。其次，在当今节能环保的大背景下，任何企业只要有破坏环境的行为，必然遭到法律的制裁、社会的谴责、人民的唾弃，建筑企业也不例外，若在施工过程中，企业能够通过技术手段主动为环保事业做一份贡献，必然能在群众心目中树立起良好的企业形象，为企业长期的、可持续的发展打下坚实的基础。

三、高层建筑中的绿色施工技术要点

1.控制扬尘的污染

在高层建筑施工，施工过程中产生的扬尘是污染破坏大气环境的主要因素之一，对自然环境造成了严重的破坏，因此，需有效采取措施，加强对施工扬尘的控制。如在对运输过程中出现飞扬、散落的物料现象，应及时对车辆做出严密的封锁措施；在建筑施工现场利用合理的区域构建洗车槽，保证排放的污水能够废物利用，不会流出道路，导致污染；在建筑土墙、电气配置安装、建筑结构施工、拆除临时的构建物等阶段时，应对施工现场的具体情况进行结合，做出清理积尘、围栏、洒水、高压喷雾等防范施工扬尘的主要措施。

2.控制对施工用地的节约

在高层建筑施工过程中应对施工现场周边环境的基础设施、管线分布做好掌握，控制保护好场地内具有历史特色及文物古迹的建筑物。如需设置临时的施工用地，应结合用地面积最小化的原则进行实施设计，使平面布局在图纸中尽量规划得合理、节约，提高用地的有效利用率。在对现场地面进行铺设开挖时，应结合永久道路，尽量采用环形通路的铺设方案，争取减少道路的占地面积，以节约施工用地节约。

3.控制保护施工土壤

高层建筑的施工过程因为需大面积的开挖路面，容易造成土壤的流失、土壤的腐蚀，因此，需加强制定建筑施工土壤的保护措施。对于道路开挖造成的裸土现象，应及时对此区域选择一些速生草种进行种植植被，保护自然环境；因为建筑施工易发生地表的径流土壤流失，所以需对此情况采取设置地表的排水系统，进行植被的覆盖，进而稳定斜坡，减少土壤的流失；对于沉淀池、化粪池、隔油池等，需经常维护防止发生堵塞、溢出、渗漏的现象出现，及时清理各类池的沉淀物，并与环管部门协商运出清运，防止有毒物泄漏，影响土壤再生。

4. 控制施工噪声

为了对高层建筑施工过程中产生的噪声进行控制，必须保证建筑施工工程距离居民居住区两百米的范围，在夜间九点至早上六点这段时间停止施工；选择施工设备时，需采用低振动、低噪声的施工器具，且开设临时的隔音、隔振动的屏障设施。如利用电锯、电刨之前搭设的临时封闭施工棚，选址应远离居民区，在较远的区域进行设置，从而做到防范建筑施工噪声和振动对周边居民及周边环境造成不利的影响。

5. 控制施工用水的污染

在高层建筑施工中，混凝土防扬尘所排放的污水需根据建筑施工现场的不同情况进行处理，落实与此相对应的控制措施，如设置化粪池、沉淀池、隔油池等；抽样检测排放的污水，并做出实际的污水检测报告，确保污水的排放能够符合国家污水综合排放的标准要求；对涉及的有毒油料、有毒材料的存储仓，应设立严密密封的隔水层，防范渗透、遗漏的发生，对环境产生不可恢复的破坏。

6. 控制施工垃圾的产量

高层建筑绿色施工应对施工垃圾实行减量化的原则，减少垃圾的产生，如对建筑废弃材料控制不能超过每平方米四百吨的产出量；对施工垃圾的回收利用做好措施，以环保的观念对垃圾进行分类，力保垃圾的回收率和利用率能够达到 3% 以上，对拆除临时搭建物所产生的废弃物的回收率及利用率能够达到 40% 以上；施工人员的生活区设置环保垃圾收容器，利用袋装的方式把生活垃圾进行及时的处理；建筑垃圾进行合理的分类，再集中送往建筑施工现场的垃圾站进行统一运出处理。

7. 水污染及光污染控制

建筑工程中的绿色施工是离不开水的，需要大量运用水资源，在绿色施工中施工污水的排放应严格按照国家对污水排放的相关标准及要求对施工污水排放进行管理控制，在施工作业现场针对不同类型的污水应采取相应的排放处理措施，并委托具有一定资质的检测单位对污水排放指数进行检测，并提交污水排放检测报告，以便施工企业真实了解污水排放的实际情况。此外，对施工现场的地下水也应采取一定的保护措施，可以利用边坡支护技术实现对地下水资源的保护。光污染也会影响绿色施工操作，工作人员在夜间室外操作中应重点对施工现场中的照明设备进行保护，因为这是光污染的主要来源。同时还要避免绿色施工电焊作业中的弧光污染，操作过程中必要时应采取遮挡处理措施，以免电焊时弧光外泄。

第六章　钢结构施工新技术

钢结构具有强度高、自重轻、安装容易、施工周期短、抗震性能好、投资回收快、环境污染少等综合优势。虽然我国现代钢结构技术应用起步较晚，但近年来，随着我国改革开放和经济建设的不断发展，钢结构在工程中也得到了迅速发展。同时，国家政策上也大力支持发展钢结构。1997 年建设部发布《中国建筑技术政策》（1996—2010），明确提出了发展建筑钢材、建筑钢结构和建筑钢结构施工工艺的具体要求，使我国的钢结构产业政策出现了重大转变，由长期以来实行的"节约钢材"转变为"合理用钢""鼓励用钢"的积极政策，这将进一步促进我国建筑产品结构的调整。

为了满足各种使用需求，钢结构建筑的高度不断攀升，造型日益繁多，功能逐渐强大，范围一再扩展。近年来，我国的大跨度复杂空间结构，如网架与网壳结构悬索结构、膜结构、钢和混凝土组合结构等钢结构工程发展迅速，很多工程在规模和结构上都没有先例，一大批新结构、新材料、新工艺和新技术的采用，使传统的施工技术不断地进步和提高，正逐步完善成能够适应当前钢结构发展趋势的现代施工技术。本章主要介绍网架与网壳悬索结构、膜结构、钢和混凝土组合结构等的施工新技术。

第一节　网架与网壳施工

一、概述

在众多的空间结构中，网格结构是我国空间钢结构中发展最快、应用最广的结构形式。它是将杆件按一定规律布置，通过节点连接而成的一种空间杆系结构。网格结构的外形可以呈平板状，即网架，也可以呈曲面状，即网壳。

网架结构一般由钢杆件通过节点有机地结合起来，空间刚度大，整体性好，制作安装方便。网架结构按弦杆层数不同分为双层网架和多层网架。

网架结构具有如下特点：可实现的跨度大、经济。由于网架的空间整体作用，刚度大，稳定性好，对局部结构的制造缺陷不很敏感，因而应力分布均匀，用料经济，安全可靠。网架结构属高次超静定结构，安全储备大。制作安装方便。杆件节点较单一，可在工厂成批生产。

网壳实际上是一种曲面形的网架，以其合理的结构形态来抵抗外荷载的作用。在一般情况下，同等条件特别是大跨度的情况下，网壳要比网架节约许多钢材，并且网壳外形美观、富于表现、充满变化，因而在现代钢结构中也得到迅速发展。

网壳按构件层数可分为单层网壳和双层网壳，按曲面外形可分为柱面网壳、球面网壳、双曲面网壳、圆锥面网壳、扭曲面网壳、单块扭网壳、双曲抛物面网壳、切割或组合曲面网壳等八类。

网壳结构的特点：结构造型丰富多彩；刚度大，跨越能力大；兼有杆系结构和薄壳结构的主要特征，杆件较为单一，受力比较合理；现场安装简便，不需要大型的机具设备，综合技术经济指标较好。

网架与网壳和支承结构之间联系的纽带即为网架与网壳的支座节点，它是指搁置在柱顶、圈梁等下部支承结构上的节点，是整个结构的重要部位。根据受力状态，支座节点一般包括平板支座、弧形支座板式橡胶支座。

二、网架与网壳的制作

网架与网壳的制作均在工厂进行，其制作分为三部分：准备工作、零部件加工、零部件质量检验。

1. 准备工作

（1）根据网架设计图编制零部件加工图和数量。

（2）制定零部件制作的工艺规程。

（3）对进厂材料（如钢材的材性、规格等）进行复查，检查是否符合规定。

2. 零部件加工

根据网架与网壳的连接节点不同，零部件加工方法也不同。

（1）焊接空心球节点

焊接空心球节点的零部件有杆件和空心球。

1）杆件。其加工工艺流程：钢管下料→坡口加工。杆件下料后应检查是否弯曲，若有弯曲应加以校正。钢管应用切割机或管子车床下料，下料后长度应放余量，杆件下料后应开坡口，焊接球杆件壁厚在 5 mm 以下可不开坡口。钢管下料应预加焊接收缩量，以减小网架拼装时的误差。通过试验确定，钢管球节点加衬管时一般每条焊缝放 1.5~3.5 mm，不设衬管时为 2~3 mm。

2）空心球。焊接空心球节点是我国采用最早也是目前应用较广的一种节点。它是由两个半球对焊而成的，分为有肋与无肋两种，适用于连接圆钢管杆件。

（2）螺栓球节点

螺栓球节点是在设有螺纹孔的钢球体上通过高强螺栓将交会于节点处的焊有锥头或封板的圆钢管杆件连接起来的节点，是国内常用的节点形式之一。

螺栓球节点网架的零部件主要有杆件钢球、套筒等。其中，杆件由钢管锥头（或封板）、高强螺栓组成，钢球由 45 号钢制成。各零部件的加工工艺流程如下：

1）杆件。采购钢管→检验材质、规格→下料、倒坡口→与锥头（或封板）组装，组装时应将高强螺栓放在钢管内→点焊→焊接→检验。

2）钢球。圆钢加热→锻造毛坯→正火处理→加工定位螺纹孔（M20）及其平面→加工各螺纹孔及平面→打加工工号→打球号。

其中，螺纹孔及平面加工流程如下：铣平面→钻螺纹底孔→倒角→丝锥攻螺纹。螺纹孔及其平面加工宜采用加工中心机床，其转角误差不得大于 10°。

3）锥头和封板。锥头：钢材下料→胎模锻造毛坯→正火处理→机械加工。封板：钢板落料→正火处理→机械加工。

4）套管。成品钢材下料→胎模锻造毛坯→正火处理→机械加工→防腐处理。

5）高强螺栓。高强螺栓由螺栓制造厂供应，入厂时应进行抽样检查。

（3）焊接钢板节点

焊接钢板节点是在平面桁架节点的基础上发展起来的一种节点形式。这种节点是由在空间呈正交的十字节点板和设于底部或顶部的水平盖板组成的。它具有刚度大、用钢量较少、造价较低等优点，但不便于工厂化、标准化生产，工地焊接工作量大，目前已很少使用，故不做过多介绍。

3. 零部件质量检验

网架的零部件都必须进行加工质量和几何尺寸检查，经检查后打上编号钢印。检查按《网架结构工程质量检验评定标准》（JGJ 78-91）进行，网架拼装前应检查零部件数量和品种。

三、网架与网壳拼装

1. 网架拼装

网架的拼装一般在现场进行。在出厂前螺栓球节点网架宜进行预拼装，以检查零部件尺寸和偏差情况。

网架的拼装应根据施工安装方法不同，采用分条拼装、分块拼装或整体拼装。拼装应在平整的刚性平台上进行。

（1）焊接空心球网架拼装

对于焊接空心球网架，在拼装时，应正确选择拼装次序，以减小焊接变形和焊接应力。根据国内多数工程经验，拼装焊接顺序应从中间向两边或四周发展，最好是由中间向两边发展。因为网架在向前拼装时，两端及前边均可自由收缩。在焊完一条间间后，可检查一次尺寸和几何形状，以便由焊工在下一条定位焊时给予调整。网架拼装中应避免形成封闭圈，在封闭圈中施焊，焊接应力将很大。

网架拼装时，一般先焊下弦，使下弦因收缩而向上拱起，然后焊腹杆及上弦杆。当用散件总拼（不用小拼单元）时，如果把所有杆件全部定位焊好，则在全面施工焊时容易造成已定位的焊缝被拉断。因为在这种情况下全面施焊时焊缝将没有自由收缩边，类似在封闭圈中进行焊接。

（2）螺栓球节点网架拼装

螺栓球节点网架拼装时，一般也是先拼下弦，将下弦的标高和轴线调整后，全部拧紧螺栓，起定位作用。开始连接腹杆，螺栓不宜拧紧，但必须使其与下弦连接端的螺栓吃上劲。连接上弦时，开始不能拧紧。当分条拼装时，安装好三行上弦球后，即可将前两行调整校正，这时可以通过调整下弦的垫块高低进行；然后，固定第一排锥体的两端支座，同时将第一排锥体的螺栓拧紧。按以上各条循环进行。

在整个网架拼装完成后，必须进行一次全面检查，看螺栓是否拧紧。

正放四角锥网架试拼后，用高空散装法拼装时，也可在安装一排锥体后（一次拧紧螺栓），从上弦挂腹杆的办法安装其余锥体。

2. 网壳拼装

网壳应在专门的拼装模架上进行小拼，以保证小拼单元的形状及尺寸的准确性。

网壳拼装的关键问题之一是各节点坐标的控制。应使用精度较高的定位测距仪器，如经纬仪、激光测距仪、水准仪等。

网壳拼装顺序应根据网壳的类型、连接形式等选择合理的拼装顺序。对于采用焊接连接的网壳，宜从中间向两端或四周发展，以减小焊接变形和焊接应力。

双层柱面网壳安装顺序：先安装两个下弦球及系杆，拼接成一个简单的曲面结构体系，并及时调整球节点的空间位置，再进行上弦球和腹杆的安装。安装宜从两边支座向中间对称进行。双层球面网壳安装，其顺序宜先安装一个基准圈，校正固定后再安装与其相邻的圈，原则上从外圈到内圈逐步向内安装，以减小封闭尺寸误差。

在网壳正式拼装前均应进行试拼，当确有把握时方可进行正式施工。总拼所用的支撑点应防止不均匀下沉。

3. 拼装单元验收

（1）拼装单元网架应检查网架长度尺寸、宽度尺寸、对角线尺寸、网架长度尺寸，并应在允许偏差范围内。

（2）检查焊接球的质量及试验报告。

（3）检查杆件质量与杆件抗拉承载试验报告。

（4）检查高强螺栓的硬度试验值及其试验报告。

（5）检查拼装单元的焊接质量、焊缝外观质量，主要是防止咬肉，咬肉深度不能超过 0.5mm，焊缝 24h 后用超声波探伤检查焊缝内部质量情况。

四、网架与网壳安装

网架与网壳的安装是指拼装完的网架和网壳用各种施工方法将它搁置在设计位置上。

网架与网壳的安装方法应根据网架或网壳受力和构造特点（如结构选型、网架刚度、外形特点、支撑形式、支座构造等），在满足质量、安全、进度和经济效益的要求下，结合当地的施工技术条件和设备资源配备等因素，因地制宜、综合确定。

1. 安装前的准备工作

（1）查验各节点、杆件、连接件和焊接材料的原材料质量保证书和试验报告，复验小拼单元质量合格证书。

（2）对施工单位预埋件、预埋螺栓位置和标高，网架或网壳的定位轴线和标高进行复核检查。

（3）进行网架或网壳施工图与实际网架或网壳的复核工作，检查是否有差错。

2. 安装方法

目前，工地上常用的安装方法有 7 种，即高空散装法、分条或分块安装法、高空滑移法、移动支架安装法、整体吊装法、整体提升法和整体顶升法。

（1）高空散装法

高空散装法是指小拼单元或散件（单根杆件及单个节点）直接在设计位置进行总拼的方法。一般首先将柱子定位：网架下面柱子底下柱体用起重机吊车定位吊装好，采用钢管搭设脚手架，把屋顶网架底部满堂脚手架全部搭设好。用彩钢瓦围护，防止焊渣及其他杂物掉落下来。网架安装好后，用起重机吊车把柱子上半部分安装好，用拉杆连接起来，焊制檩条，网架四周用铝方管骨架，再焊制不锈钢天沟，制作四周铝塑板、排水管，铺盖屋面板，最后补油漆，自检、互检、专检等合格后，拆除脚手架，注意拆除脚手架要按照自上而下的次序拆除，轻递轻放。

1）一般规定

当采用小拼单元或杆件直接在高空拼接时，其顺序应能保证拼装的精度，减小累积误差。当采用悬挑法施工时，应先拼成可承受自重的结构体系，然后逐步扩展。网架在拼装过程中应随时检查基准轴线位置标高及垂直偏差，并应及时纠正。

搭设拼装支架时，支架上支撑点的位置应设在下弦节点处。支架应验算其承载力和稳定性，必要时可进行试压，以确保安全可靠。支架支柱下应采取措施，防止支座下沉。

在拆除支架的过程中，应从中央逐圈向外分批进行，每圈下降速度必须一致，应防止个别支撑点集中受力，宜根据各支撑点的结构自重挠度值，采用分区分阶段按比例下降或用每步不大于 10 mm 的等步下降法拆除支撑点。

2）高空拼装顺序的确定

高空拼装顺序应能保证拼装的精度，减小累积误差，应根据网架形式、支承类型杆件小拼单元、施工设备的性能等因素综合确定。

平面呈矩形的周边支承两向正交斜放网架。总的安装顺序由建筑物的一端向另一端呈三角形推进。网片安装中为防止累积误差，应由屋脊网线分别向两边安装。

平面呈矩形的三边支承两向正交斜放网架。总的安装顺序在纵向应由建筑物的一端向另一端呈平行四边形推进，在横向应由三边框架内侧逐渐向大门方向（外侧）逐条安装。网片安装顺序可先由短跨方向，按起重机作业半径性能划分若干安装长条区。网架划分为若干个安装长条区，各长条区按顺序依次安装网架。

平面呈方形由两向正交正放桁架和两向正交斜放拱索桁架组成的周边支承网架。总的安装顺序应先安装拱桁架，再安装索桁架。在拱、索桁架已固定且已形成能够承受自重的结构体系后，再对称安装周边的四角锥、三角形网架。

3）成品保护

钢网架安装后，在拆卸架子时应注意同步、逐步地拆卸，防止应力集中，使网架产生局部变形，或使局部网格变形。

钢网架安装结束后，应及时补刷防锈底漆、中间漆、面漆。螺栓球网架安装后，应用腻子将螺栓球上多余的孔洞和套筒的间隙填平后刷漆，防止水分渗入，使球、杆件丝扣锈蚀。钢网架安装完毕后，应对成品网架保护，勿在网架上方集中堆放物件。

（2）分条或分块安装法

分条或分块安装法是高空散装法的组合扩大。这种方法是根据网架或网壳组成的特点及其设备的能力，先将网架或网壳在地面拼成条状或块状单元，用起重机械或设在双支柱顶的起重设备（钢带提升机、升板机等），垂直吊升或提升到设计位置上，拼装成整体的安装方法。

分条是指沿网架或网壳长跨方向分割为若干区段，每个区段的宽度是1~3个网格，而其长度即为网架或网壳短跨的跨度。分块是指将网架或网壳沿纵横方向分割成矩形或正方形的单元。每个单元的重量以现有起重机能力能胜任为准。

1）一般规定

将网架或网壳分成条状单元或块状单元在高空连成整体时，网架或网壳单元应具有足够的刚度并保证自身的几何不变性，否则应采取临时加固措施。

为保证网架或网壳顺利拼接，在条与条或块与块合拢处，可采取安装螺栓等措施。设置独立的支撑点或拼装支架时，支架上支撑点的位置应设在下弦节点处。支架应验算其承载力和稳定性，必要时可进行试压，以确保安全可靠。合拢时可用千斤顶将网架或网壳单元顶到设计标高，然后连接。

网架或网壳单元宜减少中间运输。

2）单元的划分

①条状单元的划分。单元组合体的划分是沿着屋盖长方向切割。网架结构，则将1个或2个网格组装成条状单元体。

单元相互紧靠，把下弦双角钢分在两个单元上，此法可用于正放四角锥网架。

单元相互紧靠，单元间上弦用剖分式安装节点连接，此法可用于斜放四角锥网架。

单元之间空一节间，该节间在网架或网壳单元吊装后再在高空拼装，可用于两向正交正放或斜放四角锥等网架。

②块状单元的划分。块状单元组合体的分块，一般是在网架平面的两个方向均有切割，其大小视起重机的起重能力而定。切割后的块状单元体大多是两邻边或一边有支撑，一角点或两角点要增设临时顶撑予以支撑。也有将边网格切除的块状单元体，在现场地面对准设计轴线组装，边网格留在垂直吊升后再拼装成整体。

3）网架或网壳挠度调整

网架或网壳条状单元在吊装就位过程中的受力状态属平面结构体系，而网架结构是按空间结构设计的，因而条状单元在总拼前的挠度要比网架或网壳形成整体后该处的挠度大，故在总拼前必须在合拢处用支撑顶起，调整挠度使其与整体网架或网壳挠度符合。

条状单元合拢前应先将其顶高，使中央挠度与网架或网壳形成整体后该处挠度相同。由于分条分块安装法多在中小跨度网架中应用，可用钢管做顶撑，在钢管下端设千斤顶，调整标高时将千斤顶顶高即可。

块状单元在地面制作后，应模拟高空支承条件，拆除全部地面支墩后观察施工挠度，必要时也应调整其挠度。

4）网架尺寸控制

分条（块）网架或网壳单元尺寸必须准确，以保证高空总拼时节点吻合和减小偏差。一般可采取预拼装或套拼的办法进行尺寸控制。另外，还应尽量减少中间转运，若需运输，应用特制专用车辆，防止网架或网壳单元变形。

5）技术关键

分条或分块安装顺序应由中间向两端，或从中间向四周发展，因为单元网架与网壳在向前拼接时，有一端是可以自由收缩的，可以调整累积误差。同时，吊装单元时，不需要超过已安装的条或块，这样可以减小吊装高度，有利于吊装设备的选取。若施工场地限制，也可以采用一端向另一端安装，施焊顺序仍由中间向四周进行。

高空总拼时应采取合理的施焊顺序，减小焊接应力和焊接变形。总拼时的施焊顺序应由中间向两端，或从中间向四周发展。焊接完后要按规定进行焊接质量检查，焊接质量合格后才能进行支座固定。

（3）高空滑移法

高空滑移法是指分条的网架或网壳单元在事先设置的滑轨上单条滑移到设计位置拼接成整体的安装方法。可在地面或支架上进行扩大拼装条状单元，并将网架或网壳条状单元提升到预定高度后，利用安装在支架或圈梁上的专用滑行轨道，水平滑移对位拼装成整体网架或网壳。

1）分类

单条滑移法是指将条状单元一条一条地分别从一端滑移到另一端就位安装，各条之间分别在高空进行连接，即逐条滑移，逐条连成整体。逐条积累滑移法是先将条状单元滑移一段距离（能拼装上第二单元的宽度即可），连接好第二条单元后，两条一起再滑移一段距离（宽度同上），再连接第三条，三条又一起滑移一段距离，如此循环操作，直至接上最后一条单元为止。

滚动式滑移即网架或网壳单元装上滚轮，单元的滑移是通过滚轮与滑轨的滚动摩擦方式进行的。滑动式滑移即网架或网壳支座直接搁置在滑轨上，其滑移是通过支座底板与滑轨的滑动摩擦方式进行的。

当建筑平面为矩形时，可采用水平滑移或下坡滑移。当建筑平面为梯形，短边高、长边低、上弦节点支承式网架或网壳时，应采用上坡滑移；短边低、长边高或下弦节点支承式网架或网壳时，可采用下坡滑移，因下坡滑移可节省动力。

牵引法即将钢丝绳钩扎于网架或网壳前方，用卷扬机或手扳葫芦拉动钢丝绳，牵引网架或网壳前进，作用点受拉力。顶推法即用千斤顶顶推网架或网壳后方，使网架或网壳前进，作用点受压力。

2）技术要点

高空拼装平台位置的选择是决定滑移方向和滑移质量的关键，应视场地条件、支承结构特征、起重机械性能等因素而定。高空平台一般搭设在网架或网壳端部（滑移方向由一端向另一端），也可搭设在中部（由中间向两端滑移，在网架或网壳两侧有起重设备时采用），或者搭设在侧部（由外侧向内侧滑移，三边支撑的网架或网壳可在无支撑的外侧搭设）。

拼装平台用钢管脚手架搭设，也应满足相关规定的要求。高空拼装平台标高由滑轨顶面标高确定。滑道架子与拼装平台架子要固定连接，要确保整体稳定。

对于中小型网架，轨道可用圆钢、扁钢、角钢及小型槽钢制作；对于大型网架，轨道可用钢轨、工字钢、槽钢等制作。滑轨可用焊接或螺栓固定在梁上，轨面标高应高于或等于网架支座设计标高。其安装水平度及接头要符合有关技术要求。

滑移轨道一般在网架或网壳两边支柱上或框架上，设在支撑柱上的轨道应尽量利用柱顶钢筋混凝土联系梁作为滑道，当联系梁强度不足时可加强其端面或设置中间支撑。当跨度较大（一般大于 60 m）或在施工过程中不能利用两侧联系梁作为滑道时，滑轨可在跨度内设置，设置位置根据力学计算得到，一般可使单元两边各悬挑 L/6，即滑轨间距 L/3。对于跨度特别大的，跨中还需增加滑轨。

滑轨接头处应垫实，若用电焊连接，应锉平高出轨面的焊缝。当支座直接在滑轨上滑移时，其两端应做成圆倒角，滑轨两侧应无障碍。摩擦表面应涂润滑油。

牵引点应分散设置。网架或网壳滑移应尽量同步进行，两端不同步值不应大于 50 mm。牵引速度控制在 1.0 m/min 左右较好。

网架或网壳滑移到位后，经检查各部分尺寸、标高、支座位置符合设计要求后，即可落位。可用千斤顶或起落器抬起网架或网壳支点，抽出滑轨，使网架或网壳平稳过渡到支座上，待其下挠稳定装配应力释放后，即可进行支座固定。设在混凝土框架或柱顶混凝土联系梁上的滑轨拆除后，预留在混凝土梁面的预埋板（件）应除锈涂装或用砂浆、细石混凝土覆盖进行保护。

3）施工操作

网架或网壳先在地面将杆件拼装成两球一杆和四球五杆的小拼构件，然后用悬臂式桅杆、塔式或履带式起重机，按组合拼接顺序吊到拼接单元平台上进行扩大拼装。先就位点焊，拼接网架下弦方格，再点焊立起横向跨度方向角腹杆。每节间单元网架部件点焊拼接顺序由跨中向两端对称进行，焊完后临时加固。

（4）移动支架安装法

与高空散装法不同，移动支架安装法没有固定的支撑脚手架。网架或结构在可移动的支撑架上进行安装，对于已安装好的结构部分有必要设置若干固定的临时支撑，以分散内力和控制变位，在结构安装完毕再撤去这些临时支撑。

采用移动支架安装法时应注意以下问题：安装移动支撑架的场地或轨道应足够平整；移动支撑架面积大小应根据工程的实际情况而定；支架移动后，安装好的结构部分应设置一些立柱作为临时支撑，以合理分散荷载和控制变形；对结构的设计计算，既要考虑施工安装时的情况，也要考虑支撑撤去时的情况。

（5）整体吊装法

整体吊装法是指网架或网壳在地面总拼后，采用单根或多根拨杆、一台或多台起重机进行吊装就位的施工方法。

1）一般规定

网架或网壳整体吊装可用单根或多根拨杆起吊，也可用一台或多台起重机起吊就位。

当网架或网壳整体吊装时，应保证各吊点起升及下降的同步性。提升高差允许值（是指相邻两拨杆间或相邻两吊点组的合力点间的相对高差）可取吊点间距离的1/400，且不宜大于100 mm，或通过验算确定。

当采用多根拨杆或多台起重机吊装网架或网壳时，宜将额定负荷能力乘以折减系数0.75；当采用4台起重机将吊点连通成两组或用三根拨杆吊装时，折减系数可适当放宽。当采用多根拨杆吊装时，拨杆安装必须垂直，缆风绳的初始拉力值宜取吊装时缆风绳中拉力的60%。当采用单根拨杆吊装时，其底座应采用球形万向接头；当采用多根拨杆吊装时，在拨杆的起重平面内可采用单向铰接头。拨杆在最不利荷载组合作用下，其支撑基础对地面的压力不应大于地基允许承载能力。

当制订网架或网壳就位总拼方案时，应符合下列要求：

网架或网壳的任何部位与支承柱或拨杆的净距不应小于100 mm；若支撑柱上设有凸出构造（如牛腿等），应防止网架或网壳在起升过程中被凸出物卡住；由于网架或网壳错位需要，对个别杆件暂不组装时，应取得设计单位同意；拨杆缆风绳索具地锚、基础及起重滑轮组的穿法等，均应进行验算，必要时可进行试验检验；当网架或网壳结构本身承载能力许可时，可采用在网架或网壳上设置滑轮组将拨杆逐段拆除的方法。

2）起重机起吊

自行式起重机起吊。当采用一台或两台起重机单机或双机抬吊时，如果起重机的性能可满足结构吊装要求，现场条件能满足施工条件需要，则网架或网壳可就位拼装在结构跨内，也可就位拼装在结构跨外。

当采用多机抬吊施工中布置起重机时，需要考虑各台起重机的工作性能和网架或网壳在空中移位的要求。起吊前要测出每台起重机的起吊速度，以便起吊时掌握，或每两台起重机的吊索用滑轮连通。这样，当起重机的起吊速度不一致时，可由连通滑轮的吊索自行调整。

多机抬吊一般用四台起重机联合作业，将地面错位拼装好的网架或网壳整体吊升到柱顶后，在空中进行移位下落就位安装。一般有四侧抬吊和两侧抬吊两种方法。四侧抬吊为防止起重机因升降速度不一而产生不均匀荷载，在每台起重机上设两个吊点，每两台起重机的吊索互相用滑轮串通，使各点受力均匀、网架平稳上升。两侧抬吊是用四台起重机将网架或网壳吊过柱顶同时向一个方向旋转一定距离，即可就位。

独脚拨杆起吊。独脚拨杆起吊是用多根独脚拨杆，将地面错位拼装的网架吊升超过柱顶进行空中移位后落位固定。采用此法时，支撑屋盖结构的柱与拨杆应在屋盖结构拼装前竖立。此法所需的设备多、劳动量大，但对于吊装高、重、大的屋盖结构，特别是大型网架较为适宜。

（6）整体提升法

整体提升法是将网架或网壳在地面就地拼装，在结构柱上安装提升设备，提升网架或网壳，或在提升的同时进行柱子滑模的安装。

整体提升法可分为单提网架法、升梁抬网法、升网滑模法。单提网架法是指网架在设计位置就地总拼后，利用安装在柱子上的小型提升设备，将其整体提升到设计标高以上，然后再下降、就位和固定。升梁抬网法是将网架及支撑网架的梁在地面先拼装完后，在提升梁的同时，也抬着网架升至设计标高。升网滑模法指网架在地面拼装完后，柱子用滑模施工。网架的提升是用柱内主筋在支撑网架提升，施工时一面提升一面滑升模板浇筑混凝土。

（7）整体顶升法

整体顶升法是将在地面拼装好的网架或网壳，利用建筑物承重柱作为顶升的支承结构，用千斤顶将网架或网壳顶升至设计标高。整体顶升法和整体提升法基本相同，只不过是顶升泛用的顶升设备安装在网架或网壳的下面。

1）一般规定

当网架或网壳采用整体顶升法时，应尽量利用网架的支撑柱作为顶升时的支承结构，也可在原支点处或其附近设置临时顶升支架。

顶升用的支撑柱或临时支架上的缀板间距，应为千斤顶使用行程的整倍数，其标高偏差不得大于 5 mm，否则应用薄钢板垫平。

顶升千斤顶可采用丝杠千斤顶或液压千斤顶，其使用负荷能力应将额定负荷能力乘以折减系数：丝杠千斤顶的折减系数取 0.6~0.8，液压千斤顶的折减系数取 0.4~0.6。

各千斤顶的行程和升起速度必须一致，千斤顶及其液压系统必须经过现场检验合格后方可使用。

顶升时各顶升点的允许升差值应符合下列规定：相邻两个顶升用的支承结构间距的 1/1 000，且不应大于 30 mm；当一个顶升用的支承结构上有 2 个或 2 个以上千斤顶时，取千斤顶间距的 1/200，且不应大于 10 mm。

千斤顶或千斤顶合力的中心应与柱轴线对准，其允许偏移值应为 5mm；千斤顶应保持垂直。

顶升前及顶升过程中网架支座中心对柱基轴线的水平偏移值不得大于柱截面短边尺寸的 1/50 及柱高的 1/500。

对顶升用的支承结构应进行稳定性验算，验算时除应考虑网架和支承结构自重、与网架同时顶升的其他静载和施工荷载外，还应考虑上述荷载偏心和风荷载所产生的影响。若稳定不足，应首先采取施工措施予以解决。

2）同步控制

顶升施工中同步控制主要是为了减少网架的偏移，其次才是为了避免引起过大的附加杆力。顶升时网架的偏移值达到需要纠正时，可采用千斤顶垫斜或人为造成反向升差逐步纠正，切不可操之过急，以免发生安全质量事故。顶升施工时应以预防网架偏移为主，顶升时必须严格控制升差并设置导轨。

3. 网壳结构新型施工方法

前面 7 种方法既适用于网架结构，又适用于网壳结构。但对于网壳结构，还有其特有的新型施工方法。

（1）悬臂安装法

悬臂安装法是指用起重机将预先制作好的小拼单元吊至设计标高就位拼装的施工方法。这种方法适用于节点形式为螺栓球节点的网壳结构。

悬臂安装法的特点如下：少搭支架，脚手架用量很少，节省材料，施工成本低；施工工艺简单，但高空危险性加大；采用由外向内的施工顺序，可能产生较大的安装次应力。

采用悬臂安装法时应注意以下问题：悬挑部分必须具有足够的刚度，而且几何不变；施工前应验算构件的施工内力；第一圈构件的安装应格外小心，因为它直接影响着后面构件的安装质量；高空穿行作业危险性大，应采取充分的安全保护措施。

（2）逆作法

逆作法也称外扩法，施工顺序与悬臂安装法相反，即按由内向外、从上往下的顺序进行安装。这种方法主要用于曲面形式的空间网格结构，如球面网壳、柱面网壳等。此法的特点如下：需要起重量大的吊装机具，但对其回转能力要求不高，施工成本低；由内向外的施工顺序使安装次应力降低到最小；屋面材料、电气设备等可同时进行安装；组装工作基本在地面完成，安装及质量检查较为方便，工作效率高，施工速度快；高空作业少，施工安全。

施工前准备工作要求较高，一定要进行施工内力分析，吊点的位置应根据施工顺序分阶段计算的结果合理布置。

（3）Pantadome 体系

Pantadome 体系又称"可折叠的穹顶"。为使一个穹顶在施工期间处于一种可折叠状态，在安装初始时，暂时撤去某些部位的环向杆，使穹顶成为一个可运动的机构，就像一个比例放大尺一样。Pantadome 体系是日本法政大学教授川日卫先生发明的一种结构体系和施工方法。

1）原理

一个穹顶可看作由径向的拱绕竖向中轴旋转一周而成。因此，穹顶的立体空间作用可以分解为径向拱的作用与环向箍的作用。对于杆件组成的网格状网壳来说，去掉部分的环向作用就是去掉一部分环向杆。这样穹顶结构就可以产生一个竖向的且唯一的自由度。利用穹顶临时具有的自由度，就可以把穹顶折叠起来，在接近地面的高度进行安装。然后利用液压顶升和气压等方式把折叠的穹顶沿其仅有的一维自由度方向顶升到设计高度，完成穹顶的施工过程。

2）特点

由于在地面进行安装，节省了大量脚手架材料及脚手架安装与拆卸时间；室内吊顶、设备管道及灯光等大部分可在地面安装，省去大量高空作业。

在靠近地面的位置进行施工，施工精度易保证，质量检测方便，易于监督管理，施工作业的安全性大幅度提高。

屋面建筑在低空装配完成，防水等建筑功能易满足。

Pantadome 体系在水平方向呈自约束体系，施工期间可自行抵抗风及地震等水平荷载，不用设置缆风绳等临时支撑结构；提升施工速度快；由于结构的若干环向节点为铰节点，建成的穹顶结构不产生温度应力；建筑结构总造价低。

3）施工过程

先在地面组装时暂不安装某些部位的环向杆，等组装完成后，用液压顶升的方法把结构推举到设计标高，然后再连上先前未装的环向杆，这样一个几何可变的机构即被"锁住"而变成一个稳定的几何不变结构。

4）注意的问题

构件的制作精度和施工安装精度要求很高，任何一个铰接部位的制作或安装误差都可能使顶升施工半途"卡壳"，折叠的穹顶无法展开。

对顶升施工时结构构件在施工过程中的内力、变形、反力等变化应进行严格的计算分析，对壳体的稳定问题更应重视。

（4）柱面网壳"折叠展开式"整体提升

1）原理

将网壳结构分成几块，安装阶段临时抽掉一些杆件，使结构成为一个可变的机构，从而使它可以折叠到地面，结构的大部分杆件、设备安装和部分装修工作在地面完成。然后采用先进的整体提升工艺，将该折叠的机构展开提升到预定高度，装上补缺杆件，使之成为完整稳定的结构。

2）施工难题和控制要求

网壳是可变机构。网壳在地面拼装后是一个折叠的可变机构，展开提升过程中水平方向很容易失稳，因此必须采取技术措施使之转化为一个稳定结构，才能进行展开提升。

提升负载呈动态变化。以往网壳是完全悬空提升的，其质量全部由提升千斤顶承受，只要提升时控制好同步，提升力相对来说是一个常数。而现在提升时网壳根部始终与基础铰接，其质量由提升千斤顶与基础共同承受，在提升过程中千斤顶的提升负载随着提升高度的变化而变化，负载动态均衡的控制难度很大。

内应力控制是一个关键难题。

保证临时提升架的稳定问题。由于构件制作误差、地面拼装误差及液压系统离散性等问题，同一提升架上两侧提升千斤顶的动态负载会有差异，如果此差异值过大，将使提升架弯曲，甚至失稳而发生重大事故，因此要采取措施保证提升架的稳定和安全。

同步控制要求高。提升时如果各个吊点不同步，除网壳会发生变形外，还会由于两边不同高度差引起的水平力而偏移，甚至失稳。因此，在展开提升中对各吊点的动作同步、高度偏差、负载均衡的控制要求都很高。

3）技术要点

在每个提升架上各安装一条垂直滑道，滑道与网壳之间设置导轮，导轮固定在网架杆件上，与提升架间有 20 mm 间隙，使网壳既能上下移动又有水平方向约束，从而由可变机构转为稳定结构。在提升时滑道又可以兼做观测提升过程中网壳晃动幅度的参照物。

在铰支座处设置限位装置，克服或限制提升中将要发生的瞬变反拱。

严格控制网壳制作和拼装误差，网壳在地面拼装后各铰轴必须相互平行，同一铰轴上各个铰的同轴度误差 ≤ 3 mm。

在网壳的两侧各设 4 根临时拉索，防止网壳发生水平移动和瞬变现象。

第二节　悬索结构施工

悬索结构是以一系列受拉钢索为主要承重构件，按照一定规律布置，并悬挂在边缘构件或支承结构上而形成的一种空间结构。悬索结构具有受力合理、用料经济、施工机具简便、施工速度快、施工费用低、适应性强、造型美观等特点。悬索结构施工的主要问题是索的制作、架设和预应力的施加。

一、悬索结构概述

1. 悬索结构分类

按悬索结构的受力特点将悬索结构分为单层悬索体系和双层悬索体系。单层悬索体系是由一群单层承重索组成的结构体系，又可分为单层单向悬索结构和单层辐射状悬索结构；双层悬索体系是由一系列一层承重索和一层曲率与之相反的稳定索组成的结构体系，又可分为双层单向悬索结构、双层辐射状悬索结构和双层双向悬索结构。

2. 钢索的种类

钢索一般是由高强钢丝组合而成，也可采用圆钢筋或钢板，圆钢筋宜用于小跨度屋盖；角钢、槽钢、工字钢等常用于劲性索结构；钢板多用于钢悬膜结构。从钢索材料的构成要素上可分为平行钢丝束、钢绞线和钢缆绳三类。

3. 索的节点

索的节点是悬索结构的重要组成部分，索的连接节点多种多样，包括承重索与承重索的连接、承重索与桅杆的连接、承重索与稳定索的连接、承重索与支撑构件的连接等，这些连接一般是通过锚具或夹具完成的。

（1）锚具

锚具是将钢索锚固于支承结构或边缘构件上的重要部件，钢索中的张力通过锚具传递到其他构件上去，因此选用可靠的锚具和锚固构造是悬索结构安全可靠灌注的关键。常用的锚具类型有夹片式、支承式、锥塞式、握裹式和铸锚式。

1）夹片式锚具。一般有单孔夹片式锚具与多孔夹片式锚具，还有扁形夹片式锚具，国内的夹片式锚又分为JM、QM、XM等类型。

2）支承式锚具。支承式锚具可分为镦头锚具和螺杆式锚具等形式。螺杆式锚具又分为螺丝端杆锚具和锥形螺杆锚具。

3）锥塞式锚具。锥塞式锚分为钢质锥销锚具和槽销锚具等形式。

4）握裹式锚具。握裹式锚具主要有挤压锚具和压花锚具等形式。挤压锚具由挤压头、螺旋筋、固定端P形锚板、约束圈、金属波纹管组成；压花锚具是用压花机将钢绞线端头压制成梨形散花头的一种黏结型锚具。钢绞线从机架的凹口处放入并用夹具夹紧，然后用千斤顶加力，即可形成梨形散花头。

5）铸锚式锚具。铸锚式锚具主要有冷铸锚具和热铸锚具两种。

在这五大类锚具中，夹片式锚具、支承式锚具和锥塞式锚具最开始主要用于预应力钢筋混凝土结构中，现在也用于张拉索结构中，而握裹式、铸锚式锚具一般用于张拉索结构中。对钢丝束，可采用镦头锚具冷压螺杆锚具、挤压锚具等。对两端耳板销接的拉索，其两端锚具还应有耳板或另带耳板的索头拧在锚具上。为便于拉索张拉后缩短长度，在拉索一端锚具与索头之间安装调节螺杆。

（2）夹具

夹具是节点中用于固定钢索位置的主要零件。夹具主要通过高强螺栓等上下两块夹板将钢索夹紧，使钢索不能打滑。夹具主要有压板式夹具、骑马式夹具、拳握式夹具及梨形环等，采用何种形式的夹具取决于钢索的固定位置。

二、悬索结构施工工艺

悬索结构因其类型繁多，施工方法并无定式可循，但总的来说，悬索结构的工艺流程包括边缘支撑构件的施工、索的制作与安装、预应力施加及钢索张拉。

1.边缘支撑构件的施工

边缘支撑构件通常包括钢筋混凝土结构或钢结构圆环、曲梁、拱、水平梁等，它是将悬索系统的内力有效地传递给下部结构和基础的重要环节。这些钢筋混凝土结构或构件可能是曲线曲面形体，施工时要保证其轴线中心位置及标高控制准确，钢索和支承结构连接的支座预埋件的位置及方向符合要求，为索的顺利张拉做好准备。索结构的支承结构必须考虑索在张拉前和张拉后的不同状态，防止支承结构在索张拉前发生倾覆。

2.索的制作

索的制作简称制索，指将钢丝或钢丝绳按设计要求配上锚具、夹具，制成成品钢索。制索是悬索结构中的一个关键，一般需经下料、编束、预张拉及防护等几个程序。制索前应对制索工艺编制技术条件。

（1）一般要求

1）成品索除应符合索的强度标准外，尚需满足索均匀受力的要求。

2）精确控制索的下料长度。下料长度必须用精密的仪器测定，下料应在张紧状态下测量距离，且在同一工程所有的索号料时张力保持一致。对于在悬索结构中的主、副索，应根据设计要求，精确定出夹具的位置；对于曲线索或折线索，如索穹顶中的脊索和环索、索桁架中的主索和副索等，决定下料长度时，应考虑因自重而引起的下垂，并估计出垂度，从而确定出索的精确长度。

3）索的长度是指无应力的原始长度。因此，必须估计初始几何态和预应力态的预应力值，通过分析和试验方法确定索的无应力长度。

4）对于曲线索或折线索，尚应设计专门的夹具，控制索在转角处的曲率半径。当转角较大时，在节点构造上无法保证曲率半径，这时不宜采用连续索，而应采用分段索。

5）钢索由直径不大的高强钢丝组成，一般都暴露在室外工作，所以必须重视钢索的防腐。

6）焊接将会大大降低高强钢丝的强度，因此高强钢丝不能焊接。

7）索的垂直度误差不大于 ±5 mm。

（2）索的制作工艺

1）预张拉。钢索下料前必须进行预张拉，预张拉是为了消除索的非弹性变形，张拉值可取索抗拉强度标准值的 50%~65%，持荷 1~2 h。

2）下料。为了使钢索受力后各根钢丝和各股钢绞线受力均匀，钢索下料时其长度应准确、等长。下料采用"应力下料法"，将开盘在 200~300MPa 拉应力下的钢丝或钢绞线调直，可消除一些非弹性因素。钢丝或钢绞线的号料应严格进行。制作通长、水平且与索等长的槽道，平行放入钢丝或钢绞线，使其不相互交叉、扭曲，在槽道定位板处控制索的下料长度。钢丝、钢绞线下料后长度允许偏差为 5 mm。

3）切割。钢丝或钢绞线及热处理钢筋的切断应采用切割机或摩擦圆锯片，切忌采用电弧切割或气切割，以防损伤钢丝。

4）编束。编束时，宜用梳孔板向一个方向梳理，使每根钢丝或钢绞线相互保持平行，不得互相搭压、扭曲。编扎成束后，每隔 1 m 左右要用钢丝缠绕扎紧。

5）钢索的防护。在钢索防护前均应注意认真做好除污、除锈，以提高防护寿命。对进入施工现场的未镀锌的钢丝或钢绞线在做防护层之前先涂一道红丹底漆。

钢索的防护做法有以下几种：黄油裹布法。在编好的钢索外表面满涂黄油一道，用布条或麻布条缠绕包裹进行密封。涂油、裹布应重复 2~3 道，每道包布的缠绕方法与前一道相反。此法简单易行，且价格便宜。多层塑料涂料层，该涂层材料浸以玻璃加湿的丙烯树脂。多层液体氯丁橡胶，并在表面覆以油漆。塑料套管内灌液体的氯丁橡胶。可根据钢索的使用环境和施工条件任选其一。

6）装锚具。装锚具又称挂锚，一般有两种方法：地面挂锚和高空挂锚。较多的是地面挂锚，国内一般在工地做这项工作，但随着钢索和锚具的配套及体系化，在工厂完成这一工序的将逐渐增加。

3. 索的安装

（1）钢索两端支撑构件预应力孔的间距允许偏差为 L/3 000（L 为跨距），并不大于20mm。

（2）穿索时应先穿承重索，后穿稳定索，并根据设计的初始几何状态曲面和预应力值进行调整，其偏差宜控制在 10% 以内。

（3）各种屋面构件必须对称地进行安装。

4. 预应力施加及钢索张拉

（1）千斤顶在张拉前应进行率定，率定时应由千斤顶主动顶试验机绘出曲线供现场使用。千斤顶在张拉过程中宜每周率定一次。

（2）对索施加预应力时，应按设计提供的分阶段张拉预应力值进行。每个阶段应根据结构情况分成若干级，并对称张拉。每个张拉级差不得使边缘构件和屋面构件的变形过大。各阶段张拉后，张拉力允许偏差不得大于 5%，垂直及拱度的允许偏差不得大于 10%。

（3）几种悬索结构钢索张拉要点：

1）单层单向悬索结构。单层单向悬索结构需使用大型钢筋混凝土屋面才能保证其在使用中的刚度和稳定性。施工时，先施工钢筋混凝土或钢结构的边缘支承构件。索的制作一般在工厂内完成，当在现场穿索、挂索时，在钢索的最大垂度处布置测点。张拉按设计要求分阶段进行。待全部钢索完成张拉后，需检查和调整索的垂度，使其满足要求。然后吊装钢筋混凝土屋面板，其顺序是从钢索的最低点开始向两侧对称地进行。吊装后在屋面板上加荷（可用一些加重块），混凝土灌缝，待混凝土强度达到要求后卸荷。施工各阶段都要检查钢索的垂度。

2）双层单向悬索结构。双层单向悬索结构也称索桁架，其主索（承重索）和副索（稳定索）一般在工厂内制作，在索上装好夹具需精确定位。一般的安装顺序如下：主索挂上后，锚具先临时固定，然后安装刚性腹杆。对于平面双层单向钢索，刚性腹杆安装后需临时支撑。刚性杆安装后再挂上副索，副索上的夹具也需精确定位。考虑到钢索的自重影响及回弹所造成的钢索长度的回缩，在索桁架施工中，刚性杆与索的连接节点的精确定位是关键。

3）双层双向悬索结构。双层双向悬索结构也是先施工支撑结构，再安装索。在穿索和挂索时，先穿承重索再穿稳定索。将预先编好号的钢索逐一穿入设计索道并初步固定，然后对索进行张拉使其成型。索的张拉也应根据设计值分阶段进行，每个阶段整个索网应达到均匀的预应力状态。可先张拉承重索，也可先张拉稳定索。

4）双层辐射状悬索结构。双层悬索结构的施工主要是施工结构外环及安装中央内环，要求精确定位，然后均匀对称地挂索和张拉。其一般顺序如下：先施工好外环，在结构中央从地面搭设支架，吊内环搁置于支架上，精确定位后，均匀对称地穿索和挂索。先在四个方向安装下索，以保持支架和内环的稳定，再间隔对称安装其他索。索的张拉也应先建立初应力，初应力应均匀一致，以使内环平衡。然后利用千斤顶将内环从支架上顶起，对钢索进行张拉。张拉也应分组、分阶段进行，直到达到设计值。

第三节　膜结构施工

膜结构是用高强度柔性薄膜材料与支撑体系相结合，形成具有一定刚度的稳定曲面，能承受一定外荷载的空间结构形式。它是以性能优良的织物为材料，或是向膜内充气，通过空气压力来支撑膜面，或是利用柔性拉索或刚性支撑结构将膜面绷紧，从而形成具有一定刚度、能够覆盖较大空间的结构体系。膜结构的优点：自重轻，跨度大，艺术性强，施工方便，经济性好，安全性高，透光性好，自洁性好。

膜结构的缺点：隔音效果较差；单层膜结构的保温隔热性能较差；抵抗局部荷载作用的能力较弱，屋面在局部荷载作用下会形成局部凹陷，造成雨水和雪的淤积，即产生所谓的"袋状效应"，严重时可导致膜材的撕裂破坏。

一、膜结构的形式及膜材

1.膜结构的形式

（1）张拉膜结构。该膜结构由膜材、钢索及支柱组成，它是利用钢索与支柱在膜材中施加张力，膜表面通过自身曲率变化达到内外力平衡。其具有高度的形体可塑性和结构灵活性，是索膜建筑的代表和精华。根据张拉膜的组成，张拉膜结构又可分为索网式、脊谷式等。由于施工精度要求高、结构性能强，且具有丰富的表现力，所以造价略高于骨架膜结构。

（2）骨架膜结构。它是以钢构件组成屋顶骨架后，在骨架上布置按设计要求张紧膜材的结构形式。骨架体系自平衡、稳定性好，膜体主要起维护作用。膜体本身的强大结构作用发挥不足，尾顶造型比较单纯，开口部不易受限制，且具有经济效益高的特点。形态有平面形、单曲面形和以鞍形为代表的双曲线形。

（3）充气膜结构。该膜结构具有密闭的充气空间，并设置维持内压的充气装置，借助内压保持膜材的张力，形成设计要求的曲面。因利用气压来支撑及钢索作为辅助材料，无须任何梁、柱支撑，可得到更大的空间，施工快捷，经济效益高，但需维持进行24h送风机运转及日常维护管理。

2.膜材

膜材是保证膜结构使用功能的一个很重要的因素，膜结构对膜材的基本要求是满足功能要求，耐久性好且经济。膜结构的膜材强度高、韧性好，是由织物基材（玻璃纤维、聚酯长丝）和涂层 [聚四氟乙烯（PTFE）、PVC] 复合而成的涂层织物。一般具有轻质、柔韧、厚度小、重量轻、透光性好等特点；对自然光有反射、吸收和透射能力；它不燃、难燃或阻燃，具有耐久、防火气密良好等特性；表面经氟素处理的膜材自身不发黏，有很好的自洁性能。

组成膜材的基层织物和涂层种类较多，因而膜材种类繁多，且不同的国家对膜材的要求也不尽相同。根据材质的不同，膜材可分为 PTFE 类和 PVC 类两大类。

（1）PTFE 类膜材

PTFE 类膜材商品名叫特氟隆（Teflon），是在玻璃纤维布基上敷聚四氟乙烯树脂，且这种树脂的含量大于 90%，并满足以下条件：

1）玻璃纤维布基每平方米不小于 150 g。

2）树脂涂层每平方米应大于 400 g、小于 1 100 g。

3）膜材料厚度大于 0.5 mm。

（2）PVC 类膜材

PVC 类膜材的布基织物为聚酯或聚氨酯等，涂层为 PVC 树脂或氯丁橡胶类物质，一般另加有聚氟乙烯类面层，且满足以下条件：

（1）合成纤维织物每平方米大于 100 g。

（2）涂层材料每平方米应大于 400 g、小于 1 100 g。

（3）膜材料厚度大于 0.5 mm。

（4）膜材料必须通过阻燃 2 级试验。

这两种膜材都能满足膜结构所用材料的要求。

强度方面：中等强度的 PVC 膜，其厚度仅 0.61 mm，但它的抗拉强度相当于钢材的一半；中等强度的 PTFE 膜，其厚度仅 0.8mm，但它的抗拉强度已达到钢材的水平。

自洁性方面：PTFE 膜材和经过特殊表面处理的 PVC 膜材具有很好的自洁性能，对于一般尘埃有拒亲和性，雨水会在其表面聚成水珠，与浮尘同时流下，使膜材表面得到自然清洗。但这两种膜材由于组成不同，所以性能方面也有差异。

二、膜结构对膜材的要求及选择

1. 膜结构对膜材的要求

（1）膜材应具有较高的抗拉强度和抗撕裂强度。膜材料是一种柔性织物，织物内部只有存在一定的应力场，才能获得一定的刚度。因此，对于膜结构而言，在任何情况下均不允许膜中有无应力状态。在高应力状态下，膜材料的抗拉强度越高，越不易发生徐变和老化；在大跨度膜结构中，膜中应力往往比较大，且对膜的安全度要求较高。

（2）膜结构作为永久性或半永久性建筑，膜材本身必须满足有关建筑材料防火指标的要求。一般认为 PTFE 材料是不可燃材料，PVC 材料是阻燃材料。

（3）膜材应具有良好的耐久性。膜材的耐久性不仅与其布基所用材料本身的性质有关，而且不同的涂层种类，对布基的保护程度也不相同，也影响着膜材的使用寿命。一般来说，PTFE 材料的保质期在 25 年以上，PVC 材料的保质期为 10~15 年。

（4）膜材本身具有防污自洁性能。由于在夏日的阳光下，PVC 涂层易离析发黏，黏附尘埃，且不易被雨水冲掉，影响观瞻，减少使用寿命。因此，一般建筑用 PVC 膜材料，在 PVC 涂层外再加一层 PVF 或 PVDF 或有机硅面层，能有效地改善其自洁性。PTFE 膜材料自身则有很好的防污自洁性能，不需要添加任何面层材料。

（5）隔声性要求。单层膜隔声仅有 10 dB 左右，因此单层膜结构建筑往往用于对隔声要求不是太高的活动场所；而用于音乐、娱乐等大型文化活动场所的膜结构，对建筑的隔声有较高的要求，通常用巧妙的设计、构造等手段来提高其隔声性能。

（6）保温隔热要求。单层膜材料的保温性能大致相当于夹层玻璃，如果某建筑物对保温性能要求较高，就不得不考虑采用双层或多层膜，但双层或多层膜又损害了建筑物的透光性能，通常双层膜的透光率为 4%~8%。因此，应寻找一个合理的平衡点，使膜材的保温性和透光性都能满足要求。一般来说，就同类膜材料而言，其透光性越强，强度就越低。

（7）膜结构一般都具有新颖的曲面外形，不能直接由大块平面膜材构成，因此需要进行裁剪后拼接，也就是膜材需要良好的可加工性。

（8）膜材要求有一定的柔软度。

2. 膜材的选择

膜材选择的原则如下：

（1）膜结构中用到的膜材必须根据建筑形式、结构特点、制作安装方法、使用要求、气象气候条件等因素综合进行选择。

（2）膜结构中用到的膜材必须达到设计要求。对每一种材料都必须根据相应的规定提交产品质量证明和试验数据，保证其能达到有关要求。

（3）膜结构用的膜材是由高强织物与涂层材料构成的复合材料，是一种正交各向异性材料。在设计和施工前，应对膜材进行必要的材性试验。

膜材材性试验主要包括力学性能试验和非力学性能试验。前者包括膜材弹性模量、两个方向的抗拉强度、撕裂强度和面内剪切刚度，还包括结合部位的蠕裂强度和涂料层材料剥离强度等；后者主要包括膜材的阻燃性、耐揉搓性、耐候性等。

三、膜的制作与连接技术

为了使膜结构成功应用而不被粗制滥造工程所诋毁，有赖于不断开拓新的应用领域、更加大胆的创作、更加严格的设计要求，同时应在生产和装配上采用可靠、成熟、精湛的技术。膜结构的最终完成，有赖于对其绘制详图、制作、安装、监控和维护的所有步骤进行全面控制。

1. 膜制作技术要求和条件

膜的制作应该在专业化的环境中进行，车间应保证严格的清洁度，控制空气中的灰尘。

膜的制作包括两个方面，即裁剪和拼接。裁剪是根据设计提供的几何信息，采用计算机控制的裁剪机械进行。裁剪机械应有一个操作平台，在平台上铺张膜材，切割机械由数控箱控制。对于不同的膜材，切断机械也不同。裁剪虽然根据几何信息控制，这个几何信息已经是无应力状态下的展开信息，但是尚需考虑材料在切断过程中的回缩及搭接宽度，并且根据经验来修整裁剪线。

裁剪后的膜材应进行拼接，拼接的方式有缝制、熔合、黏合等，其中熔合方法包括热风熔合、高频熔合和热板熔合。

（1）制膜的一般要求

膜结构制作应在专业化工厂进行，温度保持在5℃~30℃；应具备专业工艺流水线，必要的裁剪、热合设备及测试设备，同时应具备经鉴定的膜结构裁剪设计软件；所使用的测试设备、工具、量具应符合国家标准规定；操作人员必须经过专业培训，并考核合格；膜结构制作分为膜的裁剪、拼接，配件的加工、包装、运输；制作应编制工艺设计文件。

（2）裁剪和拼接要求

进行裁剪前应验证膜材的生产批号、出厂合格证明及有关的复验合格报告，同一单体膜结构的主体宜使用同一生产批号的膜材，裁剪时应避开原膜材的疵点；裁剪操作应严格按照裁剪下料图进行，膜片的裁剪尺寸应考虑安装张拉伸长量并予以补偿；膜片的拼接应该按照设计要求的方法进行操作，保证接缝的强度要求、防水要求等；采用热熔合法拼接时应根据不同膜材类型确定热熔合温度，并严格控制收缩变形，确保膜片、膜面平整；热熔合时，不应黏附尘埃、垃圾，不得出现明显薄厚不均等；对切割子膜片和拼接后的组合膜片应分别进行检验和编号，做出尺寸、位置、实测偏差等的详细记录。

（3）成品的包装与运输要求

对以玻璃纤维为基材的膜材，包装、运输的各个环节均应避免膜材产生明显的弯折、起皱和磨损；在包装前对膜材表面附着的污物应清洗干净，不得有污染和损坏；成品膜材在打包折叠时应考虑膜材的基材性能，对以合成纤维为基材的膜材可折叠，对以玻璃纤维为基材的膜材应采用芯棍卷绕的方式打包；在运输中应防止附属品和小型零件丢失，可将其整理成包装袋，安放在硬纸箱内。产品的标签中要记入产品的标记，并将产品的标签贴在外罩布的中央；膜材加工成品在堆放、装卸、运输过程中不得碰撞损坏，应用毡布遮盖，底部应铺设支承垫层；包装好的膜成品应放在指定地点，定期进行检查。出厂前还应进行复查，确认型号、数量、外包装是否破损等。若出厂检查发现不符合的情况，要开包确认产品的状况，并与有关方面共同协商后，根据协商结果进行修整。

2.膜的裁剪

膜材需经裁剪后再缝合、胶接或焊接才能满足膜结构特定的空间形状的要求。膜结构的裁剪、拼接过程是会有误差的，因为平面膜片拼成空间曲面就一定会有误差；同时，膜材是各向异性材料，在把它张拉成曲率变化的空间形状时，不可避免地会与初始设计形状有出入。

对一些标准形体的膜结构的裁剪式样，现在已可以用程序控制标绘器来完成，用计算机操作自动样片切割机进行裁剪。但是，对于多种多样的膜结构，虽然膜材的裁剪和拼接总有误差，但要求尽可能地可靠简单经济。裁剪中很关键的一个问题就是将空间曲面近似展开为二维平面，即需要对膜结构进行裁剪分析。裁剪分析主要包括三个过程：划分膜面；将膜裁剪成条块；条块展平。

（1）裁剪缝的布置

以测地线法为基础就可以确定裁剪线，即直接以测地线为裁剪线或从一条测地线向；另一条测地线做垂线，以垂线中点的连线作为裁剪线。

布置膜结构表面裁剪缝时，要考虑表面曲率膜材的幅宽、边界的走向和美观的要求。在裁剪时必须将膜片沿经线和纬线方向按一定比例缩小后切割，以"补偿"安装完毕膜布施加预应力后的伸长扩张，该收缩"补偿"的比例根据膜布受力状态下经线和纬线两个方向上的应变确定。因此，必须由结构工程师提供预张力分布和结构的空间形状，并与材料供应商共同研究以获得膜布材料尽可能准确而实用的双轴应力—应变关系。

裁剪方式的选择应遵循以下规则：单片形状规则，面积大的裁剪样式比小而不规则的裁剪样式好，接缝清晰、美观；接缝长度要尽量短，以减少浪费；对于无法避免的重叠接缝，应尽量使最少的接缝集中于一个地方；由于接缝处的强度比膜材的强度低，所以沿主应力方向的接缝比同其垂直方向的接缝要经济；沿薄膜表面最陡方向的接缝使雨、雪易于滑落，保持表面干燥，防止出现由于大的雪载引起陷落。

（2）膜材的下料

膜材下料时，应该尽量使所耗费的膜材最少且各裁剪片织物的经纬方向尽可能与结构主拉应力方向一致。目前，采用的下料方法有图形排版法、动态程序选择法、遗传算法等。

3. 膜结构的连接

在膜结构中，膜材通过承重索、平衡索边索的张拉作用成型，并与索共同受力。膜材只能承受拉力而不能承受压力和弯矩，也就是在任何荷载作用下不能出现松弛现象。因此，膜结构的连接构造很重要。

膜结构的连接包括膜节点、膜边界、膜角点、膜脊和膜谷。膜节点是指膜裁剪片之间的连接，膜边界是指膜材与支撑结构之间的连接，膜角点是指膜边界交会的点，膜脊、膜谷是指支承结构最高处和最低处膜的连接。膜节点与膜材的强度和延性应尽可能相等，膜节点还应具有良好的防水性能。膜节点可分为缝合节点、焊接节点、黏结节点、螺栓节点、束带节点、拉链节点等。其中，缝合节点和焊接节点一般由工厂制作，为永久节点。其他节点可工厂预制或现场拼接，为永久节点或临时节点。影响膜节点性能和耐久性的因素主要有加工过程、连接材料（缝线、焊接温度、黏合剂）、找形和裁剪精度等。

膜结构的连接节点主要涉及三个方面：膜—膜连接、膜—索连接和膜—刚性构件连接，此外，还有其他连接，如钢索及其端部的连接等。

（1）膜—膜连接

膜材连接是指几片裁剪膜片的连接，常用的方法有焊接、缝合、黏合或螺栓连接。其中受力缝宜用焊接方法进行连接，该连接具有很好的防水性能。不能采用焊接连接的膜材可用缝合方法连接，缝合比较经济和安全。螺栓连接也是一种现场连接方法，但其相连膜片不连续且防水性较差。

1）膜—膜连接的一般要求

膜材之间连接缝的位置应依据建筑体形、支承结构的布置与膜材主要受力方向等因素综合确定。设计时应尽量减少接缝数量，并力求纹路简洁、美观。膜的拼接纹路应根据膜材主要受力经、纬方向合理拼接，一般采用纬向拼接、经向拼接和树状拼接三种方法。

膜之间可用热熔合、黏结、缝合或机械连接等方法连接，应根据具体情况确定连接方法。接缝宽度应满足强度要求，保证在正常使用条件下织物能经受住可能的荷载作用；接缝附近和可能产生应力集中的部位可用斜向增强片进行加强，并且应尽量避免接缝的交叉和重叠；用缝合方法进行连接时，接缝处张拉强度应不小于膜材母材强度的70%；常温下，用其他方式的接缝，其强度应不小于膜材母材强度的80%；在60℃下接缝处张拉强度应不小于膜材母材强度的 60%。

2）膜—膜连接的类别

膜—膜之间的连接分为两大类：膜材的拼接和裁剪缝处膜材的连接。

①膜材的拼接。膜材的拼缝搭接可采用缝制、熔合、黏结、机械夹合等方法。

缝制：缝制是用缝纫机直接缝制两层膜材且加膜条封口，膜材的重合幅宽为 40mm 以上，缝纫密度为每 100mm 缝 10~18 针，缝纫线为 4 根以上合成。缝制部位无断线、开缝、错位等现象。缝合节点有三种形式：平缝、单层折缝和双层折缝。

熔合方法：有热板熔合、热风熔合（高频热熔）几种类型。热板熔合是指在两张膜之间夹热板，熔敷热板，熔合幅宽为 75mm 以上；热风熔合是通过热风或高频热熔敷结合，结合幅宽为 40 mm 以上。熔合部位无褶皱、剥落、破损、裂缝等现象。

黏结方法：在两膜之间用胶粘剂黏结结合，结合幅宽 40mm 以上，结合面积尽可能大，结合面内不能夹杂有气泡和脏物等，不能出现剥落、褶皱、破损及错位现象。

机械夹合：对于不宜采用黏结或缝制、热熔方法的部位，可采用机械夹合的方法，即通过连续的金属夹板夹紧膜材的绳边，夹板与膜材间辅以橡胶衬垫，夹紧螺栓沿金属夹板布置。

②膜裁剪缝处的连接。裁剪缝是主要的受力缝，是膜结构找形、裁剪后再进行连接的部位。裁剪缝处膜材连接不宜采用黏结等方法，多数采用机械夹合的方法，也可采用编绳连接、夹具连接或螺栓连接。例如在一些帐篷结构中，为满足膜面随形体变化的需要，可采用束带紧密编织的方法。

（2）膜—索连接

膜材与钢索的连接可采用单边连接或双边连接。当钢索一侧有膜材而需进行单边连接时，可使钢索穿入膜套连成整体，或采用夹具夹住膜材绳边并通过连接件使钢索与膜材连成整体。当钢索两边有膜材需做双边连接时，可采用膜套、束带或夹具连成整体。在需要进行膜布的分段式安装及与拉索连接时，可将膜布分割成较小的部分，采用绳边和夹具来完成。

1）单边连接方式。膜—索单边连接可分为刚性连接和柔性连接。柔性连接，即直接将膜与索连接，有几种代表性的做法：膜边缘制成袋套状，边索从中穿过；膜边缘安装金属环，用束带紧密编织连接；膜边缘部分卷入绳索，用金属连接板挤压固定，再通过金属构件和夹具与边索连接。

2）双边连接方式。膜—索双边连接，可利用索的夹具连接膜的基板和夹板，在夹板上带有防水橡胶条和金属压条，在铺展膜材后金属压条压住膜面及橡胶防水罩并贴紧膜边绳加粗头，膜面张紧后按一定间距拧紧固定螺栓，最后封闭橡胶防水罩。

（3）膜—刚性构件连接

1）膜布边缘与刚性构件（如混凝土、钢构件）之间的连接可采用绳边和夹具，绳边夹在夹具之间，夹具一般用铝合金材料制成，表面应进行防腐处理，紧固件宜采用不锈钢材料。

2）夹具应连续可靠地夹住膜布边缘，与膜布之间需辅以衬垫。在膜材张力作用下夹合系统不能产生扭曲变形。

3）钢索及其端部连接

双向钢索可采用节点板连接，也可采用 U 形夹或夹板等夹具连接；多向钢索之间可采用连接板连接，钢索轴线应交会于一点，避免连接板偏心。

四、膜结构的安装

1. 膜结构安装的施工准备

（1）安装前膜结构的支承结构应该已施工完成，并符合有关结构施工及验收规范的要求。

（2）应按膜结构设计图和安装工艺流程，编制施工组织设计文件。

（3）安装前应对膜材料的检测报告等进行验收，检查膜结构构件及零配件的材料品种、规格、色泽、性能和数量等。

（4）膜体安装前应完成支承结构的防锈、防火涂层的施工，以免污染膜面。在施工防锈面漆、防火涂层前，必须将支撑骨架与膜材的连接部位打磨光滑，以圆角处理，确保连接处无毛刺、棱角、焊接表面凸点等。

（5）在工程现场，膜材应安放在搭设的辅助架子上，在室外堆放时应采取保护措施。安装前应在主体结构上架设临时的网格拉索，以支撑展开的膜材。

（6）所有与膜体接触的金属件安装前必须打磨平整，不应有锐角、锐边。

（7）膜面与骨架之间按规定设置隔离塑胶条。

（8）膜面展开时，应采取有效的保护措施使膜材不受损伤。

2. 膜结构的安装

膜结构的安装方法因结构类型和场地情况的不同而有所区别。对于刚性边界的膜结构，可采用就地地面张拉，连同边界构件一起吊装的方法；也可采用现场空中拼接、空中张拉等方法。柔性边界的膜结构，一般都采用现场吊装就位后再逐步张拉的安装方法。一般而言，安装包括膜体展开、连接固定和张拉成型三部分。

（1）搭设膜面搁置平台

膜面必须在桁架中间打开，而桁架中间无任何结构。因此，确定在每跨膜面施工前搭设搁置平台，在桁架之间搭设绳网，让膜面在绳网上打开。

（2）就位谷索、脊索

将谷索脊索就位至安装点下端并将其打开，根据施工图纸要求以正确的方式起吊钢索，起吊钢索至安装位置上空，操作人员将索锚具与谷索、脊索连接板耳板连接，即可松钩，将钢索张拉端牵引至看台最顶端，并用钢丝绳将索抬高临时固定在钢立柱上。

（3）膜面吊装

吊装或提升膜面时，要特别注意膜面不要被尖锐物体刮破或划伤，对膜面提升过程中可能接触的突出部位要用柔软物体包住作为保护，并且要注意膜面的应力分布均匀，必要时可在膜上焊接连接的"吊装搭扣"，用两片钢板夹紧搭扣来吊装。应尽可能用机械设备吊装，人工提升时尽量少让膜面折叠、挤揉，以免在膜面上留下折痕。

吊装就位后，要及时固定膜边角；当天不能完成张拉的，应采取相应的防护措施，防止因夜间大风或降雨积水造成膜面撕裂。

（4）膜的固定与张拉

该阶段的任务是使膜布张紧不再松弛以承受荷载，操作上特别要避免由于张拉不匀造成膜面褶皱。

预应力的大小由设计师根据材料、形状和结构的使用荷载而定，要求其最低值不能使膜面在基本的荷载工况组合（风压、雪荷载）下出现局部松弛，一般常见的膜结构预应力水平在 2~10 kN/m，施工中通过张拉定位索或顶升支撑杆实现。对帐篷膜单元，一般先在底部周边张拉到位，然后升起支撑杆在膜面内形成预应力。鞍形单元则要对角方向同步或依次调整，逐步加至设定值；而对于由一列平行拱架支撑的膜结构，惯常做法是当膜布在各拱架两侧初步固定（轻轻系住但不加力）的情况下，首先沿膜的纬线方向将膜布张拉到设计位置。在施工过程中应注意无论张拉是否能顺利到位，均不应轻易改变预先设定的张拉位置；若确定怀疑是设计问题，则应向设计方报告，经结构工程师同意后，方可做出修正。

固定并顺利完成张拉以后，膜面内应产生预期的应力场。在极少数情况下，由于材料的蠕变或膜结构内某些构件的连接不可靠（膜结构内含有的连接方式特别多，如索—膜、索—索、索—桅、膜—桅等的连接方式皆不同），以至于建成后需重新张拉。所以，对材料的特性及各种连接构造的特点和要求（如连接强度、偏心限制等）应悉心掌握。

3.膜安装时的注意事项与要求

（1）注意事项

1）安装时，膜面上设置爬升安全网，作业人员必须系安全带，穿软底鞋。

2）安装应在风力小于 4 级的情况下进行，并注意风速和风向。

3）安装过程中不应发生雨水积存现象。

4）张拉时，应确定分批张拉的顺序、量值，控制张拉速度，并根据材料确定张拉量值。

5）开始下道工序和相邻工程开工时，对已完成的部分采取保护措施，防止损害，无有效保护时，严禁在 2 m 范围内作业。

6）在膜体铺设过程中必须做好成品保护，不应损坏膜面，膜面和支承结构之间必须设隔离层，不得直接接触。

7）根据膜结构跨度大小，安装紧固夹板，间距不应大于 2m。

8）膜结构脊索、谷索安装应按施工组织设计要求进行。

9）膜结构脊索、谷索锚头的组装必须按工艺标准执行，脊索、谷索应张拉到位。

（2）安装质量要求

1）不得有渗漏现象，排水通畅，不得有积水。

2）无明显污染串色。

3）连接固定节点应紧密牢固、排列整齐。

4）缝线无断线脱落，无超张拉现象。

5）膜面均匀，无明显褶皱。

6）安装过程中局部拉毛蹭伤不应大于20mm，且每单元不超过2个。

（3）保护清洁

安装完毕后清洁干净。膜面不得接触有腐蚀性的化学试剂。

五、膜结构施工质量控制

1. 膜材质量

常用工程膜面材料主要指标包括单位质量、厚度、力学性能、光学性能、防火性能及耐久性等，都应该满足相关要求。膜材制作质量主要检查几何尺寸和膜接缝质量两个方面。

（1）几何尺寸。膜材的几何尺寸检查必须在拼接厂完成，拼接厂完工后按安装要求对膜材进行折叠装箱，运到现场后直到吊装到安装位置时才能展开。因此，在施工现场是无法对膜面尺寸进行测量的。

（2）膜接缝质量。在安装过程中，监理必须检查膜面上是否有划伤或破洞。若发现问题，应分清责任，要求膜面供货单位或膜面安装单位进行赔偿或修补。

2. 膜结构支架制作安装

（1）膜结构支架制作质量与钢结构类似，其最大的要求是所有钢构件的表面必须打磨光滑，不得有尖角毛刺，以防划伤膜面。

（2）膜结构支架安装质量主要是几何尺寸和焊缝表面质量。为防止膜面安装后起皱，并保证设计所需的张力，要求膜结构的安装尺寸误差尽可能小，特别是要控制支架的平行度、对角线等相关尺寸的误差。安装焊缝必须打磨平整，以防划破膜面。

3. 膜面安装

（1）特别要安排好和主体钢结构安装单位的关系，协调相互间的进度。

（2）膜面安装施工时应注意天气预报，保证在整个安装过程中无4级以上大风和大雨。

（3）当膜面安装过程中发生膜面破损时，必须立即进行修补。膜面张拉应力不可一次到位，以防主体钢结构侧向失稳，应分块逐步张拉到位。

（4）膜面张拉到位后，监理将会同安装单位质检人员对膜面张力按照膜结构设计提供的膜面应力值、测试部位和测试工具对膜面应力进行全面检查验收。同时检查压板螺栓有无漏装、漏拧。

（5）防水密封。在膜面与天沟、膜面与膜结构的结合部位较易发生漏水，应及时检查并发现泄漏点，配合设计对泄露部位提出整改方案，督促施工单位进行防水施工。

4.膜结构施工中存在的问题

整体张拉式膜结构施工有着特殊的方式，因为结构初始平衡状态下的找形分析应考虑结构形状、预应力分布和支撑条件这一综合系统，施工过程就是结构的成型过程，分为初始几何态和预应力态，不同的施工过程必然导致不同的形态分析过程，即施工方案与工程技术水平影响着结构实际的预应力分布能否达到理论计算水平。所以，一般来说，设计阶段就应该完成施工方案的确定，不同的设计前提决定了不同的施工方案，膜结构公司应完成从设计到施工方案制订的全部内容。

膜结构与传统结构最大的区别就在于外形的不确定性和对膜面施加预张力才能够保证其初始平衡状态、稳定的几何造型。在膜结构中，膜材预张力是确保结构稳定与安全的一个重要因素。在施工现场为了得到设计的形状，在张拉膜片的过程中，必须把设计预定的膜张力精确地施加到膜材中，这就要求施工人员能够随时测量、调整膜张力，避免出现应力松弛区域和应力集中区域，避免张力过大引起膜材撕裂。另外，膜结构中膜材的一个特性是随着时间的推移膜面会产生松弛现象，这会导致膜面下垂，在风载作用下发生抖颤。这时有必要进行膜内力检测，以确定膜的补张力。

（1）预张力不足或膜材徐变导致松弛后没有及时进行二次张拉

预张力不足或膜材徐变导致松弛后没有及时进行二次张拉，这样会使膜面的整体刚度很低，在强风作用下会出现大幅度的摆动，导致膜材被撕裂或在摆动过程中撞击到其他物体而发生破坏。膜结构在强风作用下出现膜材撕裂的现象时有发生。

（2）膜面过于扁平

膜结构的刚度是由其几何形状和所施加的预张力共同提供的。如果膜面过于扁平，膜面就有可能在降雨时产生积水，膜面积水会越积越多，最终导致膜面撕裂或支承结构破坏。

（3）吊装不当造成膜材撕裂

吊装时，在自重及风荷载作用下，膜材极易因应力集中而被撕裂。

（4）张拉不当造成膜材撕裂

张拉膜面时，若施力点偏向一侧造成张拉不均匀，或加载速率过快，或张拉过度，膜面应力超过材料的抗拉强度，或因加载设备（如手动葫芦）、锚固构件意外失效，导致膜面局部突然不均匀卸载等，都有可能造成膜材撕裂。

（5）连接构件失效造成破坏

连接构件是膜面或索与其他构件相连接的重要构件。连接构件的破坏形式主要有构件断裂或锚固脱落等。连接构件的失效有可能造成机构整体失稳、膜面从空中坠落等严重后果。

（6）制作加工缺陷

制作加工缺陷包含膜面制作加工中的缺陷和钢结构及连接件制作加工中的缺陷两方

面。例如，膜面出现焊缝脱落现象；焊接时温度及加温时间控制不当，导致膜材局部被烧焦；焊接加工时没有很好地清理膜材料及周围环境，结果在焊缝处出现脏痕等。

第四节　预应力大跨度空间钢结构施工

一、预应力大跨度空间钢结构类型

1. 传统结构型

传统的空间钢结构，采用适宜的方式（如布索法、支座位移法等）引入预应力以改善本身受力性能，降低钢耗，节约成本。目前主要的结构有如下几种：

（1）平板网架。沿网架下弦杆方向或对角线方向进行廊内或廊外布索，以调整上、下弦杆内力，提高结构刚度。

（2）双层网壳。对各类网壳视不同情况，沿相邻或相间支座连线布索张拉或采用支座位移法强迫制作产生位移，以在网壳杆件中引入预应力，降低内力设计水平，提高结构刚度。

（3）张拉结构体系。上弦为刚性构件，下弦为张拉索，中间以若干支撑相连的承重体系。这种体系发展到现在已有张弦梁、张弦桁架、张弦穹顶、张弦屋盖等结构。

2. 吊挂结构型

吊挂结构由支架、吊索、屋盖三部分组成。支架一般采用立柱、刚架、A形架、拱架或悬索。吊索分斜拉与直吊两类。被吊挂的屋盖可以是网架、网壳、立体桁架、折板结构及索网等。

（1）斜拉索式。斜拉索式一般由立柱、刚架等直立式承重结构，以及顶部斜索吊挂网架、网壳、空间桁架的屋盖组成。

（2）直吊索式。如江西体育馆屋盖：钢筋混凝土箱形大拱跨越场地短边形成屋盖支架结构，沿拱轴以直吊索连接屋盖平板网架。

3. 整体张拉型

整体张拉型是由拉索系与压杆组成的全新空间结构，在屋盖跨度之内不存在受弯构件。

（1）外平衡式。外平衡式主要由压杆直接传力于地基，视柱的数量、位置荷载情况而确定其高度。从立柱顶端吊挂或支撑索网或索膜屋盖，并用定位索与地面锚固。

（2）内平衡式。内平衡式由跨中皆为拉索系与轴压杆群组成的结构体系。轴压杆群为短小的飞柱，上下端用索系连接，各索间的不平衡力均传至外缘刚性构件上，屋面荷载通过索系传至外缘刚性构件上，屋面荷载通过索系传至外环再传向基础。

4. 张力金属模型

双向承拉的金属膜片既作为承重结构，又作为维护材料固定于边缘构件上，或以张力态固定于骨架结构之上，覆盖跨度参与承重结构共同受力。

二、预应力大跨度空间钢结构施工

1. 预应力施加方法

（1）预应力钢结构的加载方案

预应力荷载是长期作用在预应力结构上的，其性质视同永久荷载，其变异性接近于可变荷载。钢结构从制造到组拼、吊装、部分加载、全部加载的过程中皆可在不同阶段对结构局部或整体施加预应力。但是，施加预应力的方案与结构的类型、施工工艺、引入预应力的方法和恒载的可分性等因素密切相关。一般来说，主要有三种预应力施加方案。

1）先张法

在结构承受荷载之前引入预应力，使受力较大的结构构件中预先承受与荷载应力符号相反的预应力，改变结构构件承载前的应力状态。

2）中张法

结构定位后先承受部分荷载，截面或杆件产生荷载应力后再施加预应力。用预应力抵消或降低荷载水平，甚至产生与荷载应力符号相反的预应力，在此基础上由结构承受全部荷载并使峰值应力达到设计强度。

3）多张法

多张法即多次施加预应力的工艺，是在荷载可分成若干批量的情况下，施加预应力与加载多次相间进行，可以反复利用材料弹性范围内的强度幅值。

（2）施加预应力的主要方法

根据结构类型不同，向结构中引入预应力的方法也多种多样，如拉索法、支座位移法、弹性变形法、冷作硬化法等，但国内外工程中应用较多的还是拉索法。

1）拉索法

拉索法是在结构的不同部位布置柔性索，索端大多锚固于结构体系内的节点上，借助张拉钢索在结构内部产生预应力。

2）支座位移法

支座位移法是在超静定结构中用人为手段强迫支座产生定量位移，而在结构体系内引入预应力的方法。

结构在设计制造时考虑强迫位移的尺寸，在现场安装后对结构强迫产生设计位移并使之与支座锚固就位，这就完成了施加预应力的工艺。由于引入预应力不需要其他附加杆件和材料，这一方法简便经济，在工程中常被采用。

3）弹性变形法

在强制钢材弹性变形状态下，将单独构件或板件连成整体，卸除强制外力后在整体结构中就加入了预应力。

2.预应力网壳施工

预应力网壳是施加预应力后的曲面空间结构，一般有预应力双层网壳或局部单双层网壳。预应力网壳的制作和安装应符合国家现行标准《钢结构工程施工质量验收规范》（GB 50205—2001）和国家行业标准《网壳结构技术规程》（JGJ61—2003）的有关规定。由于预应力网壳与预应力网架及普通网壳有很多相似之处，预应力网架和普通网壳中一些施工技术在预应力网壳中也可以应用，因此本节主要讲述网壳安装完毕后的网壳加载和预应力张拉。

预应力网壳的设计必须跟踪网壳结构的安装、预应力张拉，直至荷载施工的全过程。设计时必须考虑好施工步骤，特别是要确定好如何铺设屋面及张拉预应力的顺序等。实际施工前，设计人员必须做好技术交底，施工人员和预应力检测监控人员必须清楚地了解设计意图。施工时，必须严格按照设计图纸进行施工、检测，施工稍有改变便有可能引起网壳受力状态变化，会使某些拉杆变成压杆，甚至丧失稳定性。

根据结构检测和预应力监控要求，做好仪器、测控布点及其相关的准备工作。施工、测控、设计几方应密切配合，以期做到施工检测、调整的顺利进行，确保工程质量。

（1）按加载顺序做好施工工艺设计

现以"五阶段设计"的加载顺序为例。"五阶段设计"反映在施工步骤上就是"三加二卸"的加载顺序。即把总的屋面荷载划分为三批，预应力值分成两级，每增加一次荷载后施加一次预应力。这样就可把作用于网壳基本结构上的荷载引起的内力最大限度地转移到预应力体系的高强拉索上来，做到充分地以高强钢材代替普通钢材，从而获得可观的经济效益。其施工步骤如下：

加载。即对已安装好的网壳按设计规定的要求加上第一批荷载。此阶段荷载一般为网壳骨架自重，当然也可另加部分屋面自重，是否另加这部分，要根据荷载划分的具体情况事先由设计确定。

施加预应力。通常用千斤顶张拉预加应力体系的钢索，对结构施加预应力。钢索的预张力值除根据电动高压油泵的压力表读数控制外，还应通过其他检测手段复核索力是否达到扣除预应力损失后预期的设计值。当结构检测钢索预应力值已正式建立起来后，即可进入下一工序工作。

加载。按设计规定进入第二批加载，重复第一批加载的步骤。

施加预应力。按设计要求进行第二次预应力张拉，重复第一次施加预应力的步骤。

加载。按设计要求进行第三批加载，重复第一批的加载步骤。当受工期所限，有些荷载（如吊挂荷载）在此阶段暂时加不上去时，可用等效的临时荷载代替，以免影响施工进度。此次加载后仍未达到结构的满负荷状态，这因为全部活荷载尚未作用其上。

（2）钢索及节点球的最后处理

张拉结束后，应切除除锚具外多余的钢索并封闭锚头，对球体外钢索要按照有关规定进行防腐、防火处理。

（3）总的施工注意事项

为了确保施工质量，应特别注意以下几点：

1）每批加载应严格按照设计的要求进行。荷载的作用位置、范围及荷载量值均务必准确。加载时应缓慢、对称地进行，以避免冲击振动和偏心受力。

2）施加预应力时要做到对称、同步张拉。多次预应力网壳通常有多条预应力索，且要分批加载和多次分级张拉，为不使结构造成偏心受力及便于检测受力状况和预应力监控调整，预应力的施工必须对称并同步。

3）加强结构检测，做好预应力监控调整。主要对网壳结构的重要部位的杆件内力和特征节点位移进行检测，根据检测结果进行必要的调控，确保实测预应力达到设计预期值，以保证结构安全正常地工作。

4）结构经过施加预应力，特别是多次预应力后，具备较大的内部能量。在使用过程中需要返修屋盖时，应考虑是否需按设计加载顺序相反的次序卸载部分预应力，以避免发生事故。

3. 吊挂结构施工

吊挂结构中主要介绍斜拉网架和网壳的施工。

斜拉网架或网壳是通过斜拉索将网架或网壳与塔柱联系，按其布索形式有放射式、竖琴式、扇式和星式等。

斜拉网架或网壳的拼装和安装方法与普通网架相同，需要注意的是斜拉索的张拉。由于斜拉索内外层及平衡锚索的拉力不等，所有索不能同时张拉等，故在索张拉过程中必须控制塔柱的位移，使其不超过规定值。另一个控制指标是网架或网壳的挠度。

索张拉总的原则是对称加荷，分批张拉，每批张拉完毕后测量塔柱顶点位移、网架或网壳挠度，调整索力。一般可分 3~4 批，如 30%、30%、30%、10%，最后一次张拉做精调用。分批极差大小与柱刚度和材料有关，钢筋混凝土柱不能承受大偏心荷载，每批张拉极差就应小些，其允许柱顶偏移值由裂缝验算确定。

4. 张拉结构施工

在张拉结构中，张弦梁、张弦桁架和张弦穹顶结构都应用较多。上海浦东国际机场航站楼采用了我国目前跨度最大的张弦梁结构，广州国际会展中心则采用了上弦为倒三角形断面钢管立体桁架的张弦桁架结构，黑龙江国际会展体育中心主馆屋盖结构也采用了类似的张弦立体桁架。本节主要结合广州国际会展中心来介绍张拉预应力钢结构的施工。

（1）钢结构的制作与拼装

张弦钢桁架的分段制作与拼装都在现场制作厂胎架上进行，采用"卧式"组装，每榀分十一段制作，约 11 m 一段，质量控制在 13 t 左右。在每段桁架成型后，进行预拼装。分段桁架预拼组装定位采用点焊连接，主要考虑方便杆件吊装、拆卸和减少对相贯面坡口的影响。

1）张弦桁架拼装顺序：拼台、支撑点尺寸定位→胎架安设→分段桁架拼装→分段桁架上胎架拼装→电焊安装腹杆→安装钢索和锚具→索的张拉→验收、交付安装。

2）张弦桁架的整榀拼装胎架搭设在展览大厅东西两侧跨端地面上，采用"正造法"立式拼装施工，以利于钢桁架的下弦索张拉和整榀吊装。桁架的拱高和跨度按一次张拉方案计算确定。胎架的刚度、整体稳定性、不沉降及不变形是保证钢桁架制作满足设计精度要求的主要关键因素。

3）本方案胎架受力特点：胎架两端的支撑点承受全部桁架重量和施工荷载；两端胎架与钢桁架的接触面一端在张拉时能在跨度方向滑动，另一端不能滑动但有转动。

4）胎架精度的保证方法：观察胎架沉降的均匀性，根据实际情况进行局部调整或加固，对不均匀沉降引起的高差，采用千斤顶进行处理，并在调整至符合要求后的牛腿侧面上重设支撑板固定，做到最小范围内无限制定位。

5）桁架整榀拼装的顺序：从中间向两边对称进行，按实际就位的位置调整固定，由300 t吊机将桁架吊上胎架。在拼装每一分段时，利用全站仪对桁架尺寸进行实时测量，包括构件上胎架前、预拼完成后、焊接完成后，检测桁架节点标高位置、水平投影长度、桁架测弯值，及时调整超偏尺寸，避免或消除过多的累积误差。分段桁架就位到胎架并确认尺寸无误后才能焊接，焊接从中间开始，向两边对称进行。为了控制焊接变形及确定焊接收缩预留量，桁架焊接前选择了有代表性的节点做焊接工艺评定，并由此制定本焊接施工工艺。

（2）张拉

张弦桁架下弦为单根337A7平行高强度钢索，中间通过夹具与腹杆相连，两端通过LM-337特质冷铸锚体系与三角桁架连接。三角桁架焊接完毕并经验收合格后才能进行钢索安装和张拉。

1）钢索安装流程：钢索进场验收→放索、就位→在索的标记处夹紧锻钢夹具→安装一端锚具和连接部分腹杆与夹具→安装另一端锚具和连接剩余部分腹杆与夹具→两端同时同步0%~20%~60%~100%分级张拉、分段读数→同步观测桁架径向、跨向、矢向位移量→检测索力、关键受力杆件内力→验收合格后吊装。

2）胎膜控制张拉分两个阶段：脱离胎膜前张拉力控制，脱离胎膜后跨中起拱位移控制。在张拉力1 300~1 500kN、桁架逐渐脱离胎膜的关键阶段，安排人员对脱离进行直接观察，当矢高达到规定值时，立即停止张拉，测拉索张力和复核跨度值。为了保证各桁架腹杆位置的一致性，以中间腹杆作为基准，协调两端张拉值。由于张弦桁架跨度大，变形对气温变化反应敏感，因此需记录拼装交验和张拉完毕时的环境温度，当二者温差大于5℃时，要考虑在张拉测跨距时由此引起的跨距变化。

（3）起吊、平移、就位和固定

1）钢桁架起吊分东西两个作业线施工，每个作业线配置四台（桁架两端各设两台）GT160塔吊和一台300 t吊机。CT160塔吊起重性能为工作半径R=4 m、起重量Q=2×40=80（t）、有效高度H=43 m。单榀桁架质量为130 t，最高安装高度约为

40m。采用四点吊将张弦桁架抬吊就位在滑道上。300 t 吊机负责安装主檩条支撑，同一区间的第一榀张弦钢桁架起吊到位后，由于端部桁架还未安装，单榀桁架处于不稳定状态，这时两端塔吊不能卸钩，必须在桁架两端和跨中间方向临时固定，第二榀张弦桁架起吊到位且与端部桁架 SI 连接完毕后才能卸钩，确保张弦桁架稳定。起吊过程主要监控张弦钢桁架起吊重心位置，因为张弦钢桁架的理论重心位置高于吊点平面外 70cm，属高重心起吊，当两端起吊点高差大于 127 cm、呈 25° 斜角时，桁架重心会偏离吊点平面范围，引起倾覆。四台塔吊采用了计算机联机控制起吊，实际起吊时没有出现高重心倾斜现象。

2）由于现场条件的限制，吊机无法直接将桁架安装在结构滑道上，因此需要在跨端将滑道在东西两端接出 22m，接出部分的滑道由 64 型军用导梁做承重梁。在结构上需设置滑道和滑道预埋件，组成滑道系统。在桁架结构上要设置滑移台车和台车与结构的连接加固等处理，组成花车系统。要使屋盖滑移，还要有钢绞线、千斤顶、反力架、同步控制等，组成牵引系统。张弦钢桁架的平移同步控制以计算机控制为主，辅以人工观察，计算机控制液压牵引器的同步牵引，并将两端牵引偏差控制在设计允许的范围内，其控制参数如下：两点同步水平牵引距离 15~264 m；水平移位速度 5~12 m/min；同步移位与牵引基准点水平移位误差 ≤ 20 mm。

3）钢屋盖一个区间牵引到位后，需进行支座转换，即将屋盖的临时支座全部质量转换成由永久支座支撑屋盖质量，转换方法为先安装展览大厅主桁架两端的永久支座，再采用拧开各个小车边固定螺栓，同步移动斜面与斜面相接的平移车组，缓慢降低整个钢屋盖，直至永久支座直接支撑于预埋件。永久固定支座和单向滑道支座的下支座根据支座、对位，控制在允许偏差范围内，必要时用千斤顶和反力架校正。对位后，即用电焊按设计要求予以固定。

（4）监测

1）张弦式钢桁架预应力第一控制是变形控制，张拉力及内力大小是第二控制。但由于杆件内力大小是结构承载能力的直接反映，因此内力监测在反映结构的安全性上仍是第一位的，尤其对于本工程新型大跨度张弦式钢桁架，需测试内力值及检查计算模式的正确性。选择了一次张拉方案的同时，设计确定了张拉桁架变形控制值及杆件内力预期值。跨中起拱值为张拉最终控制目标，桁架缩短值是屋架移位导轨的依据，索端力为施工张拉力，拉索和所选定的桁架杆件计算内力及应变值用于监控桁架受力。

2）位移测量的方法：每一榀桁架都要进行位移测量。以跨中为主控制点，两个 1/4 跨点为参考控点。预应力张拉时，控制跨中点到理论起拱位置。由于实际制作误差，1/4 跨点不一定很准确地起拱到理论位置，根据其位置适当调整跨中点控制。位移测试使用 SET-500 全站仪，测角精度为 5°，测距精度为 2mm+2ppm。胎膜上张拉时全站仪放在展览大厅楼板上。区间形成后，全站仪置于屋面上测量屋面上各测点高度。棱镜支架放在张弦桁架托盘板上，有时安放在檩条上。

　　3）内力测量方法：拉索内力测试首选电阻应立计，在拉索跨中点 C 安装应变计，在预应力张拉时，拉索端的内力值从千斤顶压力表上读出。桁架应变测量采用温度自补偿方法，外界温度影响小，静态应变仪 DH3816 性能稳定，钢杆件测试数据可靠稳定。

第七章 建筑工程施工现场管理

第一节 建筑工程施工现场管理概述

一、建筑工程施工现场管理的必要性

建筑工程施工现场（以下简称"施工现场"）是指进行工业和民用项目的房屋建筑、土木工程、设备安装、管线敷设等施工活动，经批准占用的施工场地。该场地既包括红线内已占用的建筑用地和施工用地，又包括红线以外现场附近经批准占用的临时施工用地。

施工现场管理的必要性表现在以下几方面：

1. 施工现场是建设工程项目实施的重要场地，是施工的"枢纽站"，大量物资进入施工现场停放，现场大量人员（施工作业人员和管理人员）、机械设备将这些物资一步步地转变成建筑物或构筑物。施工现场管理的好坏将影响到人流、物流和财流是否畅通及施工活动是否能顺利进行。

2. 施工现场有各种专业的施工活动，各专业的管理工作按合理的分工分头进行，各专业的施工活动既紧密协作，又相互影响、互相制约，很难截然分开。因此，施工现场管理的好坏直接影响到各专业施工班组的施工进度和技术经济效果。

3. 施工现场的管理好坏，可从施工单位的精神面貌、管理面貌及施工面貌上反映出来。一个文明的施工现场会有很好的社会效益，会赢得很好的社会信誉。反之，也会损害施工单位的社会信誉。

4. 施工现场管理涉及许多法律法规，如环境保护、市容美化、交通运输、消防安全、文物保护、人防建设、文明建设、居民的生活保障等。因此，施工现场每一个从事施工及施工管理的人员都必须要懂法、执法、守法、护法。因此，只有加强施工现场的管理才能使施工活动符合有关的法律法规要求。

二、施工现场管理的原则

1. 施工现场管理必须遵守相关的法律法规

施工现场管理中应遵守的法律法规主要有《中华人民共和国环境保护法》《中华人民

共和国环境噪声污染防治法》《中华人民共和国消防法》《中华人民共和国安全生产法》、《中华人民共和国文物保护法》等。

2. 施工现场管理要讲经济效益

施工活动既是建筑产品实物形成的过程，又是工程成本形成的过程，在施工现场管理中除要保证工程质量以外，还要努力降低工程成本，以最少劳动消耗和资金占用，取得最好质量的工程。

3. 组织均衡施工和连续施工

均衡施工是指施工过程中在相等时间内完成的工作量基本相等或稳定递增，即有节奏、按比例地进行施工。组织均衡施工有利于保证设备和人力的均衡负荷，提高设备利用率和工时利用率，有利于建立正常的管理和施工秩序，保证工程质量及施工安全，有利于降低成本。

连续施工是指施工过程连续不断地进行。建筑施工极易出现施工间隔情况，造成人力、物力的浪费。要求统筹安排、科学、合理地组织施工，使其连续进行，尽量减少中断，避免设备闲置、人力窝工，充分发挥施工的潜力。

4. 采用科学的管理方法

施工现场的管理要采用现代化、科学的管理制度和方法。不是单凭经验管理，而是要建立一套科学的管理制度并严格执行管理制度实现对施工现场的管理，使现场施工有序进行，保证良好的施工秩序，进而保证工程质量，取得良好的经济效益和社会效益。

三、施工现场管理的主要内容

根据《建设工程施工现场管理规定》（以下简称《规定》），建设工程开工前必须在有关部门办理"施工许可证"，并在"施工许可证"批准之日起两个月内组织开工，因故不能按期开工的，需在期满前申请延期，否则"施工许可证"失效。在建设工程开工前，施工单位要编制建设工程的施工组织设计并经批准后实施。根据《建设工程项目管理规范》（GB/T 50326—2006）及《规定》，在施工过程中施工单位应从文明施工管理、规范场容管理、环境管理、消防保安、卫生防疫及健康等方面进行施工现场的管理。

第二节 施工现场的文明施工管理

施工现场的文明施工应包括规范场容、保持作业环境整洁卫生、创造有序施工的条件、减少对居民和环境的不利影响，保证职工安全和健康。

一、文明施工的意义

1. 文明施工是现代建筑生产的客观要求

2. 文明施工是加强建筑企业精神文明建设的需要

3. 文明施工是企业竞争开拓建筑市场的需要

二、建立文明的施工现场的要点

文明施工现场即指按照有关法律法规的要求，使施工现场和临时占地范围内秩序井然、文明安全，环境得到保持，绿地树木不被破坏，交通畅达，文物得以保护，防火设施完备，居民不受干扰，场容和环境卫生均符合要求。建立文明施工现场有利于提高工程质量和工作质量，提高企业信誉。为此，应当做到主管挂帅、系统把关、普遍检查、建章建制、责任到人、落实整改、严明奖惩。

1. 主管挂帅。施工单位成立由主要领导挂帅、各部门主要负责人参加的施工现场管理领导小组，在现场建立以项目管理班子为核心的现场管理组织体系。

2. 系统把关。各管理业务系统对现场的管理进行分口负责，每月组织检查，发现问题及时整改。

3. 普遍检查。对现场管理的检查内容，按达标要求逐项检查，填写检查报告，评定现场管理先进单位。

4. 建章建制。建立施工现场管理规章制度和实施办法，按此办事，不得违背。

5. 责任到人。管理责任不但明确到部门，而且各部门要明确到人，以便落实管理工作。

6. 落实整改。对出现的问题，一旦发现，必须采取措施纠正，避免再度发生。无论涉及哪一级、哪一部门、哪一个人，绝不能姑息迁就，必须整改落实。

7. 严明奖惩。成绩突出，应按奖惩办法予以奖励；出现问题，要按规定给予必要的处罚。

三、文明施工现场及文明施工的要求

1. 要有规范的施工现场场容。

2. 合理规划施工用地。首先要保证场内占地的合理使用。当场内空间不充分时，应会同建设单位按规定向规划部门和公安交通部门申请，经批准后才能获得并使用场外临时施工用地。

3. 施工现场的用电线路、用电设施的安装和使用必须符合安装规范和安全操作规程，并按照施工组织设计进行架设，严禁任意拉线接电。施工现场必须设有保证施工安全要求的夜间照明；危险潮湿场所的照明及手持照明灯具，必须采用符合安全要求的电压。

4. 及时清场转移。施工结束后，项目管理班子应及时组织清场，将临时设施拆除，剩余物资退场，组织向新工程转移，以便整治规划场地，恢复临时占用的土地，不留后患。

5. 坚持现场管理标准化，堵塞浪费漏洞。现场管理标准化的范围很广，比较突出而又需要特别关注的是现场平面布置管理和现场安全生产管理，稍有不慎，就会造成浪费和损失。

6. 现场施工临时水、电要有专人管理，不得有长流水、长明灯。

7. 工人操作地点和周围必须清洁整齐，做到活完脚下清，工完场地清、丢洒在楼梯、楼板上的砂浆、混凝土要及时清除，落地灰要回收过筛使用。

8. 砂浆、混凝土在搅拌、运输、使用过程中，要做到不洒、不漏、不剩，使用地点盛放砂浆、混凝土必须有容器或垫板，如有洒、漏要及时清理。

9. 要有严格的成品保护措施，严禁损坏污染成品、堵塞管道。高层建筑要设临时便桶，严禁建筑物内大小便。

10. 建筑物内清除的垃圾及余物，严禁从门窗口向外抛掷，要通过临时搭建的竖井或电梯井等措施稳妥下卸。

11. 施工现场门前及围挡附近不得有垃圾和废弃物。位于主要街道两侧现场的主要出入口应设专人指挥车辆，防止发生交通事故。

12. 针对施工现场情况设置宣传标语和黑板报。各地政府及有关部门制定了与施工现场场容和文明施工有关的一系列规定，各施工单位应结合各工程项目的具体情况制定文明施工条例。

四、施工现场的场容规范

施工单位应根据施工项目的施工条件，按照施工总平面图、施工方案和施工进度计划的要求，认真进行所负责区域的施工平面的规划、设计、使用和管理。

施工现场的场容管理应建立在施工平面图设计的合理安排和物料器具定位管理标准化的基础上。对施工现场的场容规范管理应满足以下要求：

1. 科学地进行施工总平面设计：施工总平面设计是合理利用空间对施工场地进行的科学规划。在施工总平面图上，临时设施、大型机械、材料堆场、物资仓库、构件堆场、消防设施、道路及进出口、加工场地、水电管线、周转使用场地等应各得其所，关系合理，从而有利于安全和环境保护，有利于节约，方便施工，实现现场文明。

2. 根据施工进展，按阶段调整施工现场的平面布置：不同的施工阶段，施工的需要不同，现场的平面布置亦应进行调整。不应当把施工现场当成一个固定不变的空间组合，而应当对它进行动态的管理和控制。但调整不能太频繁，以免造成浪费。一些重大设施应基本固定，调整的对象应是耗费不大和规模小的设施，或已经实现功能后失去了作用的设施。

3. 现场的主要机械设备、脚手架、密封式安全网和围挡、模具、施工临时道路和水、电、气管线、施工材料制品堆场及仓库、土方及建筑垃圾堆放区、变配电间、消火栓、警卫室、现场的办公、生活和生活临时设施等的布置，均应符合施工平面图的要求。

4.施工物料器具除应按施工平面图指定位置就位布置外，还应根据不同特点和性质，规范布置方式与要求，并执行码放整齐、限宽限高、上架入箱、规格分类、挂牌标识等管理标准。

5.施工机械应当按照施工总平面布置图规定的位置和线路设置，不得任意侵占场内道路。施工机械进场必须经过安全检查，经检查合格的方能使用，施工机械操作人员必须建立机组责任制，并依照有关规定持证上岗，禁止无证人员操作。

6.施工单位应当按照施工总平面布置图设置各项临时设施。堆放大宗材料、成品、半成品和机具设备，不得侵占场内道路及安全防护等设施。建设工程实行总包和分包，分包单位确需进行改变施工总平面布置图活动的，应当先向总包单位提出申请，经总包单位同意后方可实施。

7.施工现场入口处的醒目位置，应公示下列内容：

（1）工程概况牌,其内容包括工程项目名称及其规模、性质、用途、建设单位、施工单位、监理单位、项目经理和施工现场总代表人的姓名、工程的开竣工日期、施工许可证批准文号等。

（2）安全纪律牌。

（3）防火须知牌。

（4）安全无重大事故牌。

（5）安全生产、文明施工牌。

（6）施工总平面图。

（7）项目经理部组织架构及主要管理人员名单图。

8.施工现场管理人员在施工现场应佩戴证明其身份的证卡。

9.施工现场周边应按当地有关要求设置围挡。临街脚手架、临近高压电缆及起重机臂杆的回转半径达到街道上空的，均应按要求设置安全隔离设施。危险品仓库附近应有明显标志及围挡设施。

10.施工现场应设置畅通的排水沟渠系统，保持场地道路的干燥坚实。施工现场的泥浆和污水未经处理不得直接外排。地面宜做硬化处理。有条件时，可对施工现场进行绿化布置。

11.加强对施工现场使用的检查。现场管理人员应经常检查现场布置是否按平面布置图进行，是否符合各项规定，是否满足施工需要，还有哪些薄弱环节，从而为调整施工现场布置提供有用的信息，也使施工现场保持相对稳定，不被复杂的施工过程打乱或破坏。

第三节 施工现场的环境管理

施工单位在施工现场的施工活动中，会产生各种泥浆、污水、粉尘、废气、固体废弃物、噪声和振动等对环境造成污染和危害。施工单位应根据国家有关环境保护的法律、法规、标准（如环境保护法、环境噪声污染防治法、固体废物污染环境防治法、建筑施工场界噪声限值等），采取有效措施控制施工现场对环境造成各种污染和危害。

为了很好地控制施工现场对周围环境的各种污染和危害，施工单位应依据标准 GB/T24001—2004《环境管理体系要求及使用指南》的要求建立环境管理体系，并对其实施、保持及持续改进。

一、施工现场环境管理的程序

1. 建立环境管理的组织机构，明确环境管理职责。

2. 确定项目的环境管理方针。

3. 确定对环境有影响的环境因素及重要环境因素，并建立目标和指标。制订实施目标和指标的方案。

4. 建立环境管理必要的规章制度。

5. 确定提高施工人员环境管理意识的方法及内、外部信息交流的方式和内容。

6. 对环境管理情况进行检查，并制定改进措施。

二、环境管理的要求

施工现场的环境管理应符合以下要求：

1. 施工中需要停水、停电、封路而影响环境时，必须经有关部门批准，事先告示。

2. 施工单位应该保证施工现场道路畅通，排水系统处于良好的使用状态；保持场容场貌的整洁，随时清理建筑垃圾。在车辆、行人通行的地方施工，应当设置沟井坎穴覆盖物和施工标志。

3. 妥善处理泥浆水，未经处理不得直接排入城市排水设施和河流、湖泊、池塘。

4. 除设有符合规定的装置外，不得在施工现场熔融沥青或者焚烧油毡、油漆及其他会产生有毒有害烟尘和恶臭气体的物质。

5. 使用密封式的圈筒或者采取其他措施处理高空废弃物。建筑垃圾、渣土应在指定地点堆放，每日进行清理。

6. 采取有效措施控制施工过程中的扬尘。

7. 禁止将有毒有害废弃物用作土方回填。

8. 对产生噪声、振动的施工机械，应采取有效控制措施，减轻噪声扰民。

第四节　施工现场的综合考评

一、施工现场综合考评

建设工程施工现场综合考评，是指对工程建设参与各方（建设、监理、设计、施工、材料及设备供应单位等）在现场中主体行为责任履行情况的评价。

二、施工现场综合考评的内容

建设工程施工现场综合考评的内容，分为建筑业企业的施工组织管理、工程质量管理、施工安全管理、文明施工管理和建设、监理单位的现场管理等五个方面。

1. 施工组织管理

施工组织管理考评的主要内容是企业及项目经理资质情况、合同签订及履约管理、总分包管理、关键岗位培训及持证上岗、施工组织设计及实施情况等。

2. 工程质量管理

工程质量管理考评的主要内容是质量管理与质量保证体系、工程实体质量、工程质量保证资料等情况。工程质量检查按照现行的国家标准、行业标准、地方标准和有关规定执行。

3. 施工安全管理

施工安全管理考评的主要内容是安全生产保证体系和施工安全技术、规范、标准的实施情况等。施工安全管理检查按照国家现行的有关法规、标准、规范和有关规定执行。

4. 文明施工管理

文明施工管理考评的主要内容是场容场貌、料具管理、环境保护、社会治安情况等。

5. 建设、监理单位的现场管理

建设、监理单位现场管理考评的主要内容是有无专人或委托监理单位对现场实施管理、有无隐蔽验收签认、有无现场检查认可记录及执行合同情况等。

三、施工现场综合考评办法及奖罚

1. 对于施工现场综合考评发现的问题，由主管考评工作的建设行政主管部门根据责任情况，向建筑业企业、建设单位或监理单位提出警告。

2. 对于一个年度内同一个施工现场被两次警告的，根据责任情况，给予建筑业企业、建设单位或监理单位通报批评的处罚；给予项目经理或监理工程师通报批评的处罚。

3. 对于一个年度内同一个施工现场被三次警告的，根据责任情况，给予建筑业企业或监理单位降低资质一级的处罚，给予项目经理、监理工程师取消资格的处罚，责令该施工现场停工整顿。

第八章　施工项目质量管理及控制

第一节　施工项目质量管理及控制概述

一、施工项目质量及其管理和控制

（一）施工项目质量

施工项目质量是指反映施工项目满足相关规定和合同规定的要求，包括其在安全、使用功能、耐久性能、环境保护等方面所有明显和隐含能力的特性总和。也就是通过工程施工所形成的工程项目，其应满足用户从事生产、生活所需要的功能和使用要求，应符合国家有关法规、技术标准和合同规定。

影响施工项目质量的因素有以下几个方面：

1. 人的因素。人是质量活动的主体，人员的质量意识及技能对项目施工的质量有较大的影响。

2. 建筑材料、构件、配件的质量因素。施工项目的质量很大程度上取决于建筑材料、构件、配件的质量，因此，要从采购、储存等各环节来保证建筑材料、构件、配件的质量，以保证工程项目的施工质量。

3. 施工方案的影响。施工方案中包括技术、工艺、方法等施工手段的配置，如果施工技术落后、方法不当、机具有缺陷等都将影响项目的施工质量。施工方案中还包括施工程序、工艺顺序、施工流向、劳动组织等，通常的施工程序先准备后施工、先场外后场内、先地下后地上、先深后浅、先主体后装修、先土建后安装等，都应在施工方案中明确并编制相应的施工组织设计。这些都是对工程项目施工质量的重要影响因素。

4. 施工机械及模具。施工机械及模具选择不当、维修和使用不合理都会影响工程项目的施工质量。

5. 施工环境的影响。施工环境包括地质、水文、气候等自然环境和施工现场的照明、通风、安全卫生防疫等作业环境及管理环境。这些环境的管理也会对施工项目质量产生相当大的影响。

（二）施工项目质量管理

施工项目质量管理是在施工项目质量方面指挥和控制施工项目组织协调的活动。这里包括施工项目的质量目标制定、施工过程和施工必要资源的规定、施工项目施工各阶段的质量控制、施工项目质量的持续改进等。

二、施工项目质量控制

施工项目质量控制就是为了确保工程合同规定的质量标准，所采用的一系列监控措施、手段和方法。工程项目的施工阶段是工程项目质量形成的最重要的阶段，而该阶段又由众多的技术活动按照科学的技术规律相互衔接而形成的。为了保证工程质量，这些技术活动必须在受控状态下进行。其目的在于监督整个工程的施工过程，排除各施工阶段、各环节由于异常原因产生的质量问题。

1. 施工项目质量控制的基本要求

（1）施工单位应按《质量管理体系要求》（GB/T 19001—2008）标准建立自己的质量管理体系。实践证明，建筑行业的企业采用了此标准已取得良好的效果。施工单位要控制施工项目的质量并按此标准建立自己的质量管理体系。

（2）坚持"质量第一、预防为主"的方针：通过项目施工过程中的信息反馈预见可能发生的重大工程质量问题，及时采取切实可行的措施加以防止，做到预防为主。

（3）明确控制重点：控制重点是通过分析后才能明确的。在工序控制中，一般是以关键工序和特殊工序为重点。控制点的设置主要是针对上述重点而言。

（4）重视控制效益：工程质量控制同其他产品质量控制一样，要付出一定的代价，投入和产出的比值是必须考虑的问题。对建筑工程来说，是通过控制其质量成本来实现的。

（5）系统地进行质量控制：它要求有计划地实施质量体系内各有关职能的协调和控制。

（6）制定控制程序：质量控制的基本程序是按照质量方针和目标，制定工程质量控制措施并建立相应的控制标准；分阶段地进行监督检查，及时获得信息与标准相比较，做出工程合格性的判定；对于出现的工程质量问题，及时采取纠偏措施，保证项目预期目标的实现。

（7）坚持P（计划）D（执行）C（检查）A（处理）循环的工作方法：为了做到施工项目质量的持续改进，要用PDCA的工作方法，PDCA是不断地循环，每循环一次，就能解决一定的问题，实现一定的质量目标，使质量水平有所提高。

2. 施工项目质量影响因素的控制

为了保证施工项目质量，要对其影响因素进行控制。影响施工项目质量的因素，通常称为"4M1E"，即人、材料、机械、方法、环境。

（1）人的控制：控制的对象包括施工项目的管理者和操作者。人的控制内容包括组织机构的整体素质和每一个个体的技术水平、知识、能力、生理条件、心理行为、质量意识、组织纪律、职业道德等。其目的就是要做到合理用人，充分调动人的积极性、主动性和创造性。

人的控制的主要措施和途径如下：以项目经理的管理目标和管理职责为中心，合理组建项目管理机构，配备称职的管理人员；严格实行分包单位的资质审查，确保分包单位的整体素质，包括领导班子素质、职工队伍素质、技术素质和管理素质；施工作业人员要做到持证上岗，特别是重要技术工种、特殊工种和危险作业等；强化施工项目全体人员的质量意识，加强操作人员的职业教育和技术培训；严格施工项目的施工管理各项制度，规范操作人员的作业技术活动和管理人员的管理活动行为；完善奖励和处罚机制，充分发挥项目全体人员的最大工作潜能。

（2）材料的控制：材料控制包括对施工所需要的原材料、成品、半成品、构配件等的质量控制。加强材料的质量控制是提高施工项目质量的重要保证。材料质量控制包括以下几个环节：

1）材料的采购。施工所需要采购的材料应根据工程特点、施工合同、材料性能、施工具体要求等因素综合考虑。保证适时、适地、按质、按量、全套齐备地供应施工生产所需要的各种材料。为此，要选择符合采购要求的供方、建立有关采购的制度、对采购人员要进行技术培训等。

2）材料的试验和检验。材料的试验和检验就是通过一系列的检测手段，将所取得的测数据与材料标准及工艺规范相比较，借以判断其质量的可靠性及能否用于施工过程之中。材料的检验方法有书面检验、外观检验、理化检验和无损检验。

3）材料的存储和使用。加强材料进场后的存储和使用管理，避免材料变质和使用规格、性能不符合要求的材料造成质量事故，如水泥的受潮结块、钢筋的锈蚀等。

（3）机械设备的控制：机械设备的控制包括施工机械设备质量控制和工程项目设备的质量控制。

1）施工机械设备质量控制就是使施工机械设备的类型、性能参数等与施工现场的实际生产条件、施工工艺、技术要求等因素相匹配，符合施工生产的实际要求。要做好施工机械设备的质量控制，一是要按照技术上先进、生产上适用、经济上合理等原则选配施工生产机械设备，合理地组织施工。二是要正确使用、管理、保养和检修好施工机械设备，严格实行定人、定机、定岗位责任的使用管理制度，在使用中遵守机械设备的技术规定，做好机械设备的例行保养工作，包括清洁、润滑、调整、紧固和防腐工作，使机械设备经常保持良好的技术状态，以确保施工生产质量。

2）工程项目设备的质量控制主要包括设备的检查验收、设备的安装质量、设备的调试和试车运转。

要求按设备选型购置设备，优选设备供应厂家和专业供方，设备进场后，要对设备的名称、型号、规格、数量的清单逐一检查验收，确保工程项目设备的质量符合设计要求；

设备安装要符合有关设备的技术要求和质量标准，安装过程中控制好土建和设备安装的交叉流水作业；设备调试要按照设计要求和程序进行，分析调试结果；试车运转正常，并能配套投产，满足项目的设计生产要求。

（4）施工方法的控制：施工方法的控制主要包括施工方案、施工工艺、施工组织设计、施工技术措施等方面的控制。对施工方法的控制，应着重抓好以下几个方面内容：

1）施工方案应随工程进展而不断细化和深化。

2）选择施工方案时，对主要项目要拟订几个可行方案，找出主要矛盾，明确各个方案的主要优缺点，通过反复论证和比较，选出最佳方案。

3）对主要项目、关键部位和难度较大的项目，如新结构、新材料、新工艺、大跨度、高大结构部位等，制订方案时要充分估计到可能发生的施工质量问题和处理方法。

（5）环境的控制。施工环境的控制主要包括自然环境、管理环境和劳动环境等。

1）自然环境的控制，主要是掌握施工现场水文、地质和气象资料信息，以便在编制施工方案、施工计划和措施时，能够从自然环境的特点和规律出发，制定地基与基础施工对策，防止地下水、地面水对施工的影响，保证周围建筑物及地下管线的安全；从实际条件出发做好冬雨季施工项目的安排和防范措施；加强环境保护和建设公害的治理。

2）管理环境的控制，主要是按照承发包合同的要求，明确承包商和分包商的工作关系，建立现场施工组织系统运行机制及施工项目质量管理体系；正确处理好施工过程安排和施工质量形成的关系，使两者能够相互协调、相互促进、相互制约；做好与施工项目外部环境的协调，包括与邻近单位、居民及有关各方面的沟通、协调，以保证施工顺利进行，提高施工质量，创造良好的外部环境和氛围。

3）劳动环境的控制，主要是做好施工平面图的合理规划和布置，规范施工现场机械设备、材料、构件的各项管理工作，做好各种管线和大型临时设施的布置；落实施工现场各种安全防护措施，做好明显标识，保证施工道路的畅通，安排好特殊环境下施工作业的通风照明措施；加强施工作业现场的及时清理工作，保证施工作业面的有序和整洁。

以上从影响施工项目质量的五个因素介绍了如何实施质量控制。由于施工阶段的质量控制是一个经由对投入资源和条件的质量控制（施工项目的事前质量控制），进而对施工生产过程以及各环节质量进行控制（施工项目的事中质量控制），直到对所完成的产出品的质量检验与控制（施工项目的事后质量控制）为止的全过程的系统控制过程，所以，施工阶段的质量控制可以根据施工项目实体质量形成的不同阶段划分为事前控制、事中控制和事后控制。

第二节 项目施工过程中的质量控制

一、施工项目质量控制的三个阶段

为了保证工程项目的施工质量，应对施工全过程进行质量控制。根据工程项目质量形成阶段的时间，施工项目的质量控制可分为事前控制、事中控制和事后控制三个阶段。

（一）施工项目的事前质量控制

施工项目的事前质量控制，其具体内容有以下几个方面：

1. 技术准备，包括图纸的熟悉和会审、对施工项目所在地的自然条件和技术经济条件的调查和分析、编制施工组织设计、编制施工图预算及施工预算、对工程中采用的新材料、新工艺、新结构、新技术的技术鉴定书的审核、技术交底等。

2. 物资准备，包括施工所需原材料的准备、构配件和制品的加工准备、施工机具准备、生产所需设备的准备等。

3. 组织准备，包括选聘委任施工项目经理、组建项目组织班子、分包单位资质审查、签订分包合同、编制并评审施工项目管理方案、集结施工队伍并对其进行培训教育、建立和完善施工项目质量管理体系、完善现场质量管理制度等。

4. 施工现场准备，包括控制网、水准点、标桩的测量工作；协助业主实施"三通一平"；临时设施的准备；组织施工机具、材料进场；拟订试验计划及贯彻"有见证试验管理制度"的措施；项目技术开发和进一步计划等。

（二）施工项目事中的质量控制

施工项目事中的质量控制是指施工过程中的质量控制。事中质量控制的措施如下：施工过程交接有检查、质量预控有对策、施工项目有方案、图纸会审有记录、技术措施有交底、配制材料有试验、隐蔽工程有验收、设计变更有手续，质量处理有复查、成品保护有措施、质量文件有档案等。此外，对完成的分部和分项工程按相应的质量评定标准和办法进行检查和验收、组织现场质量分析会，及时通报质量情况等。

施工项目事中的质量控制的实质，就是在质量形成过程中如何建立和发挥作业人员和管理人员的自我约束及相互制约的监督机制，使施工项目质量形成从分项、分部到单位工程自始至终都处于受控状态。总之，在事前控制的前提下，事中控制是保证施工项目质量一次交验合格的重要环节，没有良好的作业自控和监控能力，施工项目质量就难以得到保证。

（三）施工项目事后的质量控制

施工项目事后的质量控制是指完成施工过程，形成产品的质量控制。其具体内容有以下几个方面：

1.按规定的质量评定标准和办法对已经完成的分部分项工程、单位工程进行检查、评定、验收。

2.组织联动试车。

3.按编制竣工资料要求收集、整理质量记录。

4.组织竣工验收、编制竣工文件、做好工程移交准备。

5.对已完工的工程项目在移交前采取措施进行防护。

6.整理有关工程项目质量的技术文件，并编目、建档。

二、工序质量控制

（一）工序及工序质量

工序就是人、机、料、法、环境对产品（工程）质量起综合作用的过程。工序的划分主要取决于生产（施工）技术的客观要求，同时也取决于分工和提高劳动生产率的要求。例如，钢筋工程是由调直、除锈、剪刀、弯曲成型、绑扎等工序组成。

施工工序是产品（工程）构配件或零部件生产（施工）制造过程的基本环节，是构成生产的基本单位，也是质量检验和管理的基本环节。

工序质量是指工序过程中的质量。在生产（施工）过程中，由于各种因素的影响造成产品（工程）产生质量波动，工序质量就是去发现、分析和控制工序质量中的质量波动，使影响每道工序质量的制约因素都能控制在一定范围内，确保每道工序的质量，不使上道工序的不合格品转入下道工序。工序质量决定了最终产品（工程）的质量。因此，对于施工企业来说，搞好工序质量就是保证单位工程质量的基础。

工序管理的目的是使影响产品（工程）质量的各种因素能始终处于受控状态的一种管理方法。因此，工序管理实质上就是对工序质量的控制。对工序的质量控制，一般采用建立质量控制点（管理点）的方法来加强工序管理。

工程项目施工质量控制就是对施工质量形成的全过程进行监督、检查、检验和验收的总称。施工质量由工作质量、工序质量和产品质量三者构成。工作质量是指参与项目实施全过程人员，为保证施工质量所表现的工作水平和完善程度。例如，管理工作质量、技术工作质量、思想工作质量等。产品质量即是指建筑产品必须具有满足设计和规范所要求的安全可靠性、经济性、适用性、环境协调性、美观性等。工序质量包括工序作业条件和作业效果质量。工程项目的施工过程是由一系列相互关联、相互制约的工序构成，工序质量是基础，直接影响着工程项目的产品质量，因此，必须先控制工序质量，从而保证整体质量。

（二）工序质量控制的程序

工序质量控制就是通过工序子样检验来统计、分析和判断整道工序质量，从而实现工序质量控制。工序质量控制的程序如下：

1. 选择和确定工序质量控制点。

2. 确定每个工序控制点的质量目标。

3. 按规定检测方法对工序质量控制点现状进行跟踪检测。

4. 将工序质量控制点的质量现状和质量目标进行比较，找出二者之间的差距及产生原因。

5. 采取相应的技术、组织和管理措施，消除质量差距。

（三）工序质量控制的要点

1. 必须主动控制工序作业条件，变事后检查为事前控制。对影响工序质量的各种因素，如材料、施工工艺、环境、操作者和施工机具等项，要预先进行分析，找出主要影响因素，并加以严格控制，从而防止工序质量出现问题。

2. 必须动态控制工序质量，变事后检查为事中控制。及时检验工序质量，利用数理统计方法分析工序质量状态，并使其处于稳定状态。如果工序质量处于异常状态，则应停止施工；在经过原因分析、采取措施、消除异常状态后，方可继续施工。

3. 合理设置工序质量控制点，并做好工序质量预控工作。

4. 做好工序质量控制，应当遵循以下两点：

（1）确定工序质量标准，并规定其抽样方法、测量方法、一般质量要求和上、下波动幅度。

（2）确定工序技术标准和工艺标准，具体规定每道工序或操作的要求，并进行跟踪检验。

三、施工现场质量管理的基本环节

施工质量控制过程，不论是从施工要素着手，还是从施工质量的形成过程出发，都必须通过现场质量管理中一系列可操作的基本环节来实现。

现场质量管理的基本环节包括图纸会审、技术复核、技术交底、设计变更、三令管理、隐蔽工程验收、三检制、级配管理、材料检验、施工日记、质保材料、质量检验、成品保护等。其中一部分内容已在其他相关章节中进行了阐述，在此，仅对以下内容进行介绍。

1. 三检制

三检制是指操作人员的自检、互检和专职质量管理人员的专检相结合的检验制度。它是确保现场施工质量的一种有效的方法。

自检是指由操作人员对自己的施工作业或已完成的分项工程进行自我检验，实施自我控制、自我把关，及时消除异常因素，以防止不合格品进入下道作业。互检是指操作人员之间对所完成的作业或分项工程进行相互检查，是对自检的一种复核和确认，起到相互监督的作用。互检的形式可以是同组操作人员之间的相互检验，也可以是班组的质量检查员对本班组操作人员的抽检，同时也可以是下道作业对上道作业的交接检验。专检是指质量检验员对分部、分项工程进行的检验，用以弥补自检、互检的不足。专检还可细分为专检、巡检和终检。

实行三检制，要合理确定好自检、互检和专检的范围。一般情况下，原材料、半成品、成品的检验以专职检验人员为主，生产过程的各项作业的检验以施工现场操作人员的自检、互检为主，专职检验人员巡回以抽检为辅。成品的质量必须进行终检认证。

2.技术复核

技术复核是指工程在未施工前所进行的预先检查。技术复核的目的是保证技术基准的正确性，避免因技术工作的疏忽差错而造成工程质量事故。因此，凡是涉及定位轴线、标高、尺寸，配合比，皮数杆，横板尺寸，预留洞口，预埋件的材质、型号、规格，吊装预制构件强度等，都必须根据设计文件和技术标准的规定进行复核检查，并做好记录和标识。

3.技术核定

在实际施工过程中，施工项目管理者或操作者对施工图的某些技术问题有异议或者提出改善性的建议，如材料、构配件的代换、混凝土使用外加剂、工艺参数调整等，必须由施工项目技术负责人向设计单位提出"技术核定单"，经设计单位和监理单位同意后才能实施。

4.设计变更

施工过程中，由于业主的需要或设计单位出于某种改善性考虑，以及施工现场实际条件发生变化，导致设计与施工的可行性发生矛盾，这些都将涉及施工图的设计变更。设计变更不仅关系到施工依据的变化，而且还涉及工程量的增减及工程项目质量要求的变化，因此，必须严格按照规定程序处理设计变更的有关问题。

一般的设计变更需设计单位签字盖章确认，监理工程师下达设计变更令，施工单位备案后执行。

5.三令管理

在施工生产过程中，凡沉桩、挖土、混凝土浇灌等作业必须纳入按命令施工的管理范围，即三令管理。三令管理的目的在于核查施工条件和准备工作情况，确保后续施工作业的连续性、安全性。

6.级配管理

施工过程中涉及的砂浆或混凝土，凡在图纸上标明强度或强度等级的，均需纳入级配管理制度范围。级配管理包括事前、事中和事后管理三个阶段。事前管理主要是级配的试验、调整和确认；事中管理主要是砂浆或混凝土拌制过程中的监控；事后管理则为试块试验结果的分析，实际上是对砂浆或混凝土的质量评定。

7.分部、分项工程和隐蔽工程的质量检验

施工过程中，每一分部、分项工程和隐蔽工程施工完毕后，质检人员均应根据合同规

定、施工质量验收统一标准和专业施工质量验收规范的要求对已完工的分部、分项工程和隐蔽工程进行检验。质量检验应在自检、专业检验的基础上，由专职质量检查员或企业的技术质量部门进行核定。只有通过其验收检查，对质量确认后，方可进行后续工程施工或隐蔽工程的覆盖。

其中隐蔽工程是指那些施工完毕后将被隐蔽而无法或很难对其再进行检查的分部、分项工程，就土建工程而言，隐蔽工程的验收项目主要有地基、基础、基础与主体结构各部位钢筋、现场结构焊接、高强螺栓连接、防水工程等。

通过对分部、分项工程和隐蔽工程的检验，可确保工程质量符合规定要求，对发现的问题应及时处理，不留质量隐患及避免施工质量事故的发生。

8. 成品的保护

在施工过程中，有些分部、分项工程已经完成，而其他一些分部、分项工程尚在施工；或者是在其分部、分项施工过程中，某些部位已完成，而其他部位正在施工。在这种情况下，施工单位必须负责对已完成部分采取妥善措施予以保护，以免成品缺乏保护或保护不善造成损伤或污染，影响工程的整体质量。

成品保护工作主要是要合理地安排施工顺序、按正确的施工流程组织施工及制定和实施严格的成品保护措施。

第三节　质量控制点的设置

质量控制点就是根据施工项目的特点、为保证工程质量而确定的重点控制对象、关键部位或薄弱环节。

一、质量控制点设置的对象

设置质量控制点并对其进行分析是事前质量控制的一项重要内容。因此，在项目施工前应根据施工项目的具体特点和技术要求，结合施工中各环节和部位的重要性、复杂性，准确、合理地选择质量控制点。也就是选择那些保证质量难度大、对质量影响大的或是发生质量问题时危害大的对象作为质量控制点。例如：

1. 关键的分部、分项及隐蔽工程，如框架结构中的钢筋工程、大体积混凝土工程、基础工程中的混凝土浇筑工程等。

2. 关键的工程部位，如民用建筑的卫生间、关键工程设备的设备基础等。

3. 施工中的薄弱环节，即经常发生或容易发生质量问题的施工环节，或在施工质量控制过程中无把握的环节，如一些常见的质量通病（渗水、漏水问题）。

4. 关键的作业，如混凝土浇筑中的振捣作业、钻孔灌注桩中的钻孔作业。

5.关键作业中的关键质量特性,如混凝土的强度、回填土的含水量、灰缝的饱满度等。

6.采用新技术、新工艺、新材料的部位或环节。进行质量预控,质量控制点的选择是关键。在每个施工阶段前,应设置并列出相应的质量控制点,如大体积混凝土施工的质量控制点应为:原材料及配合比控制、混凝土坍落度控制及试块(抗压、抗渗)取样、混凝土浇捣控制、浇筑标高控制、养护控制等。凡是影响质量控制点的因素都可以作为质量控制点的对象,因此人、材料、机械设备、施工环境、施工方法等均可以作为质量控制点的对象,但对特定的质量控制点,它们的影响作用是不同的,应区别对待,重要因素,重点控制。

二、质量控制点的设置原则

在什么地方设置质量控制点,需要通过对工程的质量特性要求和施工过程中的各个工序进行全面分析来确定。设置质量控制点一般应考虑以下原则:

1.对产品(工程)的适用性(性能、寿命、可靠性、安全性)有严重影响的关键质量特性、关键部位或重要影响因素,应设置质量控制点。

2.对工艺上有严格要求,对下道工序的工作有严重影响的关键质量特性、部位应设置质量控制点。

3.对经常出现不良产品的工序,必须设立质量控制点,如门窗装修。

4.对会影响项目质量的某些工序的施工顺序,必须设立质量控制点,如冷拉钢筋要先对焊后冷拉。

5.对会严重影响项目质量的材料质量和性能,必须设立质量控制点,如预应力钢筋的质量和性能。

6.对会影响下道工序质量的技术间歇时间,必须设立质量控制点。

7.对某些与施工质量密切相关的技术参数,要设立质量控制点,如混凝土配合比。

8.对容易出现质量通病的部位,必须设立质量控制点,如屋面油毡铺设。

9.某些关键操作过程,必须设立质量控制点,如预应力钢筋张拉程序。

10.对用户反馈的重要不良项目应建立质量控制点。

11.对紧缺物资或可能对生产安排有严重影响的关键项目应建立质量控制点。建筑产品(工程)在施工过程中设置多少质量控制点,应根据产品(工程)的复杂程度,以及技术文件上标记的特性分类、缺陷分级的要求而定。

第四节　施工项目质量管理的统计分析方法

质量管理中常用的统计方法有七种:排列图法、因果分析图法、直方图法、控制图法、相关图法、分层法和统计调查表法。这七种方法通常又称为质量管理的七种工具。

一、排列图法

1. 排列图法的概念

排列图法是利用排列图寻找影响质量主次因素的一种有效方法。排列图又称帕累托图或主次因素分析图，是根据意大利经济学家帕累托提出的"关键的少数和次要的多数"原理，由美国质量管理学家发明的一种质量管理图形，它是由两个纵坐标、一个横坐标、几个连起来的直方形和一条曲线组成，如图 8-1 所示。左侧的纵坐标表示频数，右侧纵坐标表示累计频率，横坐标表示影响质量的各个因素或项目，按影响程度大小从左至右排列，直方形的高度表示某个因素的影响大小。实际应用中，通常按累计频率划分为 0%~80%、80%~90%、90%~100% 三部分，与其对应的影响因素分别为 A、B、C 三类。A 类为主要因素，B 类为次要因素，C 类为一般因素。

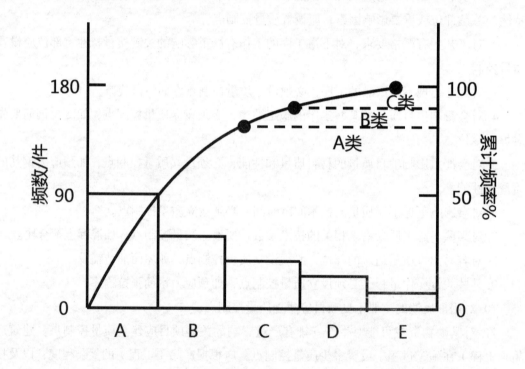

图 8-1 排列图

2. 排列图的观察与分析

观察直方形，大致可看出各项目的影响程度。排列图中的每个直方形都表示一个质量问题或影响因素，影响程度与各直方形的高度成正比。

二、因果分析图法

因果分析图法是利用因果分析图来系统整理分析某个质量问题（结果）与其产生原因之间关系的有效工具。因果分析图也称特性要因图，因其形状又常被称为树枝图或鱼刺图。因果分析图由质量特性（质量结果或某个质量问题）、要因（产生质量问题的主要原因）、枝干（指一系列箭线表示不同层次的原因）、主干（指较粗的直接指向质量结果的水平箭线）等组成。

在实际施工生产过程中，任何一种质量因素的产生原因往往都是由多种原因造成的，甚至是多层原因造成的，这些原因可以归结为五个方面：人（操作者）的因素；工艺（施工程序、方法）的因素；设备的因素；材料（包括半成品）的因素；环境（地区、气候、地形等）的因素。

但是，采取的提高质量措施是具体化的，因此还必须从上述五个方面中找出具体的甚至细小的原因来。因果分析图就是为了寻找这些原因的起源而采取的一种从大到小、从粗到细、追根到底的方法。

三、直方图法

1. 直方图的用途

直方图法即频数分布直方图法，它是将收集到的质量数据进行分组整理，绘制成频数分布直方图，用以描述质量分布状态的一种分析方法，所以又称质量分布图法。通过对直方图的观察与分析，可以了解产品质量的波动情况，掌握质量特性的分布规律，以便对质量状况进行分析判断。

2. 直方图的绘制

直方图绘制在直角坐标系中，横坐标表示特性值、纵坐标表示频数。直方用长条柱形表示：直方的宽度相等，有序性连续以直方的高度表示频数的高低、直方的选择数目依样本大小确定，直方的区间范围应包容样本的所有值。

四、控制图法

控制图又称管理图。它是在直角坐标系内画有控制界线，描述生产过程中产品质量波动状态的图形。利用控制图区分质量波动原因，判明生产过程是否处于稳定状态，提醒相关人员不失时机地采取措施，使质量始终处于受控状态。

1. 控制图的基本形式

横坐标为样本（子样）序号或抽样时间，纵坐标为被控制对象，即被控制的质量特性值。控制图上一般有三条线：在上面的一条虚线称为上控制界线，用符号 UCL 表示；在下面的一条虚线称为下控制界线，用符号 LCL 表示；中间的一条实线称为中心线，用符号 CL 表示。中心线标志着质量特性值分布的中心位置，上下控制界线标志着质量特性值允许波动范围。

在生产过程中通过抽样取得数据，把样本统计量描在图上来分析判断生产过程状态。如果点子随机地落在上、下控制界线内，则表明生产过程正常，处于稳定状态，不会产生不合格品；如果点子超出控制界线，或点子排列有缺陷，则表明生产条件发生了异常变化，生产过程处于失控状态。

2. 控制图的用途

控制图是用样本数据来分析判断生产过程是否处于稳定状态的有效工具。它的用途主要有两个：

（1）过程分析即分析生产过程是否稳定，为此，应随机连续收集数据，绘出控制图，观察数据点分布情况并判定生产过程状态。

（2）过程控制即控制生产过程质量状态，为此，要定时抽样取得数据，将其变为点子描在图上，发现并及时消除生产过程中的失调现象，预防不合格品的产生。

五、分层法

分层法又称分类法，是将调查收集的原始数据，根据不同的目的和要求，按某一性质进行分组、整理的分析方法。分层的结果使数据各层间的差异突出地显示出来，层内的数据差异减少。在此基础上再进行层间、层内的比较分析，可以更深刻地发现和认识质量问题的本质和规律。由于产品质量是多方面因素共同作用的结果，因而对同一批数据，可以按不同性质分层，从不同角度来考虑、分析产品存在的质量问题和影响因素。

常用的分层标志有以下几种：按操作班组或操作者分层；按机械设备型号、功能分层；按工艺、操作方法分层；按原材料产地或等级分层；按时间顺序分层。

第五节　施工质量检查、评定及验收

一、施工质量检查

（一）质量检查的意义

质量检查（或称检验）的定义是"对产品、过程或服务的一种或多种特性进行测量、检查、试验、计量，并将这些特性与规定的要求进行比较以确定其符合性的活动"。在施工过程中，为了确定建筑产品是否符合质量要求，就需要借助于某种手段或方法对产品（工程）的质量特性进行测定，然后把测定的结果同该特性规定的质量标准进行比较，从而判定该产品（工程）是合格品、优良品或不合格品，因此，质量检查是保证工程（产品）质量的重要手段，意义在于：

1.对进场原材料、外协件和半成品的检查验收，可防止不合格品进入施工过程，造成工程的重大损失。

2.对施工过程中关键工序的检查和监督，可保证工程的要害部位不出差错。

3.对交工工程进行严格的检查和验收，可维护用户的利益和本企业的信誉，提高社会、经济效益。

4.可为全面质量管理提供大量、真实的数据，是全面质量管理信息的源泉，是建筑企业管理走向科学化、现代化的一项重要的基础工作。

（二）质量检查的内容

质量检查由施工准备的检验、施工过程的检验及交工验收的检验三部分内容组成。

1.施工准备的检验内容

（1）对原材料、半成品、成品、构配件及新产品的试制和新技术的推广，必须进行预先检验。用直观的方法检验外形、规格、尺寸、色泽和平整度等；用仪器设备测试隔音、隔热、防水、抗渗、耐酸、耐碱、绝缘等物理、化学性能，以及构配件和结构性材料的抗弯、抗压、抗剪、抗震等力学性能检验工作。

对于混凝土和砂浆，还必须按设计配合比做试件检验，或采用超声波、回弹仪等测试手段进行混凝土的非破损的检验。

（2）对工程地质、地貌、测量定位、标高等资料进行复核检查。

（3）对构配件放样图纸有无差错进行复核检查。

2.施工过程的检验内容

在施工过程中，检验的内容包括分部分项工程的各道工序及隐蔽工程项目。一般采用简单的工具，例如，线锤、直尺、长尺、水平尺、量筒等进行直观的检查，并做出准确的判断。如墙面的平整度与垂直度、灰缝的厚度；各种预制构件的型号是否符合图纸；模板的搭设标高、位置和截面尺寸是否符合设计；钢筋的绑扎间距、数量、规格和品种是否正确；预埋件和预留洞槽是否准确，隐蔽验收手续是否及时办理完善等。此外，施工现场所用的砂浆和混凝土都必须就地取样做成试块，按规定进行强度等级测试。坚持上道工序不合格不能转入下道工序施工。同时，要求在施工过程中收集和整理好各种原始记录和技术资料，把质量检验工作建立在让数据说话的基础上。

3.交工验收的检验内容

（1）检查施工过程的自检原始记录。

（2）检查施工过程的技术档案资料，如隐蔽工程验收记录、技术复核、设计变更、材料代用及各类试验、试压报告等。

（3）对竣工项目的外观检查。主要包括室内外的装饰、装修工程，屋面和地面工程，水、电及设备安装工程的实测检查等。

（4）对使用功能的检查，包括门窗启闭是否灵活；屋面排水是否畅通；地漏标高是否恰当；设备运转是否正常；原设计的功能是否全部达到。

（三）质量检查的依据和方式

1.质量检查的依据

（1）国家颁发的《建筑工程施工质量验收统一标准》、各专业工程施工质量验收规范及施工技术操作规程。

（2）原材料、半成品及构配件的质量检验标准。

（3）设计图纸及施工说明书等有关设计文件。

2.质量检查的方式

（1）全数检验：全数检验指对批量中的全部工程进行检验，此种检验一般应用于非破损性检查，检查项目少及检验数量少的成品。这种检查方法工作量大，花费的时间长且只适用于非破坏性的检查。在建筑工程中，往往对关键性的或质量要求特别严格的分部分项工程，如对高级的大理石饰面工程，才采用这种检查方法。

（2）抽样检验：抽样检验指对批量中抽取部分工程进行检验，并通过检验结果对该批产品（工程）质量进行估计和判断的过程。抽样的条件是产品（工程）在施工过程中质量基本上是稳定的，而抽样的产品（工程）批量大、项目多。如对分部分项工程，按一定的比率从总体中抽出一部分子样来分析，判断总体中所有检验对象的质量情况。这种检查与全数检查相对照，具有投入人力少、花费时间短和检查费用低的优点，因此，在一般分部分项工程中普遍采用。

抽样检查采用随机抽样的方法，所谓随机抽样，是使构成总体的每一单位体或位置，都有同等的机会被抽到，从而避免抽样检查的片面性和倾向性。随机抽样时，除了上述同等的机会之外，还有一个数量的要求，即子样数量不应少于总体的10%。

（3）审核检验：审核检验即随机抽取极少数样品，进行复核性的检验，察看质量水平的现状，并做出准确的评价。

（四）质量检查计划及工作步骤

1.质量检查计划

质量检查计划通常包含于质量计划中，是以书面形式，将质量检查的内容、方法，进行时间、评价标准及有关要求等表述清楚，使质量检查人员工作有所遵循的技术性计划（质量检查技术措施）。

质量检查计划应由项目部有丰富质量管理经验的专业管理人员根据工程实际情况编写，经工程项目的技术负责人审核、批准后，即为该工程质量检查工作的技术性作业指导文件。

一般来说，质量检查计划应包括以下内容：（1）工程项目名称（单位工程）。（2）检查项目及检查部位。（3）检查方法（量测、无损检测、理化试验、观感检查）。（4）检所依据的标准、规范。（5）判定合格标准。（6）检查程序（检查项目、检查操作的实施顺序）。（7）检查执行原则（是抽样检查还是全数检查，抽样检查的原则）。（8）不合格处理的原则程序及要求。（9）应填写的质量记录或签发的检查报告。

2. 质量检查工作的步骤

质量检查是一个过程，一般包括明确质量要求、测试、比较、判定和处理五个工作步骤。

（1）明确质量要求：一项工程、一种产品在检查之前，必须依据检验标准规定，明确要检查哪些项目及每个项目的质量指标，如果是抽样检查，还要明确如何抽检，此外，生产组织者、操作者及质量检查员都要明确合格品、优良品的标准。

（2）测试：规定用适当的方法和手段测试产品（工程），以得到正确的质量特性值和结果。

（3）比较：将测得数据同规定的质量要求比较。

（4）判定（评定）。根据比较的结果判定分项、分部或单位工程是合格品或不合格品、批量产品是合格批或不合格批。

（5）处理：对不合格品有以下几种处理方式：

1）对分项工程经质量检查评定为不合格品时，应返工重做。

2）对分项工程经质量检查评定为不合格品时，经加固补强或经法定检测单位鉴定达到设计要求的，其质量只能评为"合格"。

3）对分项工程经质量检验评定为不合格品时，经法定检测单位鉴定达不到设计要求，但经设计单位和建设单位认为能满足结构安全和使用功能要求时可不加固补强，或经加固补强改变了原设计结构尺寸或造成永久性缺陷的，其质量可评为"合格"，所在分部工程不应评为"优良"。

记录所测得的数据和判定结果反馈给有关部门，以便促使其改进质量。在质量检查中，操作者和检查者必须按规定对所测得的数据进行认真记录，原始数据记录不全、不准，便会影响对工程质量的全面评价和进一步改进提高。

二、施工质量验收

为了加强建筑工程质量管理，统一建筑工程施工质量的验收、保证工程质量，建设部与国家质量监督检验检疫总局于2001年7月20日联合发布了《建筑工程施工质量验收统一标准》（GB 50300—2001），于2002年1月1日实施，原《建筑安装工程质量检验评定统一标准》（GBJ 300—88）同时废止。下面介绍该标准的基本要求。

（一）基本规定

1. 施工现场质量管理应有相应的施工技术标准，健全的质量管理体系、施工质量检验制度和综合施工质量水平评定考核制度。

2. 建筑工程应按下列规定进行施工质量控制：

（1）建筑工程采用主要材料、半成品、成品、建筑构配件、器具和设备应进行现场验收。凡涉及有关安全、功能的产品，应按各专业工程质量验收规范规定进行复验，并应经监理工程师（建设单位技术负责人）检查认可。

（2）各工序应按施工技术标准进行质量控制，每道工序完成后，应进行检查。

（3）相关各专业工种之间，应进行交接检验，并形成记录。未经监理工程师（建设单位技术负责人）检查认可，不得进行下道工序施工。

3. 建筑工程施工质量应按下列要求进行验收：

（1）建筑工程施工质量应符合该统一标准和相关专业验收规范的规定。

（2）建筑工程施工应符合工程勘察、设计文件的要求。

（3）参加工程施工质量验收的各方人员应具备规定的资格。

（4）工程质量的验收均应在施工单位自行检查评定的基础上进行。

（5）隐蔽工程在隐蔽前应由施工单位通知有关单位进行验收，并应形成验收文件。

（6）涉及结构安全的试块、试件及有关材料，应按规定进行见证取样检测。

（7）检验批的质量应按主控项目和一般项目验收。

（8）对涉及结构安全和使用功能的重要分部工程应进行抽样检测。

（9）承担见证取样检测及有关结构安全检测的单位应具有相应资质。工程的观感质量应由验收人员通过现场检查，并应共同确认。

（二）建筑工程质量验收的划分

1. 质量验收划分的作用

建筑工程质量验收应划分为单位（子单位）工程、分部（子分部）工程、分项工程和检验批。分项、分部和单位工程的划分目的，是为了方便质量管理，根据某项工程的特点，人为地将其划分为若干个分项、分部和单位工程，以对其进行质量控制和检验评定。

质量验收划分可起到以下作用：

（1）对于大量建筑规模较大的单体工程和具有综合使用功能的综合性建筑物，一般施工周期长，受多种因素的影响，可能不易一次建成投入使用，质量验收划分可使已建成的可使用部分投入使用，以发挥投资效益。

（2）在建设期间，需要将其中的一部分提前建成使用，对于规模特大的工程，一次性验收不方便，因此，有些建筑物整体划分为一个单位工程验收已不适应，故可将此类工程划分为若干个子单位工程进行验收。

（3）随着生产、工作、生活条件要求的提高，建筑物的内部设施也越来越多样化；建筑物相同部位的设计也呈现多样化；新型材料大量涌现；加之施工工艺和技术的发展，使分项工程越来越多，因此，按建筑物的主要部位和专业来划分分部工程已不适应要求，故在分部工程中，按相近工作内容和系统划分若干子分部工程，这样有利于正确评价建筑工程质量，有利于进行验收。

分项工程可由一个或若干检验批组成，检验批可根据施工及质量控制和专业验收需要按楼层、施工段、变形缝等进行划分。

2.质量验收划分的原则

（1）建筑物（构筑物）单位工程的划分：建筑物（构筑物）单位工程是由建筑工程和建筑设备安装工程共同组成，目的是突出建筑物（构筑物）的整体质量。凡是为生产、生活创造环境条件的建筑物（构筑物），不分民用建筑还是工业建筑，都是一个单位工程。一个独立的、单一的建筑物（构筑物）即为一个单位工程。例如，一个住宅小区建筑群中，每一个独立的建筑物（构筑物），如一栋住宅楼、一个商店、锅炉房、变电站，一所学校的一个教学楼，一个办公楼、传达室等均为一个单位工程。对特大的工业厂房（构筑物）的单位工程，可根据实际情况，具体划定单位工程。

根据《建筑工程质量验收统一标准》，单位工程的划分应按下列原则确定：具备独立施工条件并能形成独立使用功能的建筑物及构筑物为个单位工程；建筑规模较大的单位工程，可将其能形成独立使用功能的部分划分为一个子单位工程。

具有独立施工条件和能形成独立使用功能是单位（子单位）工程划分的基本要求。在施工前由建设、监理、施工单位自行商议确定，并据此收集整理施工技术资料和验收。

（2）分部工程的划分应按下列原则确定：分部工程的划分应按专业性质、建筑部位确定；当分部工程量较大且较复杂时，可将其中相同部分的工程或能形成独立专业体系的工程，按材料种类、施工特点、施工程序、专业系统及类别等划分为若干子分部工程。

（3）分项工程应按主要工种、材料、施工工艺、设备类别等进行划分。

（4）检验批的划分：检验批的定义是按同一的生产条件或按规定的方式汇总起来供检验用的、由一定数量样本组成的检验体。分项工程可由一个或若干检验批组成。分项工程划分成检验批进行验收有助于及时纠正施工中出现的质量问题，确保工程质量，也符合施工实际需要。多层及高层建筑工程中主体分部的分项工程可按楼层或施工段来划分检验批，单层建筑工程中的分项工程可按变形缝等划分检验批；地基基础分部工程中的分项工程一般划分为一个检验批，有地下层的基础工程可按不同地下层划分检验批；屋面分部工程中的分项工程不同楼层屋面可划分为不同的检验批；其他分部工程中的分项工程，一般按楼层划分检验批；对于工程量较少的分项工程可统一划分为一个检验批。安装工程一般按一个设计系统或设备组别划分为一个检验批。室外工程统一划分为一个检验批。散水、台阶、明沟等含在地面检验批中。

（5）室外工程的划分：室外工程可根据专业类别和工程规模划分单位（子单位）工程。

（三）建筑工程质量验收的要求及记录

1.检验批的验收

（1）检验批是工程验收的最小单位，是分项工程乃至整个建筑工程质量验收的基础。检验批是施工过程中条件相同并有一定数量的材料、构配件或安装项目，由于其质量基本相同，因此可以作为检验的基础单位，并按批验收。

检验批合格质量应符合下列规定：

1）主控项目和一般项目的质量经抽样检验合格。

2）具有完整的施工操作依据、质量检查记录。

标准给出了检验批质量合格的两个条件，资料检查、主控项目检验和一般项目检验。质量控制资料反映了检验批从原材料到最终验收的各施工工序的操作依据、检查情况以及保证质量所必需的管理制度等。对其完整性的检查，实际是对过程控制的确认，这是检验批合格的前提。

为了使检验批的质量符合安全和功能的基本要求，达到保证建筑工程质量的目的，各专业工程质量验收规范应对各检验批的主控项目、一般项目的子项合格质量给予明确的规定。检验批的合格质量主要取决于对主控项目和一般项目的检验结果。主控项目是对检验批的基本质量起决定影响的检验项目，因此必须全部符合有关专业工程验收规范的规定。这意味着主控项目不允许有不符合要求的检验结果，即这种项目的检查具有否决权。鉴于主控项目对基本质量的决定性影响，从严要求是必需的。

（2）检验批的质量检验，应根据检验项目的特点在下列抽样方案中进行选择：

1）计量、计数或计量计数等抽样方案。

2）一次、两次或多次抽样方案。

3）根据生产连续性和生产控制稳定性情况，还可采用调整型抽样方案。

4）对重要的检验项目当可采用简易快速的检验方法时，可选用全数检验方案。

5）经实践检验有效的抽样方案。

（3）在制订检验批的抽样方案时，对生产方风险（或错判概率 a）和使用方风险（或漏判概率 β）可按下列规定采取：

1）主控项目：对应于合格质量水平的 α 和 β 均不宜超过 5%。

2）一般项目：对应于合格质量水平的 α 不宜超过 5%，β 不宜超过 10%。

检验批的质量验收记录由施工项目专业质量检查员填写，监理工程师（建设单位项目专业技术负责人）组织项目专业质量检查员等进行验收并记录。

2. 分项工程的验收

分项工程的验收在检验批的基础上进行。一般情况下，两者具有相同或相近的性质，只是批量的大小不同而已。因此，将有关的检验批汇集构成分项工程。分项工程合格质量的条件比较简单，只要构成分项工程的各检验批的验收资料文件完整，并且均已验收合格，则分项工程验收合格。

分项工程质量验收合格应符合下列规定：

（1）分项工程所含的检验批均应符合合格质量的规定。

（2）分项工程所含的检验批的质量验收记录应完整。

分项工程质量应由监理工程师（建设单位项目专业技术负责人）组织项目专业技术负

责人等进行验收并记录。

3. 分部工程的验收

分部工程的验收在其所含各分项工程验收的基础上进行。分部（子分部）工程质量验收合格应符合下列规定：

（1）分部（子分部）工程所含分项工程的质量均应验收合格。

（2）质量控制资料应完整。

（3）地基与基础、主体结构和设备安装等分部工程有关安全及功能的检验和抽样检测结果应符合有关规定。

（4）观感质量验收应符合要求。

上述规定的意义如下：分部工程的各分项工程必须已验收合格且相应的质量控制资料文件必须完整，这是验收的基本条件。此外，由于各分项工程的性质不尽相同，因此作为分部工程不能简单地组合而加以验收，还需增加两类检查项目，即涉及安全和使用功能的地基基础、主体结构、有关安全及重要使用功能的安装分部工程，应进行有关见证取样送样试验或抽样检测以及观感质量验收，由于这类检查往往难以定量，只能以观察、触摸或简单量测的方式进行，并由个人的主观印象判断，检查结果并不给出"合格"或"不合格"的结论，而是综合给出质量评价。对于"差"的检查点应通过返修处理等补救。分部（子分部）工程质量应由总监理工程师（建设单位项目专业负责人）组织施工项目经理和有关勘察、设计单位项目负责人进行验收并记录。

4. 单位工程的验收

单位工程质量验收也称质量竣工验收，是建筑工程投入使用前的最后一次验收，也是最重要的一次验收。

单位（子单位）工程质量验收合格应符合下列规定：

（1）单位（子单位）工程所含分部（子分部）工程的质量均应验收合格。

（2）质量控制资料应完整。

（3）单位（子单位）工程所含分部工程有关安全和功能的检测资料应完整。

（4）主要功能项目的抽查结果应符合相关专业质量验收规范的规定。

（5）观感质量验收应符合要求。

除构成单位工程的各分部工程应该合格，并且有关的资料文件应完整，即除上述（1）、（2）两项以外，还必须进行另外三个方面的检查。

1）涉及安全和使用功能的分部工程应进行检验资料的复查。不仅要全面检查其完整性（不得有漏检缺项），而且对分部工程验收时补充进行的见证抽样检验报告也要复核。这种强化验收的手段体现了对安全和主要使用功能的重视。

2）对主要使用功能还必须进行抽查。使用功能的检查是对建筑工程和设备安装工程最终质量的综合检验，也是用户最为关心的内容。因此，在分项、分部工程验收合格的基础上，竣工验收时再做全面检查。抽查项目是在检查资料文件的基础上由参加验收的各方人员商定，并用计量、计数的抽样方法确定检查部位。检查要求按有关专业工程施工质量验收标准的要求进行。

3）还必须由参加验收的各方人员共同进行观感质量检查。检查的方法、内容、结论等已在分部工程的相应部分中阐述，最后共同确定是否通过验收。

5. 建筑工程质量不符合要求时的处理办法

一般情况下，不合格现象在最基层的验收单位—检验批时就应发现并及时处理，否则将影响后续检验批和相关的分项、分部工程的验收。因此所有质量隐患必须尽快消灭在萌芽状态，这也是以强化验收促进过程控制原则的体现。非正常情况的处理分以下五种情况：

（1）经返回重做或更换器具、设备的检验批，应重新进行验收。这是指在检验批验收时，其主控项目不能满足验收规范规定或一般项目超过偏差限值的子项不符合检验规定的要求时，应及时进行处理的检验批。其中，严重的缺陷应推倒重来；一般的缺陷通过翻修或更换器具、设备予以解决，应允许施工单位在采取相应的措施后重新验收。如能够符合相应的专业工程质量验收规范，则应认为该检验批合格。

（2）经有资质的检测单位检测鉴定能够达到设计要求的检验批，应予以验收。这是指个别检验批发现试块强度等不满足要求等问题，难以确定是否验收时，应请具有资质的法定检测单位检测。当鉴定结果能够达到设计要求时，该检验批仍应认为通过验收。

（3）经有资质的检测单位检测鉴定达不到设计要求，但经原设计单位核算认可能够满足结构安全和使用功能的检验批，可予以验收。

如经检测鉴定达不到设计要求，但经原设计单位核算，仍能满足结构安全和使用功能的情况，该检验批可以予以验收。一般情况下，规范标准给出了满足安全和功能的最低限度要求，而设计往往在此基础上留有一些余量。不满足设计要求和符合相应规范标准的要求，两者并不矛盾。

（4）经返修或加固处理的分项、分部工程，虽然改变外形尺寸但仍能满足安全使用要求，可按技术处理方案和协商文件进行验收。更为严重的缺陷或者超过检验批的更大范围内的缺陷，可能影响结构的安全性和使用功能。若经法定检测单位检测鉴定以后认为达不到规范标准的相应要求，即不能满足最低限度的安全储备和使用功能，则必须按一定的技术方案进行加固处理，使之能保证其满足安全使用的基本要求。这样会造成一些永久性的缺陷，如改变结构外形尺寸、影响一些次要的使用功能等。为了避免社会财富更大的损失，在不影响安全和主要使用功能条件下可按处理技术方案和协商文件进行验收，责任方应承担经济责任，但不能作为轻视质量而回避责任的一种出路，这是应该特别注意的。

（5）分部工程、单位（子单位）工程存在严重的缺陷，经返修或加固处理仍不能满足安全使用要求的，严禁验收。

（四）验收的程序和组织

1. 关于验收工作的规定

《建筑工程施工质量验收统一标准》（GB 50300—2001）对建筑工程施工质量进行验收做出了如下规定：

（1）建筑工程施工质量应符合本标准和相关专业验收规范的规定。

（2）建筑工程施工应符合工程勘察、设计文件的要求。

（3）参加工程施工质量验收的各方人员应具备规定的资格。

（4）工程质量的验收均应在施工单位自行检查评定的基础上进行。

（5）隐蔽工程在隐蔽前应由施工单位通知有关单位进行验收，并应形成验收文件。

（6）涉及结构安全的试块、试件及有关材料，应按规定进行见证取样检测。

（7）检验批的质量应按主控项目和一般项目验收。

（8）对涉及结构安全和使用功能的重要分部工程应进行抽样检测。

（9）承担见证取样检测及有关结构安全检测的单位应具有相应资质。

（10）工程的观感质量应由验收人员通过现场检查，并应共同确认。

2. 检验批和分项工程的验收规定

标准规定，检验批及分项工程应由监理工程师（建设单位项目技术负责人）组织施工单位项目专业质量（技术）负责人等进行验收。

检验批和分项工程是建筑工程质量的基础，因此，所有检验批和分项工程均应由监理工程师或建设单位项目技术负责人组织验收。验收前，施工单位先填好"检验批和分项工程的质量验收记录"（有关监理记录和结论不填），并由项目专业质量检验员和项目专业技术负责人分别在检验批和分项工程质量检验记录中相关栏目签字，然后由监理工程师组织，严格按规定程序进行验收。

3. 分部工程的验收规定

标准规定，分部工程应由总监理工程师（建设单位项目负责人）组织施工单位项目负责人和技术、质量负责人等进行验收；地基与基础、主体结构分部工程的勘察、设计单位工程项目负责人和施工单位技术、质量部门负责人也应参加相关分部工程验收。

上述要求规定了分部（子分部）工程验收的组织者及参加验收的相关单位和人员。

工程监理实行总监理工程师负责制，因此，分部工程应由总监理工程师（建设单位项目负责人）组织施工单位的项目负责人和项目技术、质量负责人及有关人员进行验收。因为地基基础、主体结构的主要技术资料和质量问题归技术部门和质量部门掌握，所以规定施工单位的技术、质量部门负责人参加验收是符合实际的。

由于地基基础、主体结构技术性能要求严格、技术性强，关系到整个工程的安全，因此，规定这些分部工程的勘察、设计单位工程项目负责人也应参加相关分部的工程质量验收。

4.单位工程的验收规定

（1）标准规定，单位工程完工后，施工单位应自行组织有关人员进行检查评定，并向建设单位提交工程验收报告。即规定单位工程完成后，施工单位首先要依据质量标准、设计图纸等组织有关人员进行自检，并对检查结果进行评定，符合要求后向建设单位提交工程验收报告和完整的质量资料，请建设单位组织验收。

（2）标准还规定，建设单位收到工程验收报告后，应由建设单位（项目）负责人组织施工（含分包单位）、设计、监理等单位（项目）负责人进行单位（子单位）工程验收。即规定单位工程质量验收应由建设单位负责人或项目负责人组织，由于设计、施工、监理单位都是责任主体，因此设计、施工单位负责人或项目负责人及施工单位的技术质负责人和监理单位的总监理工程师均应参加验收（勘察单位虽然也是责任主体，但已经参加了地基验收，故单位工程验收时，可以不参加）。

在一个单位工程中，对满足生产要求或具备使用条件，施工单位已预验、监理工程师已初验通过的子单位工程，建设单位可组织进行验收。由几个施工单位负责施工的单位工程，当其中的施工单位所负责的子单位工程已按设计完成，并经自行检验，也可按规定的程序组织正式验收，办理交工手续。在整个单位工程进行全部验收时，已验收的子单位工程验收资料应作为单位工程验收的附件。

5.总包和分包单位的验收程序

当单位工程由分包单位施工时，分包单位对所承包的工程项目应按本标准规定的程序检查评定，总包单位应派人参加。分包工程完成后，应将工程有关资料交总包单位。

本条规定了总包单位和分包单位的质量责任和验收程序。由于《建设工程承包合同》的双方主体是建设单位和总承包单位，总承包单位应按照承包合同的权利、义务对建设单位负责。分包单位对总承包单位负责，亦应对建设单位负责。因此，分包单位对承建的项目进行检验时，总包单位应参加，检验合格后，分包单位应将工程的有关资料移交总包单位，待建设单位组织单位工程质量验收时，分包单位负责人应参加验收。

6.验收工作的协调及备案制度

当参加验收各方对工程质量验收意见不一致时，可请当地建设行政主管部门或工程质量监督机构协调处理。

上述要求规定了建筑工程质量验收意见不一致时的组织协调部门。协调部门可以是当地建设行政主管部门，或其委托的部门（单位），也可以是各方认可的咨询单位。单位工程质量验收合格后，建设单位应在规定时间内将工程竣工验收报告和有关文件，报建设行政管理部门备案。建设工程竣工验收备案制度是加强政府监督管理，防止不合格工程流向社会的一个重要手段。建设单位应依据《建设工程质量管理条例》和建设部有关规定，到县级以上人民政府建设行政主管部门或其他有关部门备案。否则，不允许投入使用。

三、施工项目质量评定

施工结束后，相关单位和部门按施工项目质量验收的要求，对施工质量进行评定。

（一）施工项目质量评定等级

有关检验批、分项、分部（子分部）、单位（子单位）工程质量均分为"合格"与"优良"两个等级。

1. 检验批质量评定

（1）合格：主控项目和一般项目的质量经抽样检验全部合格；具有完整的施工操作依据、质量检查记录。

（2）优良：在合格基础上，检验批所包含的各个指定项目均达到优良。其中指定项目优良为指定项目质量经抽样检验，符合相关专业质量评定标准中优良标准的符合率应达到 80% 及以上。

2. 分项工程质量评定

（1）合格：分项工程所含的检验批均应符合合格质量的规定；分项工程所含的检验批的质量验收记录应完整。

（2）优良：在合格基础上，其中有 60% 及以上检验批为优良。

3. 分部（子分部）工程质量评定

1）合格：分部（子分部）工程所含分项工程的质量均应合格；质量控制资料应完整；地基与基础、主体结构和设备安装等分部工程有关安全及功能的检验和抽样检测结果应符合有关规定；观感质量评定应符合要求。

2）子分部优良：在合格基础上，其中有 60% 及以上分项为优良；观感质量评定优良。

3）分部优良：在合格基础上，其中有 60% 及以上子分部为优良，其主要子分部必须优良。

注：主体结构分部的主要子分部工程如下：

（1）当主体工程结构类型为混凝土结构时，其主要子分部为混凝土结构子分部；

（2）当主体工程结构类型为砌体结构时，其主要子分部为砌体结构子分部；

（3）当主体工程结构类型为钢结构时，其主要子分部为钢结构子分部。

建筑给水、排水及采暖分部的主要子分部为供热锅炉及辅助设备安装。电气安装分部工程的主要子分部为变配电室。通风与空调分部工程的主要子分部为净化空调系统。观感质量评定优良。

4. 单位（子单位）工程质量评定

（1）合格：单位（子单位）工程所含分部（子分部）工程的质量均应评定合格；质量控制资料应完整；单位（子单位）工程所含分部工程有关安全和功能的检测资料应完整；主要功能项目的抽查结果应符合相关专业质量验收规范的规定；观感质量评定应符合要求。

（2）优良：在合格基础上，其中有 60% 及以上的分部为优良，建筑工程必须含主体结构分部和建筑装饰装修分部工程；以建筑设备安装为主的单位工程，其指定的分部工程必须优良。例如，变、配电室的建筑电气安装分部工程；空调机房和净化车间的通风与空调分部工程；锅炉房的建筑给水、排水及采暖分部工程等。观感质量综合评定为优良。

观感质量评定（综合评定）优良应符合下列规定：

按照本标准和相关专业标准的有关要求进行观感质量检查，每个观感检查项中，有60%及以上抽查点符合相关专业标准的优良规定，该项即为优良；优良项数应占检验项数的60%及以上。

（二）质量评定程序和组织

1. 检验批、分项工程质量应在施工班组自检的基础上，由项目专业（技术）质量负责人组织评定。

2. 分部（子分部）工程质量应由项目负责人组织项目技术质量负责人、专业工长、专业质量检查员进行评定。其中地基、基础、主体结构分部工程质量，在施工项目评定的基础上，还应由企业技术质量主管部门组织检查。

3. 单位（子单位）工程质量评定应按下列规定进行：

（1）单位工程完工后，由项目负责人组织各有关部门及分包单位项目负责人进行评定，并报企业技术质量主管部门。

（2）由企业技术质量主管部门组织有关部门对单位工程进行核定。

四、工程竣工验收

工程竣工验收分施工项目竣工验收和建设项目竣工验收两个阶段。

施工项目竣工验收是建设项目竣工验收的第一阶段，可称为初步验收或交工验收，其含义是建筑施工企业完成其承建的单项工程后，接受建设单位的检验，合格后向建设单位交工。它与建设项目竣工验收不同。

建设项目竣工验收是动用验收，是指建设单位在建设项目按批准的设计文件所规定的内容全部建成后，向使用单位（国有资金建设的工程向国家）交工的过程。

施工项目竣工验收只是局部验收或部分验收。其验收过程如下：建设项目的某个单项工程已按设计要求建完，能满足生产要求或具备使用条件，施工单位就可以向建设单位发出交工通知。建设单位接到施工单位的交工通知后，在做好验收准备的基础上，组织施工、监理、设计等单位共同进行交工验收。在验收中应按试车规程进行单机试车、无负荷联动试车及负荷联动试车。验收合格后，建设单位与施工单位签订《交工验收证书》。当建设项目规模小、较简单时，可把施工项目竣工验收与建设项目竣工验收合为一次进行。

《房屋建筑工程和市政基础设施工程竣工验收暂行规定》中明确：国务院建设行政主管部门负责全国工程竣工验收的监督管理工作。县级以上地方人民政府建设行政主管部门负责本行政区域内工程竣工验收的监督管理工作。

工程项目竣工验收工作，由建设单位负责组织实施。县级以上地方人民政府建设行政主管部门应当委托工程质量监督机构对工程竣工验收实施监督。

负责监督该工程的工程质量监督机构应当对工程竣工验收的组织形式、验收程序、执行验收标准等情况进行现场监督，发现有违反建设工程质量管理规定行为的，责令改正，并将对工程竣工验收的监督情况作为工程质量监督报告的重要内容。

（一）工程竣工验收的准备工作、要求及条件

1. 工程竣工（施工项目竣工）验收的准备工作

施工单位对施工项目的工程竣工验收应做好以下准备工作：

（1）施工项目的收尾工作：施工项目的收尾工作的有关内容将在第十四章第一节中进行介绍。

（2）文件、资料的准备：施工项目竣工验收的文件、资料准备有关内容将在第十四章第一节中进行介绍。

（3）竣工自验：竣工自验应做好以下工作：

1）自验的标准应与正式验收一样，主要依据如下：国家（或地方政府主管部门）规定的竣工标准和竣工口径；工程完成情况是否符合施工图纸和设计的使用要求；工程质量是否符合国家和地方政府规定的标准和要求；工程是否达到合同规定的要求和标准等。

2）参加自验的人员，应由项目经理组织生产、技术、质量、合同、预算及有关的施工工长（或施工员、工号负责人）等共同参加。

3）自验的方式，应分层分段、分房间地由上述人员按照自己主管的内容逐一进行检查。在检查中要做好记录。对不符合要求的部位和项目，确定修补措施和标准，并指定专人负责，定期修理完毕。

4）复验。在基层施工单位自我检查，并对查出的问题修补完毕以后，项目经理应提请上级进行复验（按一般习惯，国家重点工程、省市级重点工程，都应提请总公司级的上级单位复验）。通过复验，要解决全部遗留问题，为正式验收做好充分的准备。

2. 工程竣工验收要求

（1）单项工程竣工验收要求：单项工程竣工验收是指在一个建设项目内，某个单项工程已按项目设计要求建设完成，能够满足生产要求或具备使用条件，并经承建单位预验和监理工程师初验已通过。可以满足单项工程验收条件，就应该进行该单项工程正式验收。

如果单项工程由若干个承建单位共同施工时，当某个承建单位施工部分，已按项目设计要求全部完成，而且符合项目质量要求，也可组织该部分正式验收，并办理交工手续；对于住宅建设项目，也可以按单个住宅逐幢进行正式验收，以便及早交付使用。

（2）建设项目竣工验收要求：建设项目竣工验收就是项目全部验收；它是指整个建设项目已按项目设计要求全部建设完毕，已具备竣工验收标准和条件；经承建单位预验合格，建设单位或监理工程师初验认可，由建设主管部门组织建设、设计、施工和质监部门，

成立项目验收小组进行正式验收；对于比较重要的大型建设项目，应由国家计委组织验收委员会进行正式验收。

建筑安装工程竣工标准，因建筑物本身的性能和情况不同也有所不同，主要有下列三种情况：

1）生产性或科研性房屋建筑的竣工标准：土建工程，水、暖、电、气、卫生、通风工程（包括外管线）和属于该建筑物组成部分的控制室、操作室、设备基础、生活间乃至烟囱等，均已全部完成，即只有工艺设备尚未安装者，即视为房屋承包的单位工程达到竣工标准，可进行竣工验收。总之，这类建筑工程竣工标准是一旦工艺设备安装完毕，即可试运转乃至投产使用。

2）民用建筑和居住建筑的竣工标准：土建工程，水、暖、电、热、煤气、通风工程（包括其室外的管线），均已全部完成，电梯等设备也已完成，达到水通、灯亮，具备使用条件，可达到竣工标准，组织竣工验收。总之，这种类型建筑竣工的标准是房屋建筑能够交付使用，住宅可以住人。

3）具备下列条件的建筑工程，亦可按达到竣工标准处理：

①房屋室外或小区内之管线已经全部完成，但属于市政工程单位承担的干管或干线尚未完成，因而造成房屋尚不能使用的建筑工程，房屋承包单位仍可办理竣工验收手续。

②房屋工程已经全部完成，只是电梯未到货或晚到货而未安装，或虽已安装但不能与房屋同时使用，房屋承包单位亦可办理竣工验收手续。

③生产性或科研性房屋建筑已经全部完成，只是因主要工艺设计变更或主要设备未到货，因而只剩下设备基础未做的，房屋承包单位亦可办理竣工验收手续。

以上三种情况之所以可视为达到竣工标准并组织竣工验收，是因为这些客观因素完全不是施工单位所能解决的，解决这些往往需要很长时间，没有理由因为这些客观因素而拒绝竣工验收导致施工单位无法正常经营。

有的建设项目（工程）基本符合竣工验收标准，只是零星土建工程和少数非主要设备未按设计规定的内容全部建成，但不影响正常生产，亦应办理竣工验收手续。对剩余工程，应按设计留足投资，限期完成。有的项目投产初期一时不能达到设计能力所规定的产量，不应因此拖延办理验收和移交固定资产手续。

有些建设项目和单项工程，已形成部分生产能力或实际上生产方面已经使用，近期不能按原计划规模续建的，应从实际情况出发，可缩小规模，报主管部门批准后，对已完成的工程和设备，尽快组织验收，移交固定资产。

4）根据《房屋建筑工程和市政基础设施工程竣工验收暂行规定》，工程符合下列要求方可进行竣工验收：

①完成工程设计和合同约定的各项内容。

②施工单位在工程完工后对工程质量进行了检查，确认工程质量符合有关法律、法规和工程建设强制性标准，符合设计文件及合同要求，并提出工程竣工报告，工程竣工报告

应经项目经理和施工单位有关负责人审核签字。

③对于委托监理的工程项目，监理单位对工程进行了质量评估，具有完整的监理资料，并提出工程质量评估报告，工程质量评估报告应经总监理工程师和监理单位有关负责人审核签字。

④勘察、设计单位对勘察、设计文件及施工过程中由设计单位签署的设计变更通知书进行了检查，并提出质量检查报告，质量检查报告应经该项目勘察、设计负责人和勘察、设计单位有关负责人审核签字。

⑤有完整的技术档案和施工管理资料。

⑥有工程使用的主要建筑材料、建筑构配件和设备的进场试验报告。

⑦建设单位已按合同约定支付工程款。

⑧有施工单位签署的工程质量保修书。

⑨城乡规划行政主管部门对工程是否符合规划设计要求进行了检查，并出具了认可文件。

⑩有公安消防、环保等部门出具的认可文件或者准许使用文件。

3. 工程竣工验收条件

（1）单位工程竣工验收条件

1）房屋建筑工程竣工验收条件：交付竣工验收的工程，均应按施工图设计规定全部施工完毕，经过承建单位预验和监理工程师初验，并已达到项目设计、施工和验收规范要求；建筑设备经过试验，并均已达到项目设计和使用要求；建筑物室内外清洁，室外两米以内的现场已清理完毕，施工渣土已全部运出现场；项目全部竣工图纸和其他竣工技术资料均已齐备。

2）设备安装工程竣工验收条件：属于建筑工程的设备基础、机座、支架、工作台和梯子等已全部施工完毕，并经检验达到项目设计和设备安装要求；必须安装的工艺设备、动力设备和仪表，已按项目设计和技术说明书要求安装完毕；经检验其质量符合施工及验收规范要求，并经试压、检测、单体或联动试车，全部符合质量要求，具备形成项目设计规定的生产能力；设备出厂合格证、技术性能和操作说明书，以及试车记录和其他竣工技术资料，均已齐全。

3）室外管线工程竣工验收条件：室外管道安装和电气线路敷设工程，全部按项目设计要求，已施工完毕，并经检验达到项目设计、施工和验收规范要求；室外管道安装工程，已通过闭水试验、试压和检测，并且质量全部合格；室外电气线路敷设工程，已通过绝缘耐压材料检验，并已全部质量合格。

（2）单项工程竣工验收条件

1）工业单项工程竣工验收条件

①项目初步设计规定的工程，如建筑工程、设备安装工程、配套工程和附属工程，均已施工完毕，经过检验达到项目设计、施工和验收规范，以及设备技术说明书要求，并已

形成项目设计规定的生产能力。

②经过单体试车、无负荷联动试车和有负荷联动试车合格。

③项目生产准备已基本完成。

（2）民用单项工程竣工验收条件：

①全部单位工程均已施工完毕，达到项目竣工验收标准，并能够交付使用。

②与项目配套的室外管线工程，已全部施工完毕，并达到竣工质量验收标准。

（3）建设项目竣工验收条件：

1）工业建设项目竣工验收条件：

①主要生产性工程和辅助公用设施，均按项目设计规定建成，并能够满足项目生产要求。

②主要工艺设备和动力设备，均已安装配套，经无负荷联动试车和有负荷联动试车合格，并已形成生产能力，可以产出项目设计文件规定的产品。

③职工宿舍、食堂、更衣室和浴室，以及其他生活福利设施，均能够适应项目投产初期需要。

④项目生产准备工作，已能够适应投产初期需要。

2）民用建设项目竣工验收条件：

①项目各单位工程和单项工程，均已符合项目竣工验收条件。

②项目配套工程和附属工程，均已施工完毕，已达到设计规定的相应质量要求，并具备正常使用条件。项目施工完毕后，必须及时进行项目竣工验收。国家规定"对已具备竣工验收条件的项目，三个月内不办理验收投产和移交固定资产手续者，将取消业主和主管部门的基建试车收入分成，并由银行监督全部上交国家财政；如在三个月内办理竣工验收确有困难，经验收主管部门批准，可以适当延长验收期限"。

（二）工程竣工验收程序

根据《房屋建筑工程和市政基础设施工程竣工验收暂行规定》，工程竣工验收应当按以下程序进行：

1. 工程完工后，施工单位向建设单位提交工程竣工报告，申请工程竣工验收。实行监理的工程，工程竣工报告必须经总监理工程师签署意见。

2. 建设单位收到工程竣工报告后，对符合竣工验收要求的工程，组织勘察、设计、施工、监理等单位和其他有关方面的专家组成验收组，制订验收方案。

3. 建设单位应当在工程竣工验收7个工作日前将验收的时间、地点及验收组名单书面通知负责监督该工程的工程质量监督机构。

4. 建设单位组织工程竣工验收。

5. 建设、勘察、设计、施工、监理单位分别汇报工程合同履约情况——在工程建设各个环节执行法律、法规和工程建设强制性标准的情况。

6. 审阅建设、勘察、设计、施工、监理单位的工程档案资料。

7. 实地查验工程质量。

8. 对工程勘察、设计、施工、设备安装质量和各管理环节等方面做出全面评价，形成经验收组人员签署的工程竣工验收意见。参与工程竣工验收的建设、勘察、设计、施工、监理等各方不能形成一致意见时，应当协商提出解决的方法，待意见一致后，重新组织工程竣工验收。

（三）工程竣工验收的步骤及验收报告

1. 工程竣工验收的步骤

（1）成立项目竣工验收小组：当项目具备正式竣工验收条件时，就应尽快建立项目竣工验收领导小组；该小组可分为省、市或地方建设主管部门等不同级别，具体级别由项目规模和重要程度确定。

（2）项目现场检查：参加工程项目竣工验收各方，对竣工项目实体进行目测检查，并逐项检查项目竣工资料，看其所列内容是否齐备和完整。

（3）项目现场验收会议：现场验收会议的议程通常包括承建单位代表介绍项目施工、自检和竣工预验状况，并展示全部项目竣工图纸、各项原始资料和记录；项目监理工程师通报施工项目监理工作状况，发表项目竣工验收意见；建设单位提出竣工项目目测发现问题，并向承建单位提出限期处理意见；经暂时休会，由工程质监部门会同建设单位和监理工程师，讨论工程正式验收是否合格；然后复会，最后由项目竣工验收小组宣布竣工验收结果，并由工程质量监督部门宣布竣工项目质量等级。

（4）办理竣工验收签证书：在项目竣工验收时，必须填写项目竣工验收签证书。

2. 竣工验收报告

工程竣工验收合格后，建设单位应当及时提出工程竣工验收报告。工程竣工验收报告主要包括工程概况，建设单位执行基本建设程序情况，对工程勘察、设计、施工、监理等方面的评价，工程竣工验收时间、程序、内容和组织形式，工程竣工验收意见等内容。工程竣工验收报告还应附有下列文件：

（1）施工许可证。

（2）施工图设计文件审查意见。

（3）本节第三部分竣工验收条件中规定的有关文件。

（4）验收组人员签署的工程竣工验收意见。

（5）市政基础设施工程应附有质量检测和功能性试验资料。

（6）施工单位签署的工程质量保修书。

（7）法规、规章规定的其他有关文件。

结　语

中国经济已成为世界经济的重要组成部分。近几年来，我国的经济建设飞速发展，特别是在国家通过扩大国内基础设施建设来拉动国内经济增长的背景下，建筑企业迎来了一个难得的发展机遇。国内的许多建筑企业在此利好政策下做大做强，无论在市场占有还是领域发展等方面都得到了极大的发展。社会生产力的不断发展，科学技术的不断进步，使建筑结构工程与施工管理监督在此基础之上也跟随人们的要求不断地规范化、系统化。同时随着人们生活水平的提高，人们对建筑工程结构设计的质量要求也是逐渐地提高。

众所周知，建筑工程是一个投资大、工期长并且项目复杂的大工程，自身存在很多的不确定因素，从而加大了项目的风险指数。建筑工程企业想要更好地保证建筑工程的质量，就必须努力提高建筑工程结构的安全设计，并对整个建筑工程结构设计进行全面风险分析研究，保质保量地完成整个建筑工程的建设设计任务，保证人民的生命健康安全，促进社会的和谐发展。本书就是从建筑工程结构的研究与分析出发，对建设工程结构的安全设计与建筑结构设计风险进行分析与研究，并采取合理的规避措施，尽可能地减少工程结构设计中可能出现的各种技术事故和问题，确保建筑工程质量。

工程质量作为建筑企业的生命，是决定整个工程成败的关键因素。随着建筑施工建设量的增多，建筑工程结构和质量问题，已经引起社会各阶层的普遍关注。因此，加强建筑结构工程与施工管理成为当前提升建筑工程质量的必然要求之一，是监管模式创新的重要举措，也是坚持建筑行业全面协调发展的具体表现形式之一。

建筑工程结构设计是整个建筑工程的灵魂，加强建筑工程的安全设计与风险分析，不仅能够减少建筑中的不安全事故发生，保证人民与施工队伍的生命财产安全，还能因为设计质量的提升减少工期、节约成本，在施工管理的正确引导下，能够有效地提高企业的经济效益，促进社会的和谐进步。在建筑工程结构设计这条生命线的推动下，我们相信我国的建筑工程无论是在外表美观还是在内部质量上，都会有大的提升和长足的进步。

参考文献

[1] 汤建新，马跃强.装配式混凝土结构施工技术 [M].北京：机械工业出版社 .2021.

[2] 王伟，王俊杰.建筑钢结构抗连续倒塌的机理、评估与鲁棒性提升 [M].北京：中国建筑工业出版社 .2021.

[3] 北京土木建筑学会.建筑与结构工程资料 [M].武汉：华中科技大学出版社 .2010.

[4] 王林海.建筑结构工程快速识图 [M].北京：中国铁道出版社 .2012.

[5] 周建龙.超高层建筑结构设计与工程实践 [M].上海：同济大学出版社 .2017.

[6] 张勇.建筑结构工程施工图识读要领与实例 [M].北京：中国建材工业出版社 .2013.

[7] 侯光.建筑结构工程 [M].北京：中国铁道出版社 .2013.

[8] 白二堂.建筑结构工程 [M].武汉：华中科技大学出版社 .2011.

[9] 刘航.建筑结构加固技术及工程应用 [M].北京：中国建筑工业出版社 .2021.

[10] 简华炽.装配式混凝土建筑技术管理 [M].武汉：武汉理工大学出版社 .2020.

[11] 王波.建筑工程施工质量管理方法及控制策略分析 [J].建筑技术开发，2021，48（18）：40-42.

[12] 吴小平，陆罡.装配式建筑工程管理的影响因素与对策分析 [J].工程建设与设计，2021（17）：190-192.

[13] 马振.装配式建筑工程钢结构施工技术和施工管理策略分析 [J].四川建材，2021，47（09）：102-104.

[14] 王利军.建筑工程中大体积混凝土结构施工管理研究 [J].工程建设与设计，2021（15）：191-193.

[15] 张丽丽.建筑结构施工中质量通病预防措施探讨 [J].居业，2021（06）：96-97.

[16] 黄亮，杨澎坡，段辉兵，等.浅谈钢结构建筑施工技术和管理 [J].中小企业管理与科技（下旬刊），2021（06）：175-176.

[17] 张晓博.高层建筑地下室防水施工质量控制 [J].辽宁省交通高等专科学校学报，2021，23（03）：16-20.

[18] 黄加福.加强建筑工程结构设计和施工管理的研究 [J].江西建材，2021（05）：53+56.

[19] 寇民道.高层剪力墙建筑施工技术管理 [J].建筑技术开发，2021，48（09）：85-86.

[20] 王世海 . 建筑工程施工中深基坑支护的施工技术管理探析 [J]. 砖瓦，2021（05）：164-165.

[21] 叶小剑 . 加强建筑工程结构设计与施工管理的策略分析 [J]. 散装水泥，2021（02）：43-45.

[22] 杨有元 . 工程结构的施工技术及质量管理探究 [J]. 四川建材，2021，47（04）：122-123.

[23] 范敏寅 . 房屋建筑主体结构施工的质量问题及防治策略 [J]. 中国建筑装饰装修，2021（03）：142-143.

[24] 汪成明 . 房屋工程施工技术及现场施工管理研究 [J]. 砖瓦，2021（03）：127-128.

[25] 李雨 . 高层建筑建设中主体工程的施工分析 [J]. 中国高新科技，2021（04）：45-46.

[26] 郭齐，王杰 . 基于建筑钢结构工程施工技术管理与控制要点的分析 [J]. 中国建筑金属结构，2021（02）：32-33.

[27] 闫好虎 . 建筑工程混凝土施工技术运用探讨 [J]. 散装水泥，2021（01）：100-102.

[28] 黄佳仁 . 建筑工程施工技术的改进和发展 [J]. 四川水泥，2021（01）：341-342.

[29] 武莉红 . 土木工程建筑中混凝土结构的施工技术管理探析 [J]. 砖瓦，2021（01）：131+133.

[30] 李荣海 . 建筑工程混凝土土工施工技术探讨 [J]. 绿色环保建材，2020（11）：108-109.

[31] 张涛，孙逸飞，吕申，等 . 建筑钢结构工程施工技术管理与控制探讨 [J]. 居舍，2020（31）：142-143.